최승언 교수의
천체지구과학 강의 Ⅱ

최승언, 신윤주, 박우용, 박나은, 김지호

교육과학사

머리말

천문학을 공부하는 천문학과에서는 '천체지구과학'이라는 명칭을 보고 매우 생소하게 느낄 것이다. 그러나 사범대학 지구과학교육과에 소속되어 있는 천문학 관련 교과목을 천문학과에서 일반적으로 사용하고 있는 '일반천문학'으로 동일하게 부르고 싶지 않았다. 왜냐하면 천문학과의 학생들은 천문학을 전공하기 위해서 공부를 하지만 지구과학교육과 학생들은 천문 교육을 하기 위해 공부를 하기 때문이다. 물론 강의의 내용이 천문학에 대한 전반을 다루기에 거의 대동소이할 것으로 보인다. 그럼에도 불구하고, 천체지구과학 강의에서는 천문교육, 천문학사, 과학철학, 과학의 본성, 중등 지구과학교육과정과 관련된 것, 중·고등학교 지구과학 관련 교과서 내용과 관련된 것 등을 함께 다루어 보려고 애를 써 보기는 하였다. 그러나 생각보다 뜻대로 되지는 못하였다.

지난 35년간 사범대학 지구과학교육과에 재직하면서 연구년을 제외하고, 매년 천체지구과학 I, II를 강의하였다. 이제 2019년 8월 31일 정년을 하면서 그동안에 강의했던 것을 남기고도 싶고, 이제는 더 이상 천체지구과학 강의를 할 수 없을 것으로 생각되어 모자라지만 정리를 해보고 싶은 마음으로 본 책을 준비하였다. 2018년 강의를 대학원 학생들이 녹음하여 이를 정리하여 책으로 편집하게 되었고, 정리를 위해 같이 준비한 신윤주 박사, 박우용 선생, 박나은 선생, 김지호 군도 저자로 하려 한다. 다루고자 하는 내용이 많아 본 책은 2학기 분량을 정리한 것이다.

매년 '천체지구과학' 강의를 준비하면서 매우 다양한 방법으로 강의해 보려고 노력하였으며, 강의 내용도 조금씩 달랐다. 그러나 거의 매년 『천문학 및 천체물리학』(일명 천천서)을 교과서로 사용하였다. 이 책은 천문학 및 천문 교육을 전공하는 학생들에게는 거의 바이블과 같은 역할을 해 왔다. 그러므로 본 책은 거의 '천천서'의 순서를 따라가고 있다. 본 책이 다루고 있는 내용 중에는 '천천서' 책에서 다루어진 내용이 중복되었을 수도 있다. 그러나 그 내용을 좀 더 자세히 다루거나 혹은 필요에 의하여 요약을 하거나 하였다. '천천서'에서 다루기 어려운 내용은 본 책에서 〈부록〉으로 정리하였다. 내용 정리가 메모나 노트 수준인 것도 있다. 이 점 양해해 주기 바란다.

본 책과 함께 『참탐구를 위한 천체관측활동』(교육과학사)에서 다룬 천문관측을 수행하거나 1학기에는 망원경을 이용하여 별자리, 일주운동, 행성 등을 사진 관측해보고, 2학기에는 성운, 성단, 은하 등을 사진 관측해 보고, 『모델링 학습과 함께하는 천문활동』(교육과학사)을 통하여 천문 실험을 동시에 한다면 본 책에서 다루는 여러 내용들을 어렵지 않게 이해할 수 있을 것으로 생각된다.

이렇게 오랜 시간 동안 '천체지구과학'을 강의할 수 있게 해 주신 하느님께 그리고 서울대학교 사범대학 지구과학교육과와 나의 가족들에게 먼저 감사드리고 본 책을 출판하게 해 준 교육과학사에도 감사를 드린다. 본 책을 이용하여 천문학을 이해하는 데 조금이라도 도움이 되었으면 한다.

2019년 6월 1일

저자 대표 최승언

차 례

열세 번째

별의 진화(별의 탄생)

1 별의 구조에 대한 물리법칙

모든 자연 법칙과 같이, 천문학 역시 관측과 이론적 설명을 통해 자연 현상의 발생 원리를 이해한다. 앞서 우리는 별의 구조를 이해하기 위한 이론적 설명을 다섯 가지 방정식을 통해 이야기했다. 이를 다시 간략히 정리해보자.

첫 번째로 유도한 것은 정유체평형 방정식으로, 내부로 향하려는 중력과 밖으로 향하려는 압력이 별 내부의 모든 점에서 완전히 평형을 이루는 것을 표현한다. 두 번째는 질량 연속식으로, 밀도의 분포가 어떻게 되는지 알면 거리 r에 대한 함수인 질량을 구할 수 있고, 이를 통해 별 내부에서의 압력분포 P(r)을 구한다. 태양의 평균밀도를 이용해 중심압력을 구하면 $10^{14}Nm^{-2} \approx 10^{9}atm$이다. 세 번째는 상태방정식이다. 별에 있는 기체들을 이상기체라고 가정하면, 이상기체법칙을 따르는 기체상태방정식을 사용할 수 있다. 기체상태방정식에서 평균 분자량 μ를 사용하는데, μ는 완전히 이온화된 상태인 플라스마 상태에서 [식 13－1]과 같다.

$$\mu = \left[2X + \frac{3}{4}Y + \frac{1}{2}Z\right]^{-1} \qquad \text{[식 13－1]}$$

X, Y, Z는 각각 수소(H), 헬륨(He), '금속'의 질량비이다. 수소와 헬륨 외의 모든 원소를 모두 '금속'이라 정의한다. $X = 0.75$, $Y = 0.25$, $Z = 0$이라 하면 $\mu \cong 0.6$이 된다. 이 기체는 수소와 헬륨이 질량비로 75%, 25%로 이루어져 있는데 완전플라스마 상태이기에 이 기체는 마치 수소 질량의 0.6배 정도 되는 입자들로 모두 이루어져 있는 듯이 어떤 온도에 대해 기체 운동을 하여 기체 압력을 보이는 것과 같다는 의미이다. 그러나 기체는 항상 이상적인 상태로만 존재하지 않고, 밀도가 높아지면 전자가 궤도에 모두 채워져 축퇴된 상태의 기체로 변한다. 전자는

처음에 빛의 속도보다 작은 속도로 움직이지만, 점점 밀도가 높아지면 최외각 전자는 굉장히 빠른 속도로 움직여 상대론적으로 움직일 것이다. 이를 통해 태양의 중심온도를 구하면 약 12×10^7K가 나온다. 네 번째 방정식은 에너지 전달 방정식이다. 에너지 전달 방정식은 복사와 대류로 나뉜다. 이 방정식에는 불투명도인 κ가 있는데, 전자산란(electron scattering)과 전자의 천이로 발생한다. 천이에 의한 불투명도는 자유전자가 양전기를 띤 핵을 지나가면서 에너지를 흡수하는 자유-자유 천이와 핵으로부터 전자가 속박상태에서 자유전자로 풀려나는 속박-자유 천이가 있다. 온도가 굉장히 높을 때 전자산란에 의해 불투명도가 결정되지만, 온도가 점점 낮아지면서 자유-자유 혹은 속박-자유 천이, H^-이온, 분자 등에 의해 불투명도가 결정된다. 다섯 번째 방정식은 에너지 생성에 관한 방정식이다. 에너지 생성 방정식에서 ϵ는 별의 단위질량당 에너지 생성률이다. 에너지는 두 가지에 의해 생성된다. 하나는 중력 수축에 의한 것으로, 이상기체일 때 중력 에너지의 절반의 크기만큼 내부 열에너지로 변환되고 나머지 절반은 복사로 방출된다. 이를 비리얼 정리(virial theorem)로 확인할 수 있다. 다른 하나는 열핵 반응에 의한 것으로 핵자가 융합할 때 질량 결손이 생기면서 에너지가 방출되는 것이다. 태양의 경우, 열핵 반응을 통해 100억 년 정도 에너지를 사용할 수 있다. 온도가 높은 별의 경우 CNO순환반응이 우세하게 일어나고, 온도가 낮은 별의 경우 p-p 연쇄반응이 우세하게 일어난다.

이러한 별의 다섯 가지 방정식은 연립미분방정식이기에 관측을 통해 알려진 것들로부터 별의 중심과 표면의 경계조건을 이용해서 해를 구한다. 즉 중심 $r=0$에서 $M(r)=0$, $L(r)=0$이고, 별의 표면인 $r=R$에서 $M(R)=M$, $L(R)=L$, $T(R)=0$, $P(R)=0$인 경계 조건이 필요하다.

별에 관한 세 가지 시간 척도(Time Scale)

첫 번째는 동역학적 시간 척도(dynamical time scale)이다. 동역학적 시간 척도는 일종의 자유낙하시간(free-fall time)과 유사하다. 이를 표현하기 위해 중력과 내부 압력 사이의 관계를 [식 13－2]와 같이 나타내보자.

$$\frac{d^2r}{dt^2}=-\frac{GM}{r^2}-\frac{1}{\rho}\frac{dP}{dr} \qquad \text{[식 13－2]}$$

만약, 정유체역학 평형을 이룬다면 가속도는 0이 될 것이다. 하지만 중력이 내부 압력 구배에 의한 힘보다 훨씬 크다면 가속도는 중력에 의해서만 발생한다. 즉

$$\frac{d^2r}{dt^2}\approx-\frac{GM}{r^2} \qquad \text{[식 13－3]}$$

이 된다. 이제 별의 전체 반경을 R이라고 하면 [식 13－3]의 근사식은

$$\frac{R}{t^2}\simeq\frac{GM}{R^2},\quad t^2\simeq\frac{R^3}{GM}=\frac{1}{G\frac{M}{R^3}}\approx\frac{1}{G\rho}\ \text{혹은}$$

$$t=\frac{R}{\sqrt{\frac{GM}{R}}} \qquad \text{[식 13－4]}$$

이다. 자유 낙하 시간으로 매우 짧다. 태양의 반경과 질량 정도 되는 경우에 0.02일(30분) 정도이다. 따라서 태양에 압력 구배에 의한 힘이 없다면 30분 만에 한 점으로 모이게 된다.

두 번째는 켈빈－헬름홀츠 시간 척도(Kelvin-Helmholtz time scale)이다. 중력 수축에 의해 에너지가 만들어지는 경우를 계산한 것이다. 비리얼 정리에 의하면 내부 열에너지는 중력 에너지의 절반만큼 생성된다. 즉

$$t_{KH} = \frac{E_i}{L} \simeq \frac{|E_g|}{2L} \simeq \frac{GM^2}{2RL} \simeq 1.5 \times 10^7 \left(\frac{M}{M_\odot}\right)^2 \left(\frac{R_\odot}{R}\right)\left(\frac{L_\odot}{L}\right) \text{년}$$

[식 13-5]

따라서 태양의 경우 중력 수축에 의해 에너지를 전달하면 1,500만 년이 소요된다.

마지막은 핵융합으로 생성된 에너지와 관련된 시간척도로 태양의 경우 약 100억 년 정도 소요된다. 즉

$$t_\nu = \frac{E_\nu}{L} = \frac{0.007 \times 0.1\, Mc^2}{L} \approx 10^{10}\left(\frac{M}{M_\odot}\right)\left(\frac{L_\odot}{L}\right) \text{년} \qquad \text{[식 13-6]}$$

이 된다.

2 별의 진화

분자운의 중력 수축

별의 진화는 세 부분으로 나누어 생각할 수 있다. 즉, '별이 어떻게 탄생하고 주계열에 어떻게 도달하는가?', '주계열에서 어떤 상태를 이루는가?' 그리고 '주계열이 지난 후 어떻게 진화하는가?'로 나누어 생각해 보자.

성간매질에는 다섯 가지 정도의 위상이 있다. 다섯 가지 위상은 HII 영역, HI

영역/저밀의 중성수소 구름, 분자운, 성간운 간 매질, 코로나 기체이다. 그중 분자운은 주로 수소분자(H_2)로 이루어져 있다. 분자운은 구름 하나의 질량이 태양 질량의 수십만 배 정도이고, 온도는 10K보다 낮으며 밀도는 약 10^9분자/m^3이다. 성간에서 차지하는 공간 점유율은 1%보다 작지만, 질량 면에서는 성간 물질의 상당 부분을 차지한다. 이러한 고밀도의 분자성운의 중력 수축으로부터 원시성(protostar)이 생성된다.

비리얼 정리를 통해 내부에너지와 중력 퍼텐셜에너지를 비등하게 놓았을 때 성간운의 크기 ℓ은 대략

$$\ell \propto \left(\frac{T}{\rho}\right)^{1/2} \quad \text{[식 13-7]}$$

이 된다. 만약 이 길이보다 크다면 그 성간운은 중력 수축하게 된다. 이것을 보다 쉽게 이해해보자. 중력 수축을 하려면 [식 13-2]에서 중력 부분이 압력구배력 부분보다 더 커야 한다. 길이를 ℓ로 표현했으므로 $\frac{GM}{\ell^2} > \frac{1}{\rho}\frac{P}{\ell}$이 된다. 여기에 이상기체 상태방정식을 이용하면

$$\frac{GM}{\ell^2} > \frac{1}{\rho\ell}\frac{\rho kT}{\mu m_H} \rightarrow \frac{G}{\ell^2}\frac{4\pi\ell^3\rho}{3} > \frac{kT}{\ell\mu m_H} \rightarrow G\frac{4\pi\ell^2\rho}{3} > \frac{kT}{\mu m_H}$$

$$\rightarrow \ell^2 > \frac{3kT}{4\pi\mu m_H G\rho}$$

이 되어

$$\ell > \left(\frac{3kT}{4\pi\mu m_H G\rho}\right)^{1/2} \propto \left(\frac{T}{\rho}\right)^{1/2} \quad \text{[식 13-8]}$$

을 얻는다. 이 식은 [식 13-7]을 의미한다. ℓ은 진스 길이(Jeans' length)로, ℓ보다 길이가 큰 물체는 중력 수축한다. 진스 길이 대신 진스 질량(Jeans' mass)을 쓰기도 한다. 진스 질량은

$$M_J \approx \rho \ell_J^3 \qquad \text{[식 13-9]}$$

으로 진스 질량보다 큰 물체는 중력 수축한다. 중력 수축하는 시간 척도는 [식 13-4]의 자유낙하 시간 척도이다.

온도와 광도를 통해 본 전주계열성의 진화 경로 개요

이제 **[그림 13-1]**과 함께 진화를 떠올려보자.

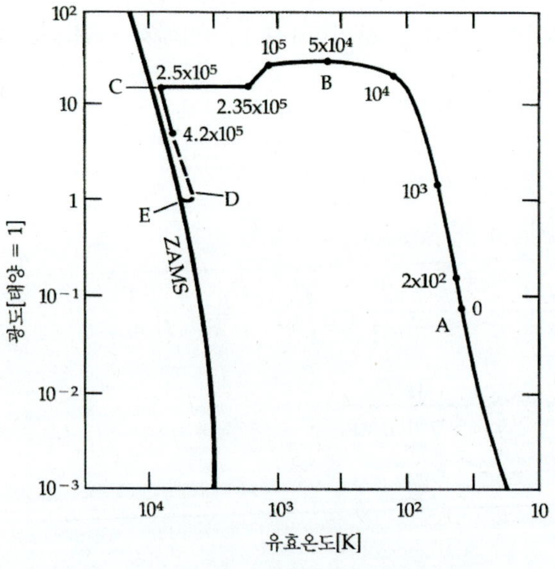

[그림 13-1] 태양질량의 전주계열 진화경로
출처: 천문학 및 천체물리학(제4판) p. 376

원시성은 광도와 온도가 매우 낮은 A라는 점에서부터 시작하여 진화한다. 점점 중력 수축에 의해 에너지가 방출되므로 광도는 증가한다. 그러나 복사를 통해 에너지가 빠져나가므로 온도는 거의 변하지 않는다. 따라서 A점 이후, 진화 경로 그래프는 위로 상승하여 B점에 도달한다. 그 후 분자 등에 의해 불투명도가 굉장히 커져 복사를 통해 에너지가 빠져나가기 어려워지면 에너지는 내부에 쌓여 온도가 상승한다. 수축하는 대부분의 에너지가 수축하는 성간운의 내부에너지로 전환되기에 광도의 변화는 거의 없어 B점에서 C점으로 거의 수평하게 이동한다. C점에 다다르게 되면 우리는 이러한 별을 전주계열별이라 부른다. C점 이후 D점이 될 때까지 별은 하야시 경로(Hayashi track)라 불리는 경로를 따라 진화하는데 이때는 불투명도가 굉장히 크기 때문에 모든 에너지가 대류를 통해 전달된다. 그 후 대류층이 점점 좁아지면서 복사에 의해 에너지가 전달되어 D점에서 E점으로 진화하여 영년주계열(ZAMS)에 도달해 핵융합 반응을 시작한다. A에서 C까지는 동역학적 시간 척도를, C에서 E까지는 켈빈헬름홀츠 시간 척도, 그리고 주계열에는 핵융합 시간 척도를 따른다.

각운동량: 회전 성간운의 수축

이제, 각운동량에 대해서 생각해보자. 회전하고 있는 성간운이 수축을 하게 되면 각운동량이 보존되기 때문에, 피겨스케이팅 선수들이 팔을 벌려 회전하다가 팔을 좁힐 때와 마찬가지로 더욱 빠르게 회전할 것이다. 반지름이 0.1pc이며, 질량이 태양 정도인 성간운의 적도에서의 초기 회전속도를 1km/s라고 하자. 이 성간운이 중력 수축 과정을 통하여 태양 정도의 반지름이 될 때, 각운동량 보존 법칙을 통하여 속도를 구하면 약 5×10^6km/s가 나온다. 그러나 이는 빛의 속도보다 빠른 값이므로 일어날 수 없다. 즉, 중력 수축하면서 각운동량이 손실되어야 한다. 자기장 역시 별이 수축함에 따라 증가한다. 자기장 역시 자기속 보존을 이용하여 계산해보면 우리가 예상한 값보다 훨씬 큰 값이 나타나므로 수축하는 동안 어떤 메커니즘에 의하여 손실됨을 알 수 있다.

천문학자들은 전파망원경을 통해 젊은 항성체들(YSO) 주위의 성간 분자선을 관측한 결과, 별이 탄생할 때, 각운동량이 감소하도록 항성풍이 굉장히 많이 나오는 것을 발견했다. 항성풍이 나올 때 입자들이 각운동량을 가지고 나가므로 각운동량을 감소시킨다. 젊은 별에서의 분자 분출이 쌍방 대칭을 이루고 있어 분자 쌍극 분출류(bipolar molecular outflow)라고 부른다.

회전하는 분자운의 경우 극 방향으로는 중력 수축이 용이하지만, 적도 방향으로는 원심력에 의하여 수축이 용이하지 않아서 회전하는 구형의 분자운은 원반 모양을 이룬다. 이러한 분자 원반의 중심에서 별이 형성되지만 원반 부분에서도 또 다른 별이 형성되어 쌍성계 혹은 삼중성계를 이루게 되기도 하고 행성계가 형성되기도 한다. 우리 태양계의 경우는 목성이 별이 되지 못하고 행성계를 형성하였다.

중량급 항성의 탄생

오리온자리는 별의 탄생을 볼 수 있는 중요한 곳이다. 오리온자리를 적외선 관측하면, 성간운 안에 묻혀있는 원시성들 혹은 전주계열별들을 찾을 수 있는데, 먼저 태어난 별일수록 분자운의 경계에 가까이 위치해 있는 것을 볼 수 있다. 이는 무거운 별들의 탄생이 성간 분자운의 경계에서부터 시작해서 점점 안으로 들어가면서 일어나는 것을 의미한다. 이를 순차적 항성생성(sequential star formation)이라고 한다. 성간 분자운의 가장자리는 초신성 폭발 잔재의 충격파, 다른 항성으로 나오는 강한 항성풍의 충격파, 은하의 나선팔에 의한 충격파 등으로 성간운 경계가 압축되어 별이 생성될 수 있는 조건이 충분하다. 예를 들면 **▌그림 13-2▐**와 같이 독수리자리의 M16을 보면, 맨 윗부분이 밝게 보이는 것을 볼 수 있다. 이는 별이 생성되는 곳으로 지금 막 생성된 별에 의하여 성간운 경계 윗부분의 밀도가 낮은 부분을 성간 공간으로 흩날려버리고 빛을 발하고 있는 것이다. 그러나 성간운 경계 아랫부분, 즉 내부 방향으로는 새로 태어난 별의 항성풍 혹은 HII 영역의 확장으로 인한 충격파에 의하여 압축되면서 그 부분이 밀도가 증가하게 되고, 그 부분이 질량보다 크게 되면 자연스럽게 중력수축하여 새로운 별이 탄생하게 된다. 즉 성간 내부로 들어가면서 새로운 별이 형성되는 것이다. 분자운과 분자운이 충돌하여도 별이 생성될 것이다. 은하들이 충돌하게 되면 은하 안에 있는 분자운들이 충돌하게 되기에 새로운 별들이 폭발적으로 증가하게 된다. **[그림 13-3]**은 두 은하가 충돌하면서 은하 내의 분자운들이 충돌하여 별이 형성되고 있음을 보여 준다.

[그림 13-2] 독수리자리의 M16

출처: https://www.nasa.gov/feature/goddard/2017/messier-16-the-eagle-nebula/

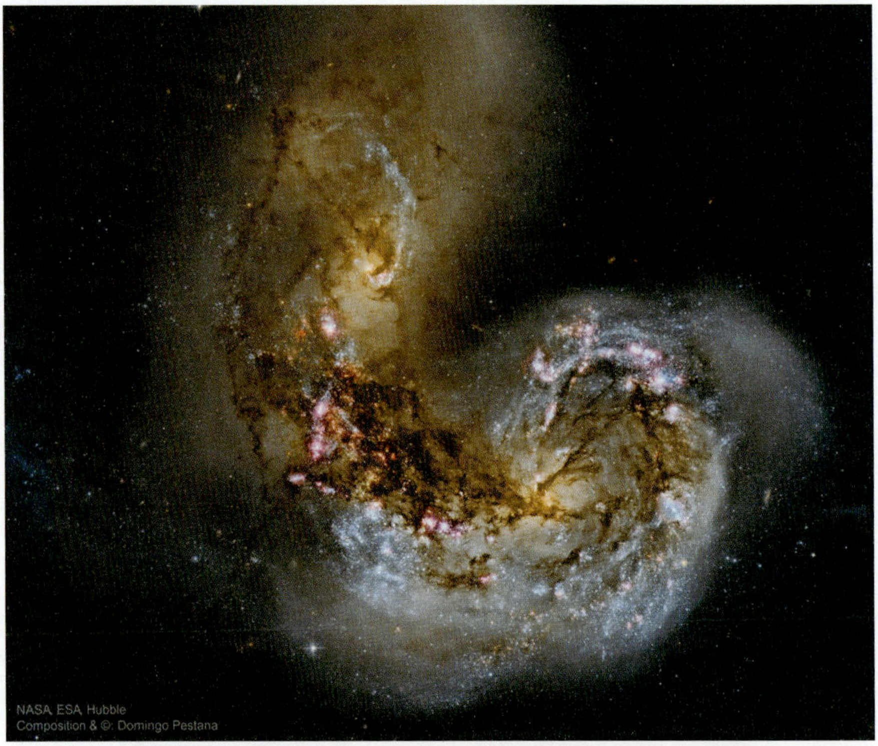

| 그림 13-3 | NGC 4038 안테나은하

출처: https://apod.nasa.gov/apod/ap180523.html

부 록

별의 생성 과정

거대분자구름(Giant molecular cloud)

$\sim 10^5 M_\odot$, $\sim 10\,pc$, $10 \sim 100\,K$, $10 \sim 300$ 분자$/cm^3$, 1% 먼지입자

광학 파장에서 매우 불투명하고(opaque), 주변 ISM과 압력평형(정유체역학적 평형)을 이룬다. 이 거대분자구름에서 별이 생성되는데 일반적으로 다음 6단계를 거친다.

1. 성간 구름 중력 붕괴(Interstellar cloud collapse)

주변의 초신성 폭발 혹은 성간구름충돌(cloud collision)로부터 야기되는 충격파에 의해서 압력평형이 깨지면 cloud 자체의 중력에 의하여 수축붕괴하게 된다. 즉 $-\frac{1}{\rho}\frac{dP}{dr} < \frac{GM}{r^2}$ 이면 구름은 붕괴. 이 조건은 대략 $\frac{P}{\rho R} < \frac{GM}{R^2}$ 이기에 $M_J < M$ 이다. 여기서

$$M_J = \left(\frac{3}{4\pi}\right)^{1/2}\left(\frac{k}{\mu m_H}\right)^{3/2}\frac{T^{3/2}}{\rho^{1/2}} \quad \text{[질량]}$$

이다. $M_J \simeq 4\times 10^4 \left(\frac{T}{100\,K}\right)^{3/2}\left(\frac{n}{cm^{-3}}\right)^{-1/2}$ 이기에 $M_J \sim 10^3 - 10^4 M_\odot$ 정도이다.

시간척도 $\tau_{dyn} \simeq \left(\frac{R^3}{GM}\right)^{1/2} \sim \frac{1}{\sqrt{G\rho}} \sim 10^6\,yr$ 이고, 원적외선에서 투명하고 냉각

(cooling)에 의하여 등온(isothermal) 상태가 된다.

2. 성간 구름 분열(cloud fragmentation)

수축 붕괴하면서 밀도는 증가하고 온도는 거의 일정하다. 따라서 M_J는 감소하고 성간 구름 내부가 불안정해지면서 성간 구름 자체가 작은 덩어리로 분열되면서(fragmentation) 그 작은 덩어리가 각각 수축 붕괴하기 시작한다. 이러한 분열 과정은 최소질량이 $< 0.1\,M_{\odot}$가 될 때까지 계속된다.

3. 원시별 핵의 형성(Formation of protostar core)

붕괴하는 성간구름분열조각(cloud fragment)의 밀도가 점점 증가하면서 이 구름 분열 조각은 적외선에서 불투명(opaque)하게 되고, 가열되어(heating) 기체압력이 증가한다. 그 결과로 정유체역학평형 상태가 되어간다. 이로써 붕괴 속도가 늦어지면서 준정적 수축(quasi-static contraction) 상태가 되어간다. 이때에 비로소 원시별 핵이 탄생한다.

4. 주변 성간 기체 부착(Accretion) 단계

각운동량이 보존되면서 성간 구름이 수축하기에 원시별 핵의 주변에 부착원반이 형성된다. 이러한 부착원반은 적외 영역이나 1mm 이하 파장대에서 관측되는 대부분의 매우 젊은 별들에서 관측된다. 부착되는 주변 기체의 중력에너지의 일부가 원시별 핵을 가열하고, 일부는 복사로 방출되면서 원시별의 광도를 담당한다. 즉

$$L \sim L_{acc} \simeq \frac{GM\dot{M}}{2R}$$

이 된다. 여기서 $\dot{M}$ 은 질량 부착률이고, 중력에너지의 $\frac{1}{2}$이 부착원반의 복사에너

지로 방출된다. 부착 시간척도인 $\tau_{acc} \simeq \frac{M}{\dot{M}}$가 τ_{KH}보다 매우 작기 때문에 원시별의 핵은 거의 단열적으로 가열된다.

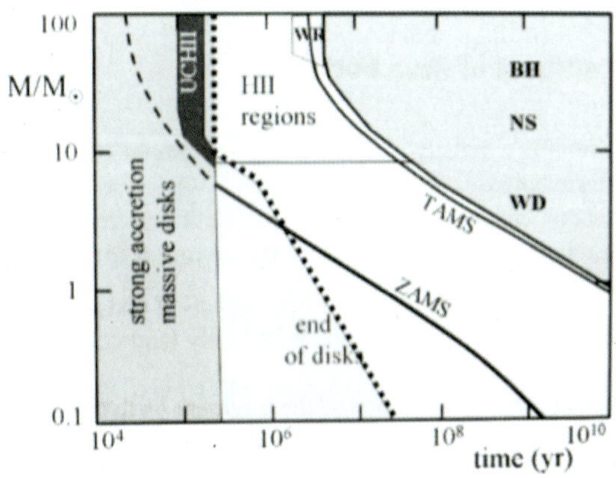

Figure 9.1. Timescales and properties of stars of mass M on the main sequence. Time along the abscissa is in logarithmic units to highlight the early phases, $t = 0$ corresponds to the formation of a hydrostatic core (stage 3 in the text). Initially the star is embedded in a massive accretion disk for $(1 - 2) \times 10^5$ years. In low-mass stars the disk disappears before the star settles on the zero-age main sequence (ZAMS). Massive stars reach the ZAMS while still undergoing strong accretion. These stars ionize their surroundings and excite an HII region around themselves. TAMS stands for terminal-age main sequence. Figure from MAEDER.

|부록 그림 13-1| 질량에 따른 별생성 진화 시간 척도

출처: https://www.astro.ru.nl/~onnop/education/stev_utrecht_notes/chapter9-11.pdf

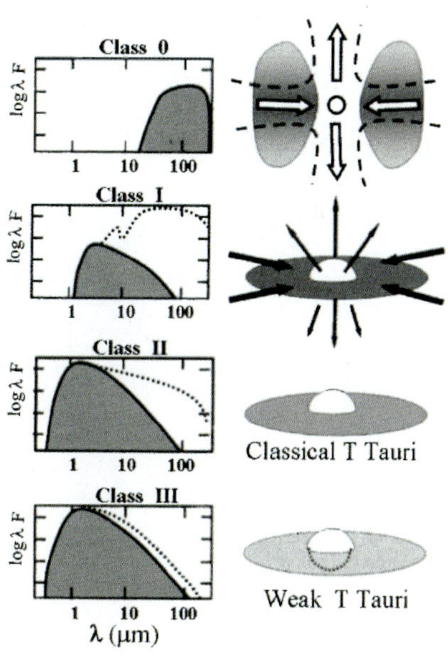

Figure 9.2. Schematic illustration of four stages in the evolution of protostars and their circumstellar disks. On the left, the stellar flux is depicted (shaded area) and the contribution from the disk (dotted line). On the right the corresponding geometry of the object is shown.

Class 0 objects are very young protostars ($\lesssim 10^4$ yrs) with almost spherical accretion at a high rate, emitting in the far-IR and sub-mm range. Class I protostars correspond to an advanced stage of accretion (age $\sim 10^5$ yrs), where the star is still embedded in a massive accretion disk, while jets or bipolar outflows are also observed. In class II the protostar has become visible as a classical T Tauri star on the pre-main sequence (age $\sim 10^6$ yrs), while the accretion disk is still optically thick giving rise to a large IR excess. Class III stars are already close to the main sequence (age $\sim 10^7$ yrs), with an optically thin accretion disk and weak emission lines. Figure from MAEDER.

|부록 그림 13-2| 원시별의 4단계

출처: https://www.astro.ru.nl/~onnop/education/stev_utrecht_notes/chapter9-11.pdf

5. 해리 및 전리 단계(Dissociation and ionization)

수소분자 기체는 $\gamma_{ad} > \frac{4}{3}$ 이기에 원시별 핵은 동역학적으로 안정된 상태에 있다. 원시별 핵의 온도가 2,000 K가 되면, 수소분자기체는 해리되기 시작하고, 비열(specific heat)은 급격히 증가하면서 γ_{ad}의 값이 $\frac{4}{3}$ 이하로 감소한다. 이제 동역학적 붕괴(dynamical collapse) 단계가 시작되면서 중력에너지가 수소분자를 해리시키므로 온도의 상승이 그리 크지 않다. 수소분자가 완전히 해리되면, 열에너지에 의해 온도가 다시 상승한다. 이제 온도가 $\sim 10^4\ K$가 되어 H와 He이 전리되면서 동역학적 붕괴가 다시 일어난다. 이제 원자들이 완전히 전리되면 정유체역학적 평형 상태가 된다. 이때에 전주계열별이 탄생하고 그 반경이 매우 작아진다. 그 반경의 크기 R_p는 비리얼 정리, $E_{tot} = \frac{1}{2}E_g$로부터 구할 수 있다. 즉

$$\frac{\alpha}{2}\frac{GM^2}{R_p} \simeq \frac{M}{m_H}\left(\frac{X}{2}\chi_{H_2} + X\chi_H + \frac{Y}{4}\chi_{He}\right) = \frac{M}{m_H}\chi$$

이다. 여기서 $\chi_{H_2} = 4.48\ eV$로 수소해리에너지이고, $\chi_H = 13.6\ eV$, $\chi_{He} = \chi_{He\,I} + \chi_{He\,II} = 79\ eV$로 수소원자와 헬륨 원자의 전리에너지이다. $X = 0.72$, $Y = 1 - X$이면, $\chi = 16.9\ eV$가 된다. polytrope 지수가 n일 때, $\alpha = \frac{3}{5-n}$이다. 원시별은 거의 대류별이기에 $n = \frac{3}{2}$이기에 $\alpha = \frac{6}{7}$이다. 따라서

$$R_p \simeq \frac{\alpha}{2}\frac{GMm_H}{\chi} \simeq 50\,R_\odot\left(\frac{M}{M_\odot}\right)$$

가 된다. 이 별의 평균 온도는 $\overline{T} = \frac{\alpha}{3}\frac{\mu m_H}{k}\frac{GM}{R_p} = \frac{2\chi}{3}\frac{\mu}{k} \simeq 8 \times 10^4\ K$가 된다.

이 값은 원시별의 질량과는 무관하다. 이러한 온도에서 불투명도가 매우 크기에 복사전달은 효과적이지 않다. 대신 별 전체가 대류에 의해 에너지가 전달된다. 그리고 별은 전대류별(fully convective star)이 된다.

6. 전주계열 단계(Pre-main sequence phase)

이 단계가 되면 부착이 멈추고, 전주계열별로 탄생한다. 광도는 중력수축에 의하여 공급된다. 비리얼정리에 의하여 내부에너지가 증가하고, 그 온도는 $T_c = C\frac{G\mu m_H}{k}M^{\frac{2}{3}}\rho_c^{\frac{1}{3}}$가 된다. 표면은 온도가 낮기에 온도구배가 점점 가팔라지면 열을 바깥으로 전달한다. 그 후의 진화는 τ_{KH}의 시간척도로 진행된다.

전대류별: 하야시 경로(Hayashi track)

온도구배가 급격해지면 에너지 플러스가 커지게 된다. 따라서 전대류별의 광도는 별의 구조와는 무관하다. 왜냐하면 광도는 온도구배에 달려있기 때문이다. 이러한 전대류별은 H-R도에서 거의 수직으로 진화하는데, 이러한 선을 하야시 경로라 한다. 하야시 경로의 오른쪽(즉 낮은 표면온도 영역)은 정유체역학평형을 이루는 별에 대해서는 금지구역이다. 반면에 하야시 경로의 왼쪽(즉 높은 표면온도영역)은 별전체가 대류가 일어나는 대신 일부분이 복사에 의하여 에너지가 전달된다.

간단하게 이 하야시 경로를 유도해 보면, 전대류별에서 $\gamma = \frac{5}{3}$이고, $n = \frac{3}{2}$이 된다. 그래서 $P = K\rho^{5/3}$이다. Lane-Emden 방정식에서 $K = 0.42422\,GM^{1/3}R$이다. 전대류별의 광구는 매우 얇은데($r \simeq R$), $\tau \simeq \frac{2}{3}$에서 $T \simeq T_{eff}$이다. 그리고 $P_R = \frac{2}{3}\frac{GM}{\kappa_R R^2}$, $L = 4\pi R^2 \sigma T_{eff}^4$ 이다. 그리고 $\kappa_R = \kappa_o \rho_R^a T_{eff}^b$ 이라 하고, 광구의 상태방정식은 $P_R = \frac{k}{\mu m_H}\rho_R T_{eff}$이다. 그리고 별의 내부는 $P_R = 0.42422\,GM^{1/3}R\rho_R^{5/3}$

이다. 이를 이용하면 하야시 경로를 그릴 수 있다. 만약 $\log T_{eff} = A\log L + B\log M + C$이면, $A = \dfrac{3a-1}{2(9a+2b+3)}$, $B = \dfrac{a+3}{9a+2b+3}$이 된다. 전대류별의 표면온도에서는 H^- 이온의 흡수에 의해서 $a \simeq 0.5$, $b \simeq 9$가 된다. 그러면 $A \simeq 0.01$, $B \simeq 0.14$가 된다. M의 값이 크면 하야시 경로는 H-R도에서 표면온도가 높은 쪽으로 거의 수직으로 나타난다. 하야시 경로가 거의 수직으로 그려지는 것은 불투명도가 온도에 매우 민감하기 때문이다($\kappa_R \propto T_{eff}^9$). 만약 전대류별의 광도가 거의 일정한 상태에서 반경이 조금 감소하면 광구의 온도는 조금 증가하고 광구는 아주 불투명해져 에너지 탈출이 어렵게 된다. 즉 광구의 온도는 조금 증가하지만 광도는 매우 급격하게 감소한다.

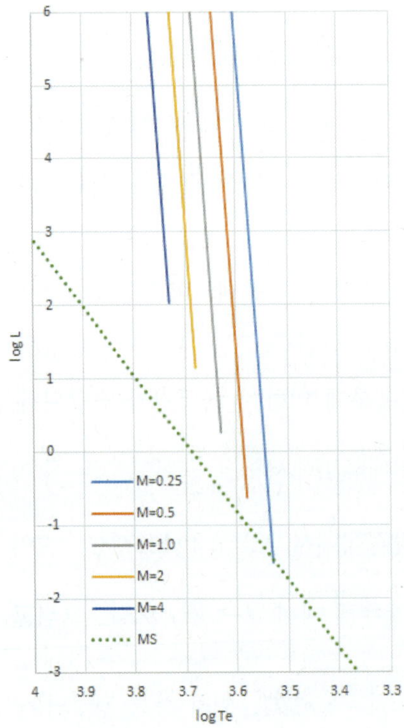

부록 그림 13-3 하야시 경로

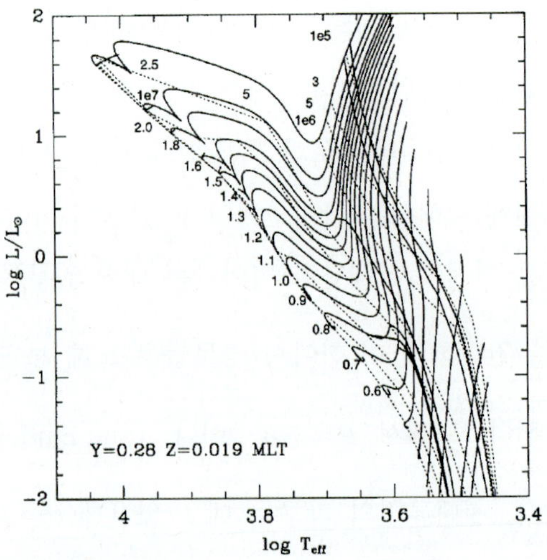

부록 그림 13-4 전주계열의 진화

출처: https://www.astro.ru.nl/~onnop/education/stev_utrecht_notes/chapter9-11.pdf

H-R도에서 금지구역

하야시 경로의 왼쪽(T_{eff}가 높은 쪽) 가까이는 평균적으로 $\overline{\nabla} < \nabla_{ad}$이기에 별의 내부 어느 곳은 복사로 에너지를 전달하면 된다. 하야시 경로 근처에 있기에 대부분은 대류로 에너지를 전달하게 된다. 하야시 경로에서 멀면 복사로 에너지를 전달하는 별 내부가 영역이 넓어진다. 그러나 하야시 경로의 오른쪽(T_{eff}가 낮은 쪽)은 $\nabla > \nabla_{ad}$이기에 대류에 의한 에너지 전달이 폭주하기에 $\nabla \rightarrow \nabla_{ad}$로 되어 하야시 경로로 돌아오게 된다. 따라서 H-R도에서 이 영역은 금지구역이 된다.

전주계열별의 수축

전주계열 별은 하야시 경로를 따라 진화하는데 $T_c \propto \rho_c^{1/3} \propto \dfrac{1}{R}$이기에 별 중심의 온도가 오르고 이에 따라 불투명도도 감소한다. 따라서 $\nabla_{rad} < \nabla_{ad}$이 되면서 복사핵이 형성된다. 이에 따라 별은 하야시 경로를 벗어나 H-R도의 왼쪽으로 진화한다. 수축이 진행됨에 따라 대류 포피(envelope)는 줄어들고, 복사핵의 질량은 증가한다. 별의 광도는 더 이상 감소하지 않고, 조금 증가한다. 별이 주로 복사로 에너지가 전달되면, 별의 수축은 homologous해진다. 광도는 별 내부의 온도구배와 질량에 관계하기에 하야시 경로에 벗어나는 전주계열별의 광도는 별의 질량이 클수록 크다. 그리고 그 광도는 거의 일정하다. 수축은 중심에서 수소핵반응이 일어나기 까지 계속된다. 이로써 별은 주계열(zero age main sequence)에 도착하게 된다. 수소핵반응을 위한 한계질량은 0.08 $M_{\odot}$ 정도이다. 핵에너지원은 중심에 집중되지만, 중력에너지는 별의 모든 영역의 수축으로 이루어지기에 중력에너지원에서 핵에너지원으로의 전환으로 인해 별의 내부가 재배열되게 된다. 주계열로 노착하기 전에 전수계열 내에서는 **❙부록 그림 13-4❙**의 10^5년 등시선 근처에서 중수소 반응으로, $> 10^6$년 등시선 근처의 리튬 반응으로, 그리고 CN 반응으로 중력 수축을 잠시 멈춘다. 전주계열별의 수명은 거의 τ_{KH}과 비슷하다. 그런데 주계열에 가까울수록 진화는 느려지기에 주계열의 광도 - 질량, 반경 - 질량 간의 관계를 이용하면 $\tau_{PMS} \simeq 10^7 \left(\frac{M}{M_\odot}\right)^{-2.5}$ 년이 된다. 별의 질량이 클수록 주계열에 빨리 도착하기에 나이가 젊은 성단의 H-R도를 그려보면, 아직 주계열에 도착하지 않은, 질량이 작고 어두운 별들이 관측된다.

별의 물리와 관련된 노트

정유체역학 평형

$$\frac{d^2r}{dt^2} = -\frac{GM}{r^2} - \frac{1}{\rho}\frac{dP}{dr} \rightarrow \frac{d^2r}{dt^2} = 0 \rightarrow \frac{1}{\rho}\frac{dP}{dr} = -\frac{GM}{r^2}$$

변수 P, ρ, M, r 상수 G

질량 방정식 → 구각의 질량 $\frac{dM}{dr} = 4\pi r^2 \rho$

상태방정식

이상기체 → $P_g = \frac{\rho kT}{\mu m_H}$ 상수 k 변수 $\mu = \frac{1}{2X + \frac{3}{4}Y + \frac{1}{2}Z}$, T

복사압 → $P_r = \frac{1}{3}aT^4$ 상수 a, $\sigma = \frac{ac}{4}$

$P = P_g + P_r$

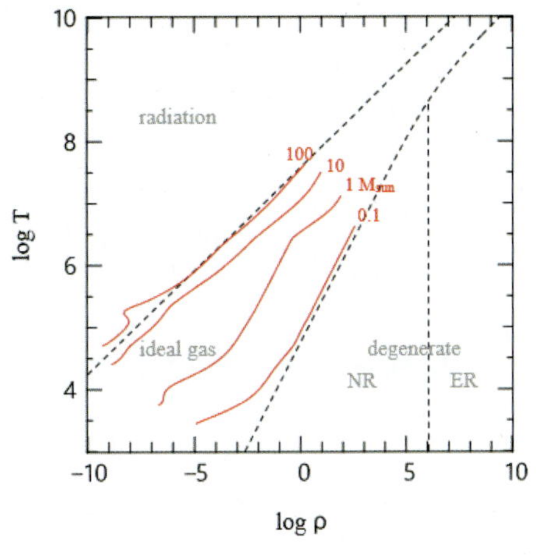

ㅣ부록 그림 13-5ㅣ

출처: https://astro.uni-bonn.de/~nlanger/siu_web/ssescript/chapter1-3.pdf

에너지 생성

핵융합 $\rightarrow \dfrac{dL}{dr} = \epsilon \dfrac{dM}{dr} = 4\pi r^2 \rho \epsilon$ 변수 $\epsilon = \epsilon(\mu, \rho, T)$, L

에너지 전달

복사

$$\frac{dF}{dr} = -\kappa\rho F \rightarrow F = \sigma T^4 = \frac{L}{4\pi r^2} \rightarrow \frac{dF}{dr} = 4\sigma T^3 \frac{dT}{dr} = -\kappa\rho \frac{L}{4\pi r^2}$$

$$\rightarrow \frac{dT}{dr} = -\frac{\kappa\rho L}{16\pi\sigma T^3 r^2} \rightarrow \frac{dT}{dr} = -\frac{\kappa\rho L}{4\pi ac T^3 r^2}$$

정확하게는 $\dfrac{dT}{dr} = -\dfrac{3\kappa\rho L}{16\pi ac T^3 r^2}$ 상수 c 변수 $\kappa = \kappa(\mu, \rho, T)$

대류

$$P \propto \rho^{\gamma} \rightarrow T \propto P^{1-1/\gamma} \rightarrow \frac{dT}{dr} = \left(1-\frac{1}{\gamma}\right)\frac{T}{P}\frac{dP}{dr} = \left(1-\frac{1}{\gamma}\right)\frac{\rho T}{P}\frac{1}{\rho}\frac{dP}{dr}$$

$$= -\left(1-\frac{1}{\gamma}\right)\frac{\mu m_H}{k}\frac{GM}{r^2}$$

$\left|\frac{dT}{dr}\right|_{rad} > \left|\frac{dT}{dr}\right|_{ad}$ 이면, 대류로 에너지 전달, κ가 큰 경우, L이 큰 경우

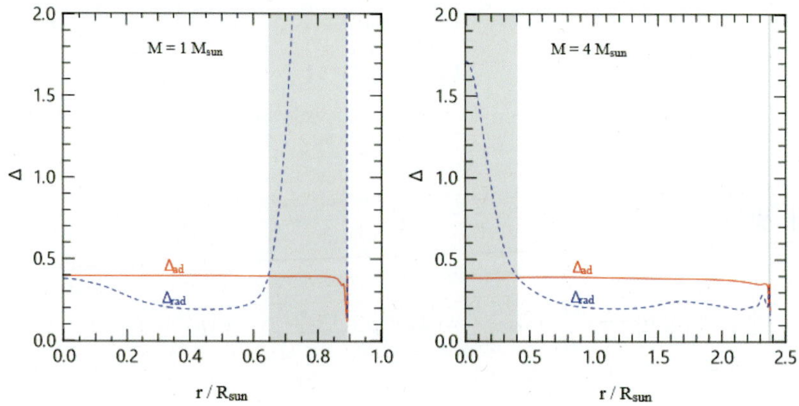

| 부록 그림 13-6 |

불투명도(opacity) κ

전자산란(electron scattering) $\kappa_e = 0.2(1+X)\,cm^2/g$

자유-자유 천이(free-free) $\kappa_{ff} = 3.8\times 10^{22}(1+X)\rho T^{-7/2}\ cm^2/g$

속박-자유 천이(bound-free) $\kappa_{bf} = 4.3\times 10^{25}(1+X)Z\rho T^{-7/2}\ cm^2/g$

$$\frac{\kappa_{ff}}{\kappa_{bf}} = 0.00442\left(\frac{0.02}{Z}\right)$$

H^-, $\kappa_{H^-} = 2.5\times 10^{-31}\left(\frac{Z}{0.02}\right)\rho^{1/2}T^9\ cm^2/g$

먼지(dust), 분자(molecule) 기여

$\rho = 10^{-6}\, g/cm^3$일 때,

$2.1341 \times 10^5\, K < T \quad \kappa_e$

$1.3895 \times 10^4\, K < T < 2.1341 \times 10^5\, K \quad \kappa_{bf} + \kappa_{ff}$

$T < 1.3895 \times 10^4\, K \;\; \kappa_{H^-}$

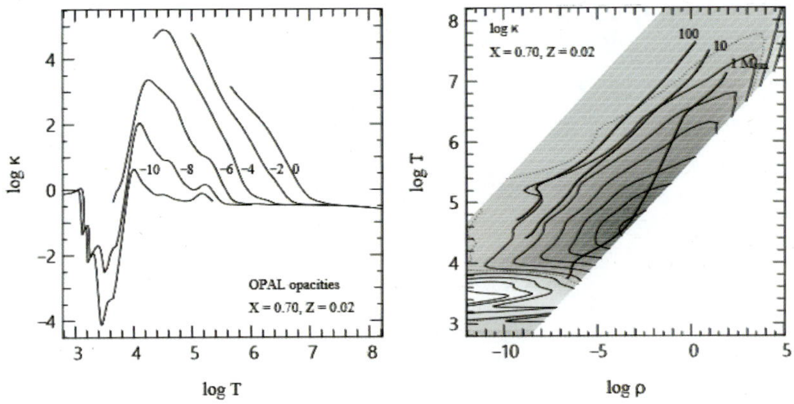

| 부록 그림 13-7 |

에너지 생성

$\epsilon_{pp} \propto X^2 \rho T^4, \; \epsilon_{CNO} \propto X X_{CNO} \rho T^{18}$

$X = 1, \; X_{CNO} = 0.01, \; \rho = 1\, g/cm^3$인 경우 →

$T \simeq 1.5 \times 10^7\, K$일 때 $\epsilon_{pp} \simeq \epsilon_{CNO}$

$\epsilon_{pp} = 0.076 X_H^2 \rho T_7^4\, erg/g\,\mathrm{sec}$

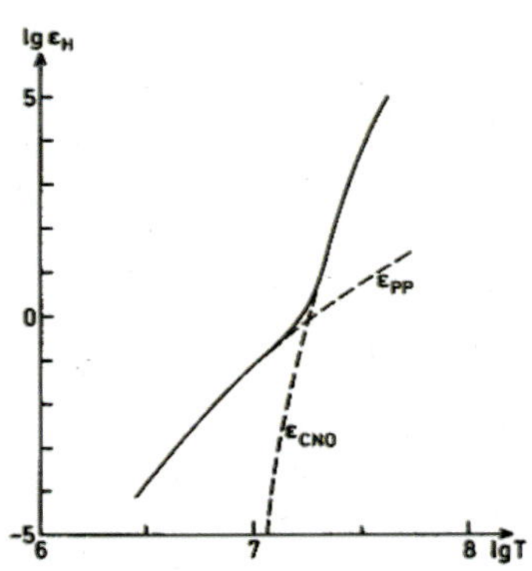

| 부록 그림 13-8 |

에딩턴 광도(Eddington luminosity)

$\frac{dT}{dr} = -\frac{3\kappa\rho L}{16\pi ac T^3 r^2}$ 을 이용하여 $\frac{1}{\rho}\frac{dP_r}{dr} = \frac{4aT^3}{3\rho}\frac{dT}{dr} = -\frac{4aT^3}{3\rho}\frac{3\kappa\rho L}{16\pi ac T^3 r^2}$

$$= -\frac{\kappa L}{4\pi r^2 c} \quad -\frac{1}{\rho}\frac{dP_r}{dr} < -\frac{1}{\rho}\frac{dP_g}{dr} = \frac{GM}{r^2} \rightarrow L < L_{Edd},\ L_{Edd} = \frac{4\pi c GM}{\kappa}$$

$$L_{Edd} = 3.8 \times 10^4 \left(\frac{M}{M_\odot}\right)\left(\frac{0.34\, cm^2/g}{\kappa}\right) L_\odot$$

주계열성 $L = \left(\frac{M}{M_\odot}\right)^3 L_\odot$ 이기에 $M < M_{\max}$, $M_{\max} \simeq 200\, M_\odot$

Homology 변환

$$\rho \sim \frac{M}{R^3},\ P \sim \frac{M^2}{R^4},\ T \sim \frac{\mu P}{\rho} \sim \frac{\mu M}{R}$$

$$L \sim \frac{R^2}{\kappa\rho}\left(\frac{T^4}{R}\right) \sim R^2\left(\frac{R^3}{M}\right)\left(\frac{R^3}{M}\right)^n\left(\frac{\mu M}{R}\right)^{\alpha+4}\frac{1}{R} \sim \mu^{\alpha+4}R^{3n-\alpha}M^{\alpha+3-n}$$

만약 $\kappa \sim \rho^n T^{-\alpha}$

→ 질량–광도 관계

$n=1, \alpha=3.5$ 이면, $L \sim \mu^{7.5}\frac{M^{5.5}}{R^{0.5}}$, $n=0, \alpha=0$ 이면, $L \sim \mu^4 M^3$

그런데 $P \sim P_r \sim T^4 \sim \frac{M^2}{R^4}$ 인 경우, $\kappa = \kappa_e$ 으로 일정하기에

$L \sim \frac{R^2}{\kappa\rho}\left(\frac{T^4}{R}\right) \sim R^2\left(\frac{R^3}{M}\right)\left(\frac{M^2}{R^4}\right)\frac{1}{R} \sim M$ 이 된다.

→ 질량-반경 관계

그런데 $\epsilon \sim \rho T^S$이기에 $L \sim \mu^{\alpha+4} R^{3n-\alpha} M^{\alpha+3-n} \sim M\left(\frac{M}{R^3}\right)\left(\frac{\mu M}{R}\right)^S$

$\rightarrow R \sim M^{\frac{S-\alpha-1+n}{Ss+3n-\alpha+3}} \mu^{\frac{S-\alpha-4}{S+3n-\alpha+3}}$

주계열성

$S=4,\ \alpha=3.5,\ n=1$인 경우, $R \sim M^{0.5/6.5} \sim M^{0.077}$, $T \sim M^{0.923}$,

$$L \sim M^{5.4885},\ L \sim T_e^{4.71}$$

$S=4,\ \alpha=0,\ n=0$인 경우, $R \sim M^{3/7} \sim M^{0.43}$, $T \sim M^{0.57}$, $L \sim M^{5.285}$,

$$L \sim T_e^{4.78}$$

$S=18,\ \alpha=3.5,\ n=1$인 경우, $R \sim M^{14.5/20.5} \sim M^{0.71}$, $T \sim M^{0.29}$,

$$L \sim M^{5.1405},\ L \sim T_e^{5.53}$$

$S=18,\ \alpha=0,\ n=0$인 경우, $R \sim M^{17/21} \sim M^{0.81}$, $T \sim M^{0.19}$, $L \sim M^3$,

$$L \sim T_e^{8.7}$$

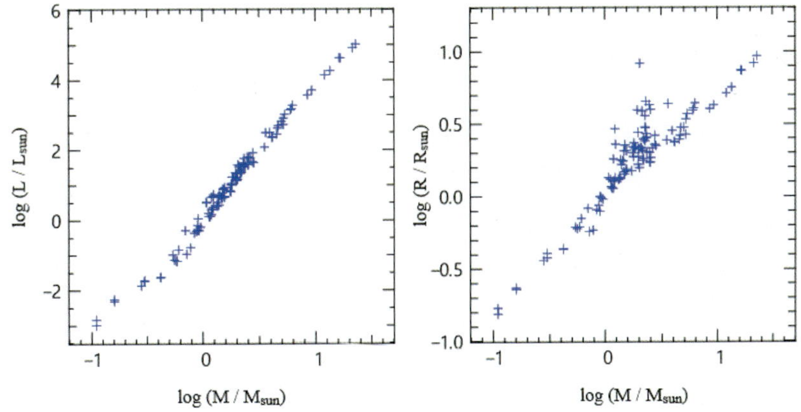

❙부록 그림 13-9❙

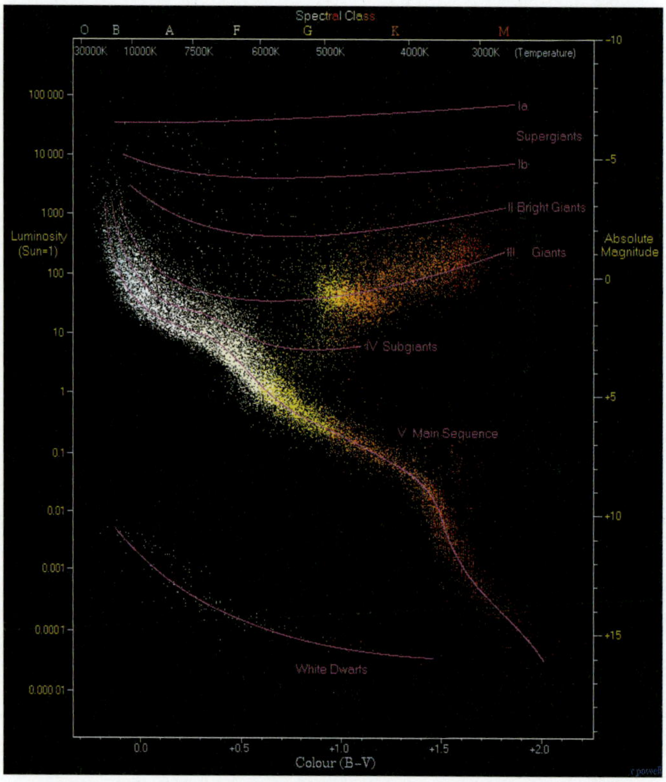

[부록 그림 13-10]

출처: https://en.wikipedia.org/wiki/Main_sequence#/media/File:HRDiagram.png

비리얼 정리(Virial theorem)

$$\frac{1}{\rho}\frac{dP}{dr}=-\frac{GM}{r^2}\rightarrow\frac{1}{4\pi r^2\rho}\frac{dP}{dr}=-\frac{1}{4\pi r^2}\frac{GM}{r^2}\rightarrow\frac{4\pi r^3}{3}\frac{dP}{dM}=-\frac{1}{3}\frac{GM}{r}$$

$$\rightarrow\int_0^M\frac{4\pi r^3}{3}\frac{dP}{dM}dM=-\frac{1}{3}\int_0^M\frac{GM}{r}dM$$

여기서 $\delta W=\int_\infty^r\vec{F}\cdot d\vec{r}=\int_\infty^r\frac{GM\delta M}{r^2}dr=-\frac{GM}{r}\delta M\rightarrow$

$$E_g=\int_0^M dW=-\int_0^M\frac{GM}{r}dM$$

여기서 $\int_0^M \frac{4\pi r^3}{3}\frac{dP}{dM}dM = \int_{P_C}^{P_S} VdP = [V \cdot P]_{P_C}^{P_S} - \int_0^{V_S} PdV$

$$= -\int_0^{V_S} PdV = -\int_0^M \frac{P}{\rho}dM$$

$\rightarrow -3\int_0^M \frac{P}{\rho}dM = E_g$

이상기체의 경우

$P = \frac{\rho}{\mu m_H}kT \rightarrow u = \frac{3}{2}\frac{kT}{\mu m_H} = \frac{3}{2}\frac{P}{\rho} \rightarrow \frac{3}{2}\int_0^M \frac{P}{\rho}dM = E_i$

$$\rightarrow E_i = -\frac{1}{2}E_g$$

총 에너지 $E_{총} = E_i + E_g + E_{kin}$ hydrostatic equilibrium 상태의 별의 경우에는 $E_{kin} = 0$

$E_{총} = E_i + E_g = \frac{1}{2}E_g = -E_i < 0$이기에 중력적으로 구속되어 있다.

$L = -\frac{dE_{총}}{dt} \rightarrow \dot{E}_{총} = \frac{1}{2}\dot{E}_g = -L \rightarrow \dot{E}_g = -2L < 0 \rightarrow \dot{E}_i = L > 0$

별은 수축하고(중력적으로 더 bound) 별은 더 뜨거워진다. 즉 중력 수축에 의해서 발생한 에너지의 반은 별을 뜨겁게 하고, 나머지 반은 복사로 방출된다. 그러나 복사압이 주된 압력인 별의 경우에는 $E_i = -E_g$이기에 $E_{총} = 0$이기에 별은 marginally bound 되어있다.

만약 $L = L_{nuc} = -\frac{dE_{nuc}}{dt}$ 이면, $\dot{E}_{총} = \dot{E}_i = \dot{E}_g = 0$ 이기에 열평형(TE) 상태 →

별은 stationary $\frac{d()}{dt} = 0$

시간척도(Time scale)

$$\tau_{dyn} = \frac{R}{\sqrt{\frac{GM}{R}}} = \sqrt{\frac{R^3}{GM}} \simeq 0.02\left(\frac{R}{R_\odot}\right)^{3/2}\left(\frac{M}{M_\odot}\right)^{1/2} days$$

$$\tau_{KH} = \frac{E_i}{L} \simeq \frac{|E_g|}{2L} \simeq \frac{GM^2}{2RL} \simeq 1.5\times 10^7\left(\frac{M}{M_\odot}\right)^2\left(\frac{R_\odot}{R}\right)\left(\frac{L_\odot}{L}\right) yr$$

$$\tau_{nuc} = \frac{E_{nuc}}{L} = \frac{0.007\times 0.1\,Mc^2}{L} \approx 10^{10}\left(\frac{M}{M_\odot}\right)\left(\frac{L_\odot}{L}\right) yr$$

$$\tau_{nuc} \gg \tau_{KH} \gg \tau_{dyn}$$

별의 최소 질량

별이 수축하면서 ρ_c가 증가하면서 $kT_c = \left(\frac{\pi}{36}\right)^{1/3} G\mu m_H M^{2/3}\rho_c^{1/3}$도 증가한다. 전자축퇴가 더 이상 수축을 방해하기 전에 별은 핵융합 반응을 해야 한다. 즉 핵에서는 $P_c = K_{NR}n_e^{5/3} + n_i kT_c$이다. 별이 수소로만 이루어져 있다면 $\mu = 1$이다. 따라서 $P_c = K_{NR}\left(\frac{\rho_c}{m_H}\right)^{5/3} + \frac{\rho_c}{m_H}kT_c \rightarrow kT_c = \left(\frac{\pi}{36}\right)^{1/3} Gm_H M^{2/3}\rho_c^{1/3} - K_{NR}\left(\frac{\rho_c}{m_H}\right)^{2/3}$이다. 이는 $kT_c = A\rho_c^{1/3} - B\rho_c^{2/3}$이다. 이 방정식은 $\rho_c = (A/2B)^3$일 때에 $(kT_c)_{\max} = A^2/4B$인 최댓값을 가진다. 이 값은 $(kT_c)_{\max} = \left(\frac{\pi}{36}\right)^{2/3}\frac{G^2 m_H^{8/3}}{4K_{NR}}M^{4/3}$이다. 만약 수소핵융합이 최소온도가 $T_{ign} = 1.5\times 10^6\ K$이면, $M_{\min} \simeq 0.1M_\odot$ 정도가 된다.

Polytropes와 Lane-Emden 방정식

$P=K\rho^{\gamma}$, $\frac{1}{\rho}\frac{dP}{dr}=-\frac{GM}{r^2}$, $\frac{dM}{dr}=4\pi r^2\rho$을 이용하면

$$\frac{1}{\rho r^2}\frac{d}{dr}\left(r^2\rho^{\gamma-2}\frac{d\rho}{dr}\right)=-\frac{4\pi G}{K\gamma}$$

$$n=\frac{1}{\gamma-1},\ \gamma=1+\frac{1}{n},\ \rho(0)=\rho_c,\ \left(\frac{d\rho}{dr}\right)_{r=0}=0$$

$$\rightarrow \rho=\rho_c w^n,\ r=\alpha z,\ \alpha=\left(\frac{n+1}{4\pi G}K\rho_c^{\frac{1-n}{n}}\right)^{1/2}$$

$\frac{1}{z^2}\frac{d}{dz}\left(z^2\frac{dw}{dz}\right)+w^n=0$, $z=0$일 때, $w=1$, $\frac{dw}{dz}=0$

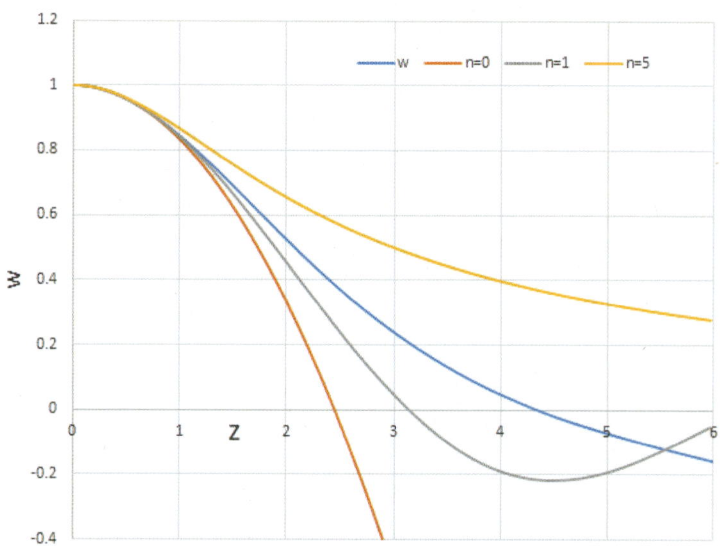

|부록 그림 13-11| Lane-Emden 방정식

Table 4.1. Numerical values for polytropic models with index n.

n	z_n	Θ_n	$\rho_c/\bar{\rho}$	N_n	W_n
0	2.44949	4.89898	1.00000	...	0.119366
1	3.14159	3.14159	3.28987	0.63662	0.392699
1.5	3.65375	2.71406	5.99071	0.42422	0.770140
2	4.35287	2.41105	11.40254	0.36475	1.638183
3	6.89685	2.01824	54.1825	0.36394	11.05068
4	14.97155	1.79723	622.408	0.47720	247.559
4.5	31.8365	1.73780	6189.47	0.65798	4921.84
5	∞	1.73205	∞	∞	∞

$$R=\alpha z_n=\left(\frac{n+1}{4\pi G}K\rho_c^{\frac{1-n}{n}}\right)^{1/2} z_n$$

$$m(z)=\int_0^{\alpha z}4\pi r^2\rho\,dr=-4\pi\alpha^3\rho_c z^2\frac{dw}{dz}$$ 이기에

$$M=4\pi\alpha^3\rho_c\Theta_n=4\pi\left[\frac{(n+1)K}{4\pi G}\right]^{3/2}\rho_c^{(3-n)/2n}\Theta_n,\ \Theta_n=\left(-z^2\frac{dw}{dz}\right)_{z=z_n}$$

$K=N_nGM^{(n-1)/n}R^{(3-n)/n}$ 여기서 $N_n=\dfrac{(4\pi)^{1/n}}{n+1}\Theta_n^{(1-n)/n}z_n^{(n-3)/n}$

$$\bar{\rho}=\frac{M}{4\pi/3R^3}\rightarrow\bar{\rho}=\left(-\frac{3}{z}\frac{dw}{dz}\right)_{z=z_n}\rho_c=\frac{3\Theta_n}{z_n^3}\rho_c$$

$P_c=K\rho_c^{(n+1)/n}\rightarrow P_c=W_n\dfrac{GM^2}{R^4}$ 여기서 $W_n=\dfrac{z_n^4}{4\pi(n+1)\Theta_n^2}$

$P_c=C_nGM^{2/3}\rho_c^{4/3}$ 여기서 $C_n=\dfrac{(4\pi)^{1/3}}{n+1}\Theta_n^{-2/3}$

$$E_g=-\frac{3}{5-n}\frac{GM^2}{R}$$

→ 백색왜성의 경우

비상대론적: $R\propto M^{-1/3}$

상대론적 축퇴: $M=4\pi\Theta_3\left(\frac{K}{\pi G}\right)^{3/2}$ 여기서 $K=\frac{K_R}{\mu_e^{4/3}}$ $\rightarrow M_{Ch}=5.836\mu_e^{-2}M_\odot$

$\mu_e=2$일 때 $M_{Ch}=1.46M_\odot$

→에딩턴 모델

$-\frac{1}{\rho}\frac{dP_r}{dr}=\frac{\kappa L}{4\pi r^2 c}$ 그리고 $-\frac{1}{\rho}\frac{dP_g}{dr}=\frac{GM}{r^2}\rightarrow\frac{dP_r}{dP}=\frac{L}{L_{Edd}}\rightarrow P_r=\frac{L}{L_{Edd}}P$

이제 $\beta=\frac{P_g}{P}$이기에 $1-\beta=\frac{P_r}{P}=\frac{L}{L_{Edd}}$가 된다.

그런데 $P=\frac{P_r}{1-\beta}=\frac{aT^4}{3(1-\beta)}$, 그리고 $P=\frac{P_g}{\beta}=\frac{\left(\frac{\rho kT}{\mu m_H}\right)}{\beta}$이다. 위 두식에서

T를 소거하면 $P=\left(\frac{3k^4(1-\beta)}{am_H\mu^4\beta^4}\right)^{1/3}\rho^{4/3}=K\rho^{4/3}$이 된다. $\gamma=4/3$은 $n=3$이고 Lane-Emden 방정식을 이용하면 $M=4.56\left(\frac{K}{G}\right)^{3/2}$이고, K를 대입하면, $M=18.1M_\odot\left(\frac{1-\beta}{\mu^4\beta^4}\right)^{1/2}$이 되고, 이를 다시 정리하면 $0.003\left(\frac{M}{M_\odot}\right)^2\mu^4\beta^4=1-\beta=\frac{L}{L_{Edd}}$이 된다.

주계열

별들은 주계열에서 일생을 보내게 된다. 별의 수명은 거의 별 내부의 수소핵반응에 의한 시간 척도와 같다. 따라서 $\tau_{MS}\simeq\tau_{\nu c}\simeq 10^{10}\left(\frac{M}{M_\odot}\right)^{-2.5}$ 년이 된다. 별의 핵에서 수소핵반응이 일어나면 수소가 헬륨으로 바뀌기에 μ값이 변화한다. $\mu\simeq\frac{1}{2X+3/4Y}$, $X+Y=1$이라 하면 $\frac{dY}{dt}=-\frac{dX}{dt}$이기에 수소가 핵반응에 쓰이

면서 헬륨이 증가하고, $\frac{1}{\mu^2}\frac{d\mu}{dt}=-\frac{5}{4}\frac{dX}{dt}$이기에 μ값은 증가한다.

그런데 에딩턴 모델에서 $0.003\left(\frac{M}{M_\odot}\right)^2\mu^4\beta^4=1-\beta=\frac{L}{L_{Edd}}$이다. 따라서 $L=0.003\frac{4\pi cGM_\odot}{\kappa_e}(\mu\beta)^4\left(\frac{M}{M_\odot}\right)^3$이 된다.

작은 질량을 가진 별의 경우, $\beta\simeq 1$이기에 $L\propto\mu^4$이 되고 μ값이 커짐에 따라 광도가 증가한다. 그러나 큰 별의 경우는 $\mu\beta$값이 거의 일정하기에 μ값에 무관하게 광도는 거의 일정하다.

복사에 의해 몰아쳐지는 항성풍(radiative driven wind)

질량이 비교적 큰 별의 경우, 항성 대기 내의 입자가 별로부터 오는 광자가 입자에 흡수되었다가 재방출되면서 입자가 가속되어 항성풍이 발생한다. 이때 진동수가 ν_i인 광자가 반경 방향(radial direction)으로 능률(momentum)이 알짜 전달(transfer)량은

$$\Delta P_{radial}=\frac{h}{c}(\nu_{in}\cos\theta_{in}-\nu_{out}\cos\theta_{out})$$

이 된다. 그러나 흡수되는 광자는 반경방향과 거의 같고($\langle\cos\theta_{in}\rangle\simeq 1$), 재방출되는 광자는 등방이기에($\langle\cos\theta_{out}\rangle=0$)이 된다. 따라서

$$\langle\Delta P_{radial}\rangle=\frac{h\nu_i}{c}$$

가 된다.

이제 두께가 dr인 구각에서 항성풍의 속도가 이런 방법으로 v에서 $v+dv$만큼

증가한다면 구각 안쪽에서 보내진 광자의 진동수는 관측자에게는 $\nu_{안,obs} = \nu_i + \nu_i \frac{v}{c}$ 으로, 구각 바깥쪽에서 보내진 광자의 진동수는 관측자에게 $\nu_{바깥,obs} = \nu_i + \nu_i \frac{(v+dv)}{c}$ 으로 관측된다. 따라서

$$\nu_{바깥,obs} - \nu_{안,obs} = d\nu_{obs} = \nu_i \frac{dv}{c}$$

이 된다. 그런데 하나의 광자에 의한 구각의 복사 가속은 $g_{i,rad} = \frac{\Delta P}{\Delta m \Delta t}$ 이다. 별로부터의 단위시간당 진동수 ν_i인 광자의 개수는 $\frac{N_\nu}{\Delta t} = \frac{L_\nu \Delta\nu_{obs}}{h\nu_{obs}}$ 이다. 따라서 이 흡수선에 의한 복사 가속은

$$\begin{aligned} g_{i,rad} &= \frac{N_\nu \langle \Delta P_{radial} \rangle}{\Delta t \, \Delta m} = \frac{L_\nu \Delta\nu_{obs}}{h\nu_{obs}} \frac{h\nu_{obs}}{c} \frac{1}{4\pi r^2 \rho \, dr} \\ &= \frac{L_\nu \Delta\nu_{obs}}{c} \frac{1}{4\pi r^2 \rho \, dr} = \frac{L_\nu \nu_i}{c^2} \frac{dv}{dr} \frac{1}{4\pi r^2 \rho} \end{aligned}$$

가 된다. 그런데 광학적으로 두꺼운 흡수선과 광학적으로 얇은 흡수선은 광자와 이론의 사이의 상호작용확률이 다르기에(확률 $= 1 - e^{-\tau_\nu}$)

$$g_{rad}^{전체} = \frac{1}{4\pi r^2 c^2} \left(\sum_{thin} L_\nu \nu_i \frac{dv}{dr} \frac{\tau_i}{\rho} + \sum_{thick} L_\nu \nu_i \frac{dv}{dr} \frac{1}{\rho} \right)$$

이 된다. 이제 흡수선의 세기를 나타내는 계수를 $k_i = \frac{(dv/dr)\tau_i}{\rho}$ 로 정의해 보자. 그런데 흡수선 세기의 분포는 $dN(\nu, k_i) = -N_o f(\nu) d\nu k_i^{\alpha-2} dk_i$를 가지기에

$N(\nu_i, k_i) \propto k_i^{\alpha-1}$(관측과 비교하면 $\alpha \simeq 2/3$)이기에

$$g_{rad}^{전체} = C\frac{L}{4\pi r^2}\left(\frac{dv/dr}{\rho}\right)^{\alpha}$$

로 놓을 수 있다.

항성풍의 경우, 연속 방정식은

$$\frac{dM}{dt} = 4\pi r^2 \rho v$$

이고, 능률방정식은

$$v\frac{dv}{dr} = -\frac{1}{\rho}\frac{dP}{dr} - g_{중력}(1-\Gamma) + g_{rad}^{전체}$$

이며, 상태방정식은

$$P = \rho a^2$$

이다. 여기서 a는 등온(isothermal) 음속에 해당하는 값이다. 또한

$$\Gamma = \frac{\kappa_{es} L}{4\pi c G M}$$

으로 에딩턴 인자에 해당한다. 이제 초음속 영역에서는 압력구배력 항의 값이 다른 항에 비하여 작기에 이 식을 잘 정리하면,

$$r^2 v\frac{dv}{dr} = -GM(1-\Gamma) + C\frac{L}{4\pi}\left(\frac{dv/dr}{\rho}\right)^{\alpha}$$

가 된다. 그런데

$$C\frac{L}{4\pi}\left(\frac{dv/dr}{\rho}\right)^{\alpha} = C\frac{L}{(4\pi)^{1-\alpha}}\frac{1}{(4\pi r^2 v\rho)^{\alpha}}\left(r^2 v\frac{dv}{dr}\right)^{\alpha}$$
$$= \frac{CL}{(4\pi)^{1-\alpha}}\left(\frac{dM}{dt}\right)^{-\alpha}\left(r^2 v\frac{dv}{dr}\right)^{\alpha}$$

가 된다. 따라서

$$r^2 v\frac{dv}{dr} = -GM(1-\Gamma) + \frac{CL}{(4\pi)^{1-\alpha}}\left(\frac{dM}{dt}\right)^{-\alpha}\left(r^2 v\frac{dv}{dr}\right)^{\alpha}$$

가 된다. 이제 양변을 $GM(1-\Gamma)$로 나누고, $\frac{r^2 v(dv/dr)}{GM(1-\Gamma)} = z_o$라 놓으면,

$$\frac{CL}{(4\pi)^{1-\alpha}}\left(\frac{dM}{dt}\right)^{-\alpha}\left(r^2 v\frac{dv}{dr}\right)^{\alpha}\frac{1}{GM(1-\Gamma)}$$
$$= 1.89\left(\frac{(C/1.89)^{1/\alpha}(4\pi)^{1-1/\alpha}L^{1/\alpha}(GM(1-\Gamma))^{1-1/\alpha}}{\dot{M}}\right)^{\alpha}\left(\frac{r^2 v(dv/dr)}{GM(1-\Gamma)}\right)^{\alpha}$$

이기에

$$\dot{M} = (4\pi)^{1-1/\alpha}(C/1.89)^{1/\alpha}L^{1/\alpha}[GM(1-\Gamma)]^{1-1/\alpha}$$

라 놓으면 위 식은 $f(z_o) = -z_o - 1 + 1.89 z_o^{\alpha}$이 된다. $\alpha = 2/3$일 때, $z_o \simeq 2$가 될 때에 $f(z_o = 2) = 0$이다.

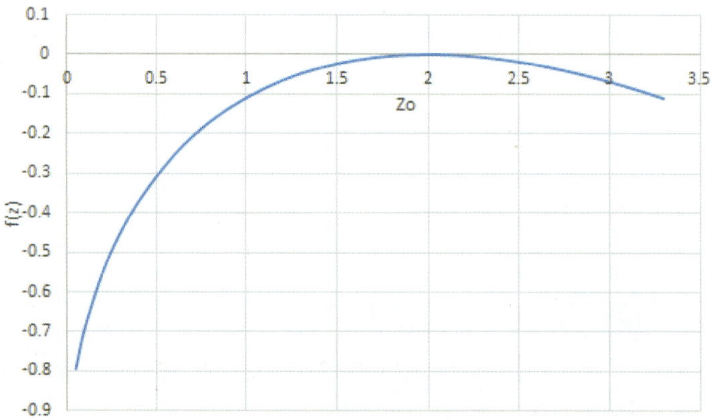

┃부록 그림 13-12┃

위 식의 해는

$$v = v_\infty \sqrt{1 - \frac{R_*}{r}}$$

이 되고, $v_\infty = \sqrt{2}\, v_{esc} = \sqrt{2} \sqrt{\frac{2GM(1-\Gamma)}{R_*}}$ 이 된다.

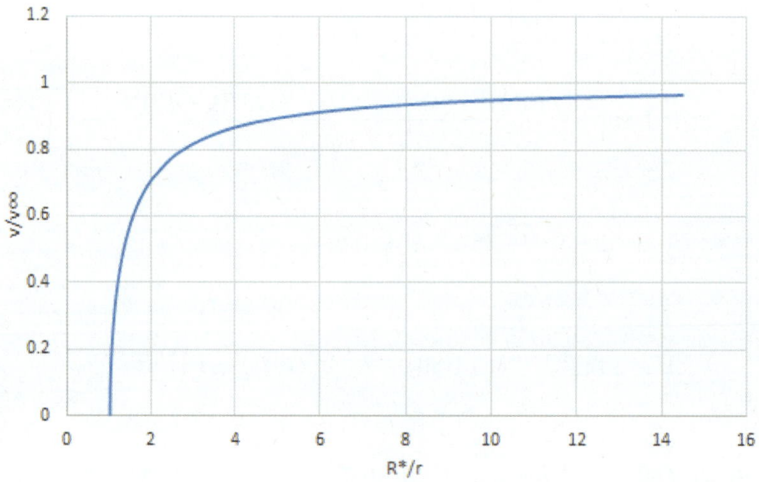

┃부록 그림 13-13┃

관측에 의하면 $\dot{M}\, v_\infty R_*^{1/2} \propto L^{1.46}$의 관계가 있는데, 이론적으로는

$$\dot{M}\, v_\infty R_*^{1/2} \propto L^{1/\alpha}[M(1-\Gamma)]^{3/2-1/\alpha}$$

이기에 $\alpha = 2/3$일 때에 $\dot{M}\, v_\infty R_*^{1/2} \propto L^{1.5}$가 되며, 별의 질량에 관계가 없다.

열네 번째

별의 진화(주계열 후)

앞서 이야기했듯이 3가지의 중요한 시간척도가 있다. 하나는 모든 물질이 중력 수축에 의해서 자유낙하하면서 한 점에 모이는 자유낙하 시간척도인데, 이 시간은 다른 두 가지 시간에 비해 매우 짧다. 다른 하나는 중력 수축에 의해 에너지가 생성과 관계하는 시간척도로 켈빈-헬름홀츠 시간척도라고 한다. 마지막으로는, 핵융합 반응에 의한 에너지 생성과 관계되는 시간척도로 이 시간척도는 실질적으로 별이 주계열에서 지내는 시간인 별의 실제 나이와 비슷하다. 위의 세 가지 시간 척도를 생각해보면, 성간운의 자유 낙하 시간 척도는 10만 년 정도밖에 안 된다. 그러나 켈빈-헬름홀츠 시간 척도는 거의 1,000~2,000만 년, 핵융합 반응에 의한 시간 척도는 태양의 경우 거의 100억 년이 된다는 것을 지난 시간에 이야기하였다.

에너지가 전달되는 방식에는 세 가지가 있는데, 우선 주로 복사에 의해서 에너지가 전달되는 것을 생각할 수 있다. 일반적으로 투명도(opacity)나 생성되는 에너지에 의한 광도에 의하여 에너지 전달 방식이 달라진다. 복사의 경우는 별 내부에서 에너지를 받은 영역이 다시 바깥으로 재복사(reradiate)하는 형태로 에너지가 전달된다. 이것은 효율의 측면으로 보자면 좀 떨어진다고 할 수 있는데, 데워서 다시 복사를 하기 때문이다. 이와 대비해서 대류가 주요한 에너지 전달 방식인 경우를 생각해 보자. 이 방법은 어떤 뜨거운 덩어리가 찬 곳 쪽으로 올라가서 에너지를 전달하는 방식이기 때문에 효율적인 에너지 전달 방식이다. 그래서 투명도(opacity)가 굉장히 커져 온도 구배가 굉장히 큰 경우에는 대류에 의해서 에너지가 전달된다. 또, 굉장히 에너지가 많이 생성되어 중심핵(core)에 에너지가 많이 있을 경우에도 온도 구배가 크기 때문에 대류에 의해서 에너지가 전달될 확률이 크다. 그러나 백색왜성을 생각해 보면, 거의 모든 전자들이 가장 낮은 에너지 준위에 채워져 있고 금속과 유사한 축퇴 상태의 기체로 이루어져 있기에 이런 상태의 경우 대류나 복사에 의한 에너지 전달 대신 전도에 의해서 에너지가 전달된다. 이는 금속에서 경험한 예를 생각하면 잘 이해할 수 있는데, 젓가락의 한쪽을 뜨겁게 하면 다른 한쪽이 금방 뜨거워져서 잡기 어려운 상태가 되는 경험은 누구나 한번쯤은 해보았을 것이다. 이처럼 전도에 의한 에너지의 전달은 매우 빠른 속도로 일어난다. 그러나 별의 경우는 전도보다는 주로 대류나 복사에 의한 에너지 전달을 하게 된다.

투명도는 굉장히 온도가 높을 때에는 전자 산란에 의해서 투명도가 형성되지만, 이보다 온도가 조금 낮아지게 되면 속박－자유 천이, 자유－자유 천이에 의해서 투명도가 형성이 되고, 온도가 더 낮아지게 되면 H^-이온에 의해 투명도가 형성이 된다. 더 온도가 낮아지면 분자들에 의해서 투명도가 형성된다.

1 주계열

| 그림 14-1 |에서 보면 온도와 광도가 낮은 상태에서 중력 수축에 의해서 C점까지 도달을 하게 되고, A에서 C까지는 중력 수축에 의해 생성된 에너지에 의해서 전주계열에 도달한다. C에서 전주계열 단계를 거쳐 주계열(E)에 도착을 하게 되는데 E를 영년 주계열(zero-age main sequence)이라 부른다. 이때부터 진정한 별로서의 일생을 시작한다고 할 수 있는데, 주계열에서 거의 100억 년에 달하는 시간을 보내게 된다. 중력 수축에 의해 에너지가 생성되는 기간인 2,000만 년과 비교해 보면 주계열에서 보내게 되는 이 기간이 얼마나 긴 기간인가를 생각할 수 있을 것이다.

주계열에서는 앞에서 배운 광도와 질량 사이의 관계인

$$\frac{L_*}{L_\odot} = \left(\frac{M_*}{M_\odot}\right)^{3.3} \qquad [식\ 14-1]$$

를 가지므로,

$$t_{MS} = \frac{E_{\nu}}{L} \propto \frac{M}{M^{3.3}} = \frac{1}{M^{2.3}} \qquad [식\ 14-2]$$

이다. 즉 질량이 크면 클수록 주계열에 머무르는 시간은 짧아진다.

행성의 경우는 질량이 클수록 긴 생존 기간을 갖는다. 즉, 행성은 크면 클수록 행성으로서 존재할 수 있는 기간이 길어진다. 그러나 별의 경우에는 질량이 크면 클수록 빨리 주계열에서 벗어난다. 태양의 경우에는 100억 년 정도 되지만, 태양보다 질량이 크면 이보다 더 빨리 주계열에서 벗어나게 된다. 이것은 성단의 나이를 추정할 수 있는 아주 좋은 도구가 된다. 성단의 별들은 거의 같은 시기에 만들어지기 때문에 주계열에 남아 있는 별들과 주계열을 벗어난 별들을 토대로 하여 그 성단의 나이를 어림할 수 있다.

이와 같이, 정보를 수집해서 어떤 모형을 만들고 그 모형을 토대로 자신에게 주어지지 않은 정보까지 추적할 수 있다는 것은 인류가 가진 놀라운 능력 덕택이다. 그러나 이런 능력이 소수의 과학자에게만 주어진 것은 아니며, 그 과학자들도 처음부터 이런 수준의 능력을 가졌던 것은 아닐 것이다. 자연 현상을 관찰하고 그 원리에 대해 계속 호기심을 가지고 탐구해 나감으로써 개인을 비롯하여 그 개인이 속한 집단과 사회까지 이런 능력을 가질 수 있게 될 것이며, 이것은 우리 인류가 발전하게 된 중요한 원동력이 되었으리라 생각한다.

이제 다시 별의 이야기로 돌아와 보자. 태양 정도 크기의 별은 자신의 일생 중 대부분의 시간 동안 중심부 핵에서 PP연쇄반응을 통해 수소를 헬륨으로 전환시키며 에너지를 낸다. 이렇게 수소를 헬륨으로 전환하기 때문에, 그리고 그렇게 전환할 수 있는 온도에 이르는 것은 중심부부터이므로, 중심부에서부터 수소의 양이 감소하게 된다. 그리고 이렇게 수소의 양이 감소하면서 헬륨의 양이 증가하는 것은 기체 조성을 바꾸기 때문에 기체의 평균 분자량(μ) 또한 서서히 바뀌게 된다. 이런 변화를 거치면서 별은 진화의 과정을 겪게 된다.

2 1$M_\odot$인 종족 I의 별(Z=0.01)의 경우

PP 연쇄반응(H → He)을 주요한 에너지 생성 방법으로 하는 별을 주계열이라 한다고 했는데, 이 주계열을 시작하는 것을 영년주계열이라고 한다. 주계열(main sequence)이라는 말은 말 그대로 중심이 되는 계열이라는 뜻으로 대부분의 별이 여기에 속한다는 뜻인데, 앞서 이야기했듯이, 많은 별들이 대부분의 시간을 수소핵융합 반응을 하면서 보내기 때문에 이러한 이름이 붙여진 것이다. 이 주계열 단계는 중심핵에서 수소가 모두 헬륨으로 전환되면 끝이 나는데, 태양 정도 규모의 별에서는 그 기간이 약 100억 년가량 된다.

수소가 헬륨으로 변화되면서 에너지가 생성되므로, 주계열에서의 별은 중심핵의 온도가 증가하고(표면온도가 증가하는 것은 아니다) 이에 따라 별이 팽창하게 되며, 별의 광도는 증가한다. **[그림 14-1]**은 질량에 따른 별의 진화 경로를 이론적으로 구한 값을 그래프로 나타낸 것이다. 이 그래프에서 태양 질량(1$M_\odot$)인 별의 진화 경로의 시작을 보면 수소가 헬륨으로 변환되면서 광도가 크게 증가하는 것을 볼 수 있는데, 별이 팽창하였기 때문에 중심핵의 온도는 증가하였지만 표면온도는 별로 큰 변화가 없다고 이론적으로 계산이 되는 것을 확인할 수 있다. 그 다음에 나오는 제1차 준설과정(first dredge-up)과 제2차 준설과정(second dredge-up)은 핵에서 생성된 원소가 대류에 의해서 별의 표면으로 끌어 올려지는 과정을 말하는

데, 대류에 의해서 에너지가 전달될 때 이러한 현상이 나타난다.

주계열에서 벗어나면 별은 어떤 변화를 겪을까? 주계열에서 벗어난다는 것은 수소핵 융합반응을 멈추었다는 것을 의미하며 중심핵에서는 더 이상 에너지가 생성되지 않는다는 것을 기억하면서 어떠한 변화가 있을지에 대해 이야기해보자. 주계열에서 벗어나게 되면 중심의 온도는 조금씩 증가하고 별은 조금 커진다. 그 결과, 표면에 이르는 에너지는 커져서 별의 광도도 조금 증가한다. 팽창하면서 경로는 점점 오른쪽으로 가게 되는데, 이는 별의 표면온도가 감소하였다는 뜻이다(그래프에서 오른쪽으로 갈수록 숫자가 작아지는 것을 주목하자). 그래프에서 보면 광도는 거의 같지만 표면온도는 감소하였음을 알 수 있는데 이것을 보아도 별의 반지름이 커졌음을 확인할 수 있다.

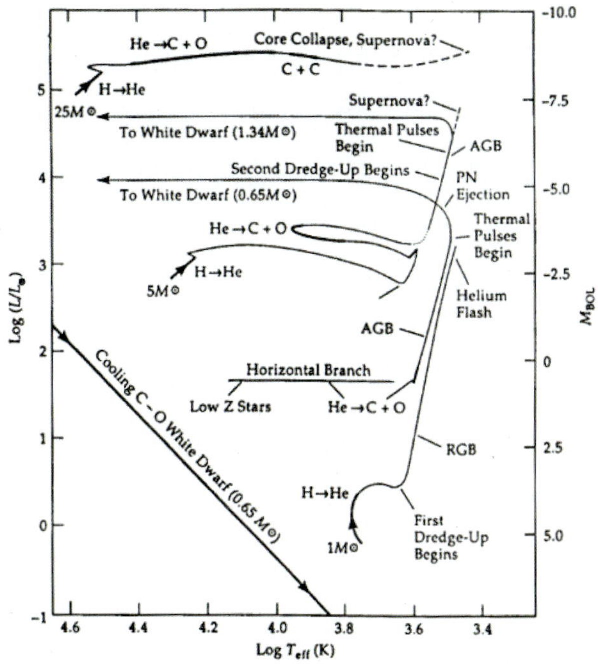

┃그림 14-1┃ 1, 5, 25$M_\odot$인 별의 이론적 진화 경로

출처: https://www.researchgate.net/figure/The-HR-diagram-showing-evolutionary-tracks-for-stellar-models-of-various-initial-masses_fig1_304216307

별의 반지름이 커지면서 이렇게 표면온도가 감소하게 되면 원자들의 운동에너지가 감소하게 되며 그러면 원자들의 속도 또한 느려지고 그렇게 되면서 별의 불투명도는 증가하게 되는데, 이러한 단계를 준거성 단계(sub-giant branch, SGB)라고 한다. 이 단계는 주계열을 벗어난, 즉, 중심핵은 헬륨으로 되어 있고 그 주변(아직

수소핵융합 반응을 할 수 있는 정도의 온도가 되지 못한)에는 수소가 있는 상태이다. 핵융합이 일어나지 않지만 표면부의 불투명도가 증가하여 유출되는 에너지도 적어지므로 온도의 상승이 가능해지고, 그러면서 헬륨핵 주변 부분의 수소들도 핵융합반응을 할 수 있는 온도까지 온도가 상승하여 이 수소 껍질층에서 융합반응이 계속 진행된다. 이렇게 수소 껍질층은 융합반응으로 에너지를 내면서 온도가 높아지는 과정을 통해 포피부를 가열하여 팽창시킨다. 그러나 중심핵은 아직 헬륨핵이 다른 원소로 변환되는 융합반응이 일어날 수 있는 온도에 도달하지 못하였기 때문에 반응은 정지된 상황이므로 중력이 외부로 향하는 압력보다 강하게 작용하고, 그 결과 중심핵은 수축하게 된다.

이렇게 포피부는 팽창되고 중심핵은 수축을 하게 되다가 어느 시점이 되면 대류에 의해서 내부의 에너지와 물질이 함께 외부로 이동하여 핵에서 생성된 물질이 포피부(envelope)와 섞이게 되는데 이것이 제1차 준설과정이다. 대류를 한다는 것은 에너지뿐만 아니라 물질도 이동한다는 특징도 있지만, 에너지를 효과적으로 전달한다는 특징도 있다. 이러한 효과적인 에너지 이동은 광도를 급격하게 증가시키게 되는데, 이 과정이 H-R도상에서는 적색거성가지(red giant branch, RGB)의 경로로 나타난다.

적색거성은 어떠한 특징을 가질까? 우선 적색거성은 그 구조에서 주계열성과 상당히 다르다. 적색거성은 중력 수축한 핵과 팽창한 포피부를 가진다고 이야기를 했던 것을 상기한다면, 중심핵의 밀도가 별의 다른 부분에 비해 굉장히 높을 것이라는 것은 누구나 예측할 수 있을 것인데, 적색거성은 지구 반지름의 몇 배 정도 되는 작은 반경의 핵에 질량이 밀집되어 있다. 태양의 반경이 지구 반경의 약 100배라는 것, 그리고 태양은 주계열성이며 적색거성은 주계열성에 비해 훨씬 큰 반경을 가진다는 것을 상기해보면 적색거성에 비해 이 핵의 반경이 얼마나 작은 것인지를 생각해볼 수 있을 것이다. 이 작고 밀도가 높은 핵은 그 온도가 5,000만 K 정도 되는데, 이러한 고온으로 인해 액체나 고체가 될 수는 없지만, 고밀도이기 때문에 일반적인 기체와 같은 상태가 될 수도 없다. 이러한 온도와 압력 상태에서는 기체가 축퇴가스(degenerate gas) 상태가 되는데, 축퇴가스의 상태에서의 압력은 온도와 무관하고 오직 밀도에 의해서 결정된다. 별의 중심핵은 핵융합 반응이 정지되었지만 이 축퇴압력 덕에 중력과 어느 정도 균형을 이룰 수 있게 되는 것이다.

이러한 과정을 거치면서 중심핵은 수축하고 수축하면서 온도는 상승하므로 적색거성에서는 중심핵의 온도가 상승하고 헬륨핵을 융합하여 다른 원소로 만들 수 있는 최소 온도인 $T \approx 10^8 K$에 다다르게 된다. 이렇게 되면 헬륨핵은 연소를 시작할 수 있게 될 것인데, 핵의 어떤 한 부분이 이 헬륨핵융합반응이 일어날 수 있는 최소온도에 도달하게 되면 이 융합반응에 의해 열이 발생하게 될 것이다. 보통의 기체 상태라면 온도 상승으로 압력이 증가하여 부피도 커지고 다른 곳까지 그 열에너지가 도착하는 데 상당한 시간도 소요되겠지만, 앞서 이야기하였던 적색거성의 핵은 축퇴가스 상태이므로 온도 상승은 압력에 영향을 미치지 못하고, 마치 금속에서와 같이 전도에 의해 그 에너지가 중심핵 전체에 전달되면서 중심핵 전체가 헬륨핵을 융합할 수 있는 온도에 도달하게 되기 때문에 폭발적으로 연소가 일어나는데, 이러한 중심핵에서의 폭발적인 헬륨핵 융합반응을 헬륨섬광(helium flash)이라 한다(**▌그림 14-1▌**에서의 위치를 확인해 보자).

중심핵의 온도가 3억 5천만 도까지 상승하면 전자는 더 이상 축퇴가스로 머무르지 못하기 때문에 다시 비축퇴상태가 되고, 이상기체로 행동하게 된다. 이상기체로 행동하게 되면 중심핵의 온도 상승은 부피의 증가를 가져오게 되고, 이러한 부피의 증가로 인해 온도는 감소하게 된다.

헬륨 섬광이 빠르고 폭발적으로 일어난다고 했는데, 이것은 얼마나 빠를까? 이론적인 계산에 의하면 축퇴물질에서의 높은 열전도율을 고려했을 때, 중심핵의 한 부분이 헬륨 연소의 최소 온도에 도달하면 수 분 이내에 이러한 연소가 확산된다고 한다.

헬륨 섬광이 일어나면서 축퇴가스가 다시 이상기체의 상태가 되고 그러면서 부피의 증가와 온도의 감소가 일어난다고 앞에서 말했었는데, 이러한 부피의 증가로 인한 온도의 감소는 다시 부피 감소로 이어지고, 부피가 감소하면서 표면 온도는 올라가게 되기 때문에 결국 헬륨 섬광이 일어난 후에는 별의 온도는 조금 올라가고, 별의 반지름은 크게 감소하여 별의 광도는 약간 감소하게 된다. 이것을 H-R도 상에서 보면 헬륨 섬광 이후 좌(표면 온도의 소폭 상승) 하향(광도의 감소)의 위치로 별의 상태가 이동하는 것을 알 수 있다.

헬륨 섬광이 끝난 후에는 중심핵에서는 헬륨이, 그리고 그 주변의 얇은 층에서는 수소가 조용히 연소하는 상태가 되는데, 이 부분을 수평가지(**|그림 14-1|**)라고 한다. 이렇게 가지 모양의 그래프가 나온 것은 표면 온도의 범위가 넓다는 것을 의미하는데, 같은 헬륨 섬광 이후의 상태라 하더라도, 아마도 금속 함량에 따라 별의 투명도(opacity)가 달라지기 때문인지, $1M_{\odot}$인 저금속별은 왼쪽에, 종족 I의 별은 수평가지의 오른쪽에 위치하게 되기 때문이다. 수평가지 단계에서는 헬륨이 탄소와 산소로 전환되는 핵반응인 3α과정이 일어난다.

3α 과정을 통해 결국 헬륨으로 이루어졌던 중심핵은 탄소로 된 중심핵으로 전환된다. 이렇게 중심핵이 탄소로 이루어지게 되면 탄소가 다시 다른 원소로 융합되기에는 아직은 낮은 온도이기 때문에 중심핵에서는 더 이상 핵융합 반응은 일어나지 못한다. 그러나 중심핵의 주변은, 그 주변을 주로 이루고 있는 수소를 태우기에는 충분히 높은 온도이므로 연소가 지속되게 된다. 즉, 이 단계는 중심핵에서는 열핵반응이 정지되었지만, 그 주변 층에서는 아직 진행되고 있기 때문에, 별이 주계열을 처음 떠났을 때의 진화 단계와 유사하게 된다. 헬륨 반응이 다 끝나게 되면, 맨 바깥쪽에는 수소 껍질층, 그 안에는 헬륨 껍질층, 그리고 그 안쪽에는 탄소로 된 핵이 존재하게 될 것이다. 이렇게 되면 전체 포피가 팽창하고 대류에 의해서 에너지가 전달되는 현상이 생긴다. 즉 중심핵 주변 층의 연소로 별이 팽창하게 되는 현상이 나타나는데, 이것은 마치 주계열성에서 적색거성으로의 진화와 유사

하다. 이제 탄소가 풍부하게 된 중심핵 내의 전자는, 주계열성에서 헬륨 핵이 축퇴되었던 양상과 유사하게 수축을 하게 되고, 결국은 축퇴가스 상태가 된다. 이때 별은 H-R도상에서 점근거성가지(asymptotic giant branch, AGB)에 위치하게 되는데, 적색거성가지(RGB)와 점근거성가지(AGB)는 H-R도상에 거의 같은 위치에 있기 때문에 구별하기 매우 어렵다.

|그림 14-2|는 구상성단 M3의 H-R도인데, 구상성단은 금속함량이 낮은 종족II의 별들이 많다. 이 그림을 보면 주계열(MS)이 보이고, 적색거성가지(RGB)가 오른쪽으로 보이고, 그 왼쪽에 점근거성가지(AGB)가 보이지만 이 둘은 그렇게 잘 구분되지 않음을 확인할 수 있다. 점근거성가지에서 더 왼쪽에는 수평가지(HB)가 보이는데, 종족II(저금속)의 별이기 때문에 왼쪽으로 많이 치우치므로 수평가지가 굉장히 넓게 나타난다는 것도 다시 한번 확인해 보자.

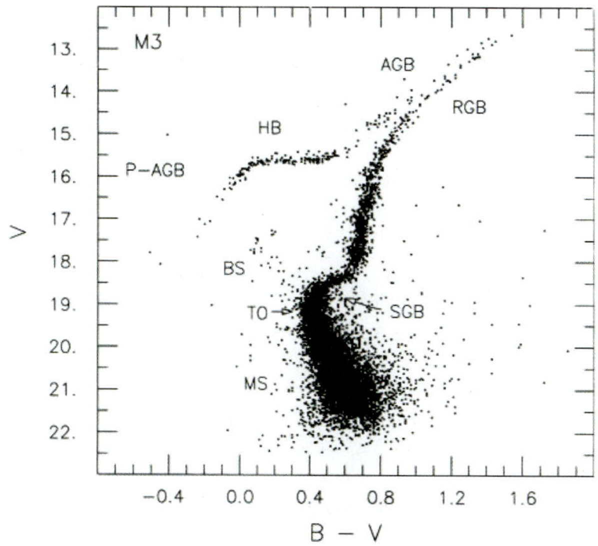

|그림 14-2| 구상성단 M3의 H-R도
출처: https://www.univie.ac.at/agb/cmdm3.html

3α 과정으로 헬륨이 탄소가 된다고 했는데, 이 과정은 온도 변화에 굉장히 민감하다고 한다. 온도에 민감하다는 것은, 온도의 작은 변화에도 이 과정의 지속과 정지가 일어날 수 있다는 것이니, 온도의 변화가 자주 일어날 수밖에 없는 껍질에서 헬륨이 연소할 때 별이 얼마나 불안정할지를 예상할 수 있을 것이다. 헬륨껍질이 타면 에너지를 내고 온도도 증가할 것인데, 이때 당연히 압력도 증가할 것이다(축퇴가스가 아니므로). 그런데 이러한 팽창은 온도와 압력의 감소를 가져올 것이고, 이렇게 온도가 낮아지면 3α 과정이 일어날 수 없는 온도에 이른 곳에서는 이 과정이 멈추게 될 것이고 그러면 전체적으로 헬륨껍질의 에너지 생성률이 낮아지게 될 것이다. 이렇게 되면 다시 온도는 낮아지고 별이 수축하게 될 것이며, 이러한 과정이 계속적으로 반복하여 별은 팽창과 수축을 반복하게 될 것이다. 이러한 현상을 열맥동(thermal pulse)라 하는데, 열맥동은 수천 년에 한번씩 일어나서 수년 또는 수십 년 안에 별의 광도를 20~50% 증가시켰다가 감소시키면서 변광하게 한다고 한다. 수천 년이라는 시간이 인간에게는 매우 긴 시간이지만, 별의 관점에서 볼 때, 태양 질량 정도의 별의 수명이 약 100억 년가량이라고 했던 앞에서의 이야기를 상기한다면, 얼마나 빈번한 팽창과 수축일지를 생각할 수 있으며 별이 얼마나 불안정한 상태일지를 상상할 수 있을 것이다. 그리고 이러한 불안정하고 급격한 상태에서 에너지를 생산하기 때문에, 에너지를 생산할 때마다 그 에너지를 효율적으로 밖으로 전달하기 위해서 대류가 발생하여 핵반응에 의하여 합성된 원소들을 별의 포피부 쪽으로 이동시키기만 하는 것이 아니라 밖으로 뿜어내게 되는 것이다.

이러한 별 표면에서 물질이 강하게 뿜어내지는 현상을 초강 항성풍(super stellar wind)이라고 부르는데, 이것은 별의 맥동에 의한 것이기 때문에, 별의 맥동이 굉장히 빈번했던 것처럼, 초강 항성풍도 짧은 기간(약 1,000년) 동안에 포피부의 물질들을 외부로 날려버리게 되는 것이다. 이렇게 포피부가 벗겨지면 별은 고온의 중심핵을 드러내게 되는데, 이것이 백색왜성(white dwarf)이라고 불리는 것이다.

그러면 외부로 날려진 포피부는 어떻게 될까? 포피부에서 방출된 물질은 고온의 중심핵에 의해 가열되는데, 이렇게 가열되어 원소들은 전자를 잃게 된다. 이들이 중심핵을 중심으로 거의 구형으로 팽창하게 된다면 마치 행성이 둘러싸고 있는 것처럼 보이므로 이를 행성상성운(planetary nebula)이라고 부르는데, 행성상성운은 물질이 성간 매질로 소실될 때까지 계속 팽창한다.

이제 다시 **▌그림 14-1▐**을 보자. 1 $M_{\odot}$로 시작했던 별이 포피부를 잃고 0.625 $M_{\odot}$의 백색왜성이 된 것을 확인할 수 있을 것이다. 축퇴된 산소나 탄소로 된 백색왜성이 초기에는 온도가 높았지만, 점점 식어가면서 온도와 광도가 낮아지는 것(**▌그림 14-1▐**의 H-R도에서 점점 오른쪽으로 가면서 하향하는 것)도 그래프의 하단에서 볼 수 있다.

5$M_{\odot}$질량을 가진 종족 I 별의 진화 경로

별은 질량에 따라 다른 진화 경로를 겪게 되므로, 이제 태양 질량과 다른 별들도 살펴보자. 우선 질량이 태양의 5배가 되는 별은 수소핵융합 반응도 다른 양상으로 일어나는데, 이런 별에서는 태양에서 일어났던 PP 반응이 아니라 CNO 순환반응을 통해 수소핵융합을 하는 비율이 훨씬 더 높다. 주계열에서 5 $M_{\odot}$인 별들은 B형으로 나타난다.

이러한 수소핵 융합반응의 차이는 어디에서 기인하는 것일까? CNO 순환반응은 pp 반응보다 높은 온도일 때 우세하게 일어나는 반응인데 질량이 5 $M_{\odot}$ 정도 되는 별은 영년주계열 초기에 중심에서의 온도가 CNO 순환 반응이 일어날 수 있는 온도 이상으로 올라갈 수 있다. CNO 순환 반응이 겨우 일어날 수 있는 정도의 온도에서는 pp 반응의 에너지 생성률이 더 높지만, 일정 온도(약 1,800만 K) 이상에서는 CNO 순환 반응이 pp반응보다 에너지 생성률이 더 높아진다. 이렇게 높은 에너지 생성률로 인해 중심핵에서의 온도 구배가 커지고 따라서 중심에는 대류핵

(convective core)이 형성된다(1 $M_{\odot}$인 별의 핵은 복사핵이었던 것을 상기하자). 앞에서도 이야기했듯이 대류는 에너지뿐만 아니라 물질도 이동시키므로 이러한 대류는 중심핵의 가장자리에 있던 수소들도 안쪽으로 보내서 활발하게 CNO 반응이 일어날 수 있는 데 기여한다. 이렇게 대류를 하던 핵도 온도 구배가 낮아져서 더 이상 대류를 하지 않게 되면 핵의 중심쪽으로 무거운 원소인 헬륨이, 바깥쪽으로는 가벼운 수소가 위치를 하게 되는데, 이렇게 되면 처음에는 중심이, 다음에는 별 전체가 수축하게 된다.

중심핵에서 수소가 모두 소모되어 헬륨으로 변하면, 이 헬륨 중심핵을 둘러싼 껍질층의 수소가 연소하기 시작한다. 이 껍질층은 처음에는 상당히 두껍지만 점점 껍질은 얇아지게 되고, 중심핵은 매우 밀도가 높은 상태를 유지한다. 중력과 외부로의 압력이 평형을 이루는 상태에서는 수축이 일어나지 않겠지만, 이 평형이 깨지고 나면 중심핵은 빠르게 수축하게 되고, 이러한 수축은 기체의 압력을 높이게 되므로 다시 온도는 올라가게 된다. 이렇게 중심의 온도가 올라가면 껍질 쪽으로도 에너지가 전달되므로, 껍질 내에서의 에너지 생성률을 높이게 되는데, 그렇게 되면 포피부가 팽창하게 된다. 포피부가 팽창한다는 것은 표면 온도가 감소하게 된다는 것을 뜻하므로, H-R도상에서는 오른쪽으로 이동을 하는 양상을 보인다. 표면 온도가 감소하였기 때문에 온도 구배가 커지게 되고 결국 대류가 가능한 상황까지 다다르게 되는데, 이때에 5 $M_{\odot}$의 제1차 준설과정의 시작이 된다.

별의 팽창으로 표피부에서는 대류층이 발달하여 진화 경로는 별의 광도가 증가하는 방향으로 바뀐다. 그것은 대류가 더 많은 양의 에너지를 별의 표면으로 운반하기 때문이다. 이것이 별의 일생 중 적색거성 단계(제1차 준설과정의 위)의 시작이다. 내부의 온도는 중심핵의 수축 때문에 계속 올라가며, 헬륨이 탄소로 변환되는 3α 과정이 별의 중심에서 시작되는 단계(약 $10^8 K$)에 도달하게 된다. 그러나 이 단계에서의 헬륨 연소는 오래 계속되지는 않고 온도가 내려가는데, 앞서 이야기했듯이 3α 과정은 온도에 민감하므로 중력 수축이 일어나서 이 과정이 재개될 정도로 충분히 온도가 올라갈 때까지 3α 과정은 멈추게 된다. 그러나 일단 온도가 올라가면 헬륨 섬광과 같은 반응이 일어났다가 잠시 멈추게 되는데 그래서 이때 광도와 온도가 조금 내려가게 된다(**❙그림 14-1❙**의 RGB 직후의 진한 선 부분).

중심핵에서의 헬륨 연소와 껍질층에서의 수소 연소 사이의 평형이 깨지면 차차 헬륨 연소 쪽으로 기울어지고, 별의 표면은 더 뜨거워지고 더 밝아진다(**❙그림 14-1❙**의 $He \rightarrow C + O$ 라고 표시된 두꺼운 선 부분). 헬륨이 소모되고 중심핵이 탄소로 바뀌면 더 이상 핵에서의 에너지 생성이 없으므로 핵에서는 다시 중력 수축이 일어나며 그 핵 주변의 껍질층에서 헬륨 연소가 일어나게 된다. 이때 별은 팽창하게 되어, 점근거성가지(AGB)로 진화한다. 이때에 제2차 준설과정이 진행된다.

$5M_{\odot}$질량을 가진 별들도 태양 정도의 질량을 갖는 별들과 마찬가지로 점근거성가지(AGB)를 지나면서 열맥동으로 초강항성풍이 일어난다. 이 초강항성풍은 $5M_{\odot}$인 별의 포피부를 거의 다 날려버리기 때문에 이렇게 방출된 포피부 물질은 뜨거운 중심핵에 의해 전리되어 행성상성운을 형성하고 그 중앙에는 $1.34M_{\odot}$ 정도의 중심핵이 백색왜성으로 남게 될 것이다. 어떤 별의 경우에는 초거성으로 가는 진화 경로를 겪을 수도 있는데, 이 두 경우 모두 결국 별은 자신이 가지고 있는 물질을 성간 매질 속으로 내뿜게 된다. 이렇게 성간 매질 속으로 되돌아간 물질들은 언젠가는 다시 새로운 별들의 재료가 될 수 있을 것이다.

질량이 $1\,M_{\odot}$인 별이나 $5\,M_{\odot}$인 별 모두 백색왜성으로 생을 마감한다고 하였는데, 이는 별의 핵융합 시뮬레이션 결과를 토대로 한 것이다. 알려진 바로는 주계열을 시작할 때의 질량이 $4\,M_{\odot}$보다 작은 별의 경우 C, O로 이루어진 백색왜성으로, $4\,M_{\odot} < M < 8\,M_{\odot}$인 별은 탄소 융합 반응에 의해서 O, Ne, Mg으로 이루어진 백색왜성으로까지 진화하고 나면 그 후에는 천천히 식어간다고 추정된다. 즉 대략 $8\,M_{\odot}$보다 작은 별들은 거의 모두 백색왜성으로 생을 마감한다는 것이다. 그러나

$8M_{\odot}$ 이상의 질량인 별들은 중심핵의 온도가 더 높게까지 올라가기 때문에 철까지 만들어질 수 있다고 하는데, 곧이어 살펴보겠지만, 결국 이런 별은 초신성 폭발로 생을 마감하게 된다.

3 질량이 큰 별의 진화 경로

앞서 살펴보았듯이, 별은 질량이 클수록 수명이 짧다([식 14−2] 참고). 이렇게 질량이 큰 별의 경우는 중심핵의 온도가 극도로 높기 때문에 핵융합 반응을 거듭하여 여러 원소들을 합성해내지만, 태양 정도의 별에 비해 아주 빨리 생을 마감할 것이다. 중심부에서 수소, 헬륨, 탄소를 태우는 동안 이런 별들은 H-R도에서 거의 수평에 가까운 진화 경로를 따른다. 그렇지만 이 별이 적색 초거성에 이르면 중심부가 불안해져서 붕괴되는데 이때 굉장히 큰 에너지가 발생하므로 이를 초신성 폭발(제II형 초신성)이라고 한다.

제II형 초신성에 대한 이론적 시뮬레이션에 의하면 중심핵이 붕괴되면서 축퇴가스보다 더 밀도가 높아져서 중성자별이 생기게 되고 이렇게 고밀도의 핵에 중력 붕괴된 물질이 부딪히자 상상 이상의 에너지를 갖는 되튕김이 나타나기 때문에 바깥층을 날려버리는 폭발이 일어난다. 이러한 폭발은 별이 주계열성을 시작할 때의 질량이 $10 \sim 100M_{\odot}$인 경우에 일어난다.

질량이 $10 \sim 100M_{\odot}$인 별은 중심핵에서 철까지 합성할 수 있다. 철보다 원자번호가 작은 원소들은 핵융합을 하여 에너지를 낼 수 있는 반면, 철보다 원자번호가 큰 원소들은 핵이 붕괴될 때 에너지를 내기 때문에 철보다 큰 원자번호를 가진

원소는 별의 중심핵에서 만들어질 수 없다. 중심핵의 온도가 올라가도 철을 핵융합시킬 수 있는 정도의 에너지에는 도달하지 못한다. 결국 이 철 핵은 중력에 의해 밀도가 아주 높아져서 축퇴가 되더라도 철핵이 다른 핵으로 융합되지는 못한 채 밀도가 올라가고, 그 위에 놓인 실리콘 층에서는 계속 연소가 일어나는 상황이 되는데, 이렇게 되다가 중심핵의 질량이 찬드라세카 한계(Chandrasekhar limit)를 넘게 되면 중심핵이 중력 붕괴를 하면서 중성자별이 생성된다. 자유 낙하하는 물질이 중성자로 이루어진 핵에 떨어지면 그 반동으로 바깥 방향으로 튕겨나가는 충격파를 만든다. 이것이 바깥층의 아직 연소되지 않은 물질에 강력한 폭발을 유발시킨다. 초신성 폭발 메커니즘은 아직 정확하게 알지 못하지만, 이러한 과정을 겪을 수 있다는 설명 체계(모델) 중 하나라고 생각된다.

초신성 폭발의 관측에서 얻은 에너지는 $10^{44}\,J$인데, 태양 정도의 질량과 $R=15\,km$인 중성자별의 중력 퍼텐셜 에너지는 약 $2\times10^{46}\,J$ 정도가 된다. 이렇게 두 값이 차이가 나는 것으로 보아, 중성미자로도 에너지가 방출되는 것으로 생각된다.

4 질량이 아주 큰 별의 진화

$50\sim100M_{\odot}$인 별들의 경우에는, 질량의 손실이 어느 정도 되느냐에 따라 진화의 양상이 크게 달라진다. 태양의 경우, 태양풍에 의해 매년 $10^{-14}M_{\odot}$의 비율로 표면에서 물질을 불어 내보낸다. 하지만 좀 더 큰 별의 경우 이보다 훨씬 더 빠른 속도로 질량 손실이 일어나게 되는데, 적색거성과 초거성은 1년에 $10^{-7}\sim10^{-8}M_{\odot}$의 비율로 물질을 불어 내보내며, 질량이 큰 O형 별은 주계열이 있는 짧은 기간(수백만

년) 동안 수 $M_\odot$의 질량을 잃는다.

주계열을 시작할 때 50~100$M_\odot$이었던 별들은 주계열이 끝날 무렵에는 포피부가 벗겨져 초기 질량의 50~60%가량을 잃어버리는데, 이렇게 되면 중심핵이 드러나 보이고 CNO 순환 과정에서 생성된 물질이 표면에 노출되기도 하며, 내부가 대류에 의해 섞이기 때문에 바깥에 금속이 많이 나타나게 된다. 이와 같은 별의 예로 울프-레이에별(Wolf-Rayet stars)[1)]을 들 수 있는데, 이 별의 스펙트럼에는 강한 방출선이 관측되고 비정상적으로 많은 질소와 탄소를 지니고 있다.

질량손실을 고려한 질량이 아주 큰 별의 진화 경로를 살펴보면 일반적으로 광도는 거의 일정하지만 온도는 크게 변화하여 그 진화 경로가 큰 루프를 그리는 것을 확인할 수 있다(천천서 [그림 16-1]). 질량이 큰 별들은(M>60$M_\odot$) 주계열에서 항성풍으로 포피층의 물질을 거의 모두 잃어버리고 헬륨의 중심핵만 남기는데, 이러한 별들은 적색 초거성이 될 수 없다(적색 초거성이 될 수 없기 때문에 진화 경로가 짧아진다). 이런 별들은 O형별로서 아마도 울프-레이에별이 될 것으로 생각된다. 중간 정도의 질량(25~60$M_\odot$)을 가진 별은 재빨리 중심핵에서 헬륨 연소가 일어나는 적색 초거성으로 진화한다. 이들은 O형별로 출발하여 청색과 적색 초거성이 된다. 실제로 어떤 초거성이 되느냐 하는 문제는 질량 손실량에 달려 있다고 할 수 있다. 가장 작은 질량(M<25$M_\odot$) 범주에 속하는 별은 청색-적색-청색 초거성의 계열을 따르게 되는데, 중심핵이 축퇴되기 전에 이 부분의 온도가 헬륨핵을 융합할 수 있을 정도로 올라가므로 헬륨 섬광은 일어나지 않지만, 핵융합의 단계가 계속되다가 종국에는 별들은 초신성으로 폭발한다.

---

1) 울프-레이에별은 1867년 파리 천문대에서 샤를 볼프(Charles Wolf)와 죠르쥬 레이에(Georges Rayet)가 백조자리에서 발견한 3개의 독특한 별에 붙여졌던 이름이며, 이후 이런 별들의 총칭이 된 것이다. 다른 별들이 흡수선을 내는 연속 스펙트럼에서 이 별들은 방출선을 낸다(출처: https://en.wikipedia.org/wiki/Wolf%E2%80%93Rayet_star).

5 질량이 아주 작은 별의 진화

그럼 질량이 아주 작은 별들은 어떻게 될까? 이 질문에 대해서는 앞에서 살펴보았던 별의 진화에서 힌트를 얻을 수 있을 것이다. 우리는 앞서 질량이 큰 별일수록 중심핵이 높은 온도까지 올라가고 중심핵에서의 융합으로 에너지가 생성되어 그 주변부의 온도도 충분히 올라간다면 그 주변부인 껍질층에서도 융합이 일어나게 되는 것을 확인하였다. 그렇다면 질량이 태양보다 훨씬 작은 별들 중 수소핵융합을 할 수 있을 정도로 중심핵의 온도가 높아지는 별은 수소핵 연소하여 헬륨핵을 만들 수 있을 것이다. 그러나 이러한 별들은 이 헬륨을 탄소로 융합시키지 못하고 그 열핵융합반응을 끝내게 되기 때문에 주로 헬륨으로 이루어진 백색왜성으로 남아 서서히 식어가게 된다. 그러나 중심핵의 온도가 수소핵융합을 할 수 있을 정도로 올라가지 못하는 별도 있는데, 계산에 의하면 이런 별들은 그 질량이 $0.08\,M_{\odot}$보다 작다. 이 경우 수소핵융합이 일어나지 못하기 때문에, 주계열에는 이르지 못했다고 할 수 있다. 이런 별은 중력수축을 해서 올린 온도가 수소핵의 융합 반응을 일으킬 정도가 되지 못하므로, 계속 밀도만 높아지다가 결국 축퇴되어 버리는데, 이때 축퇴전자의 압력은 별을 지탱할 수 있으므로 그 이상의 수축은 일어나지 않는다. 중력 수축이 정지되면 별을 가열시키지 못하게 되기 때문에 이런 별은 핵융합을 하지 못한 그대로 냉각되어 갈색왜성(brown dwarf)이 된다. 백색왜성이 냉각되어 형성되는 것은 흑색왜성(black dwarf)이라고 하는데, 흑색왜성과는 달리 갈색왜성은 약간은 보이기 때문에 갈색왜성이라 불리게 된 것이다.

그럼 $0.08M_{\odot}$보다 작은 것을 어디까지 갈색왜성이라고 할까? 태양 질량의 1/1000까지를 일반적으로 별이라 칭하며, 이보다 질량이 작으면 목성형 행성이라고 한다. 마치 명왕성이 행성에 끼지 못하고 왜소 행성이라고 분류되는 것처럼, 태양 질량의 1/1000보다 작은 것은 별에는 들지 못하는 것이다. 여기서 $0.08\,M_{\odot}$에 대해서도 궁금해할 수 있는데, 이것은 이 질량이 핵융합반응을 일으킬 수 있는 최소 질량이기 때문이다.

6 화학조성에 따른 진화의 차이

종족II별은 오직 0.01%의 중원소를 지닌다. 별의 중원소 함량은 0.002~0.2%의 범위를 가진다. 우주 초기에 처음 만들어졌던 별들은 처음 원시성을 구성하는 물질이 수소와 헬륨밖에 없었겠지만 초신성 폭발로 만들어진 다른 원소들을 이용할 수 있게 된 별들은 중원소도 어느 정도 가질 수 있었을 것이다. 우리는 중원소의 함량을 가지고 그 별이 우주 형성 초기에 만들어진 별인지, 아니면 어느 정도 시간이 지난 후에 만들어진 별인지를 가늠할 수 있다.

그런데 중원소 함량의 차이는 별의 진화 경로에 어떠한 영향을 주게 될까? 즉, 종족II별의 진화경로는 종족I별의 경우와 어떻게 다를까? 전반적인 진화 과정은 동일하지만 중심핵에서 헬륨이 연소하고 있을 때 H-R도상에 나타나는 위치는 차이가 있다. H-R도상에서 종족 II의 주계열도 종족 I의 주계열보다 왼쪽에 위치한다. 중원소 함량이 극히 적은 별들(0.001% 정도)도 중심핵에서 헬륨 연소를 일으키는 수평가지의 별들을 이루는데, 이들은 H-R도상에서 중원소함량이 많은 별(0.01% 이상)에 비하여 왼쪽에 나타난다.

성단의 H-R도에서도 수평가지를 따라 질량이 조금씩 다른데 이것은 별이 적색거성에 있는 동안 질량 손실의 양이 달랐기 때문이다. 처음에는 동일한 질량을 가지고 출발해서 동일한 크기의 헬륨핵을 가진 별로 정착되었지만, 어떤 별은 적색거성 기간 중 질량을 더 많이 잃어 헬륨 중심핵 둘레에 대단히 얇은 수소층을 갖게 된다. 이렇게 중심핵 둘레에 수소층이 얇은 별들은 순수하게 헬륨만으로 구성된 주계열성과 매우 흡사하여 H-R도상에 수평가지의 왼쪽 끝부분에 위치하게 된다. 그러나 적색거성에서의 질량 손실이 별로 크지 않은 별은, 당연히 질량 손실이 큰 별에 비해 두꺼운 수소의 표피층을 갖게 되며, 이러한 경우 거성과 대단히 흡사하고 H-R도상에서는 수평가지의 오른쪽 끝부분에 위치하게 된다.

질량이 $0.7M_{\odot}$이고 중원소 함량이 0.01%인 별은 주계열에서 거의 160억 년을 보내게 된다. 즉, 중심핵의 연소가 시작된 후 수소를 모두 고갈시킬 때까지 상당히 오랜 시간이 걸린다. 껍질에서 수소핵연소가 시작되면 별은 적색거성 영역으로 이동한다. 적색거성 단계에 있는 동안, 별은 항성풍에 의해서 질량을 밖으로 불어 내고, 헬륨으로 된 중심핵이 축퇴되어 헬륨 섬광이 일어난 이후부터는 중심핵에서 헬륨을 조용히 연소시키게 된다. 이러는 동안 항성풍에 의한 질량 손실($0.075M_{\odot}$) 때문에 별의 질량은 약 $0.625M_{\odot}$가 된다. 수소연소껍질과 중심핵에서는 각각 수소와 헬륨을 태우면서 에너지가 계속 생산되는데, 이러한 과정을 거치면서 중심핵은 밀도 약 $10^7 kg m^{-3}$, 온도 약 1억 도에 이르게 된다. 이런 별의 경우, 진화하면서 그 광도는 거의 일정하게 유지되지만, 처음에는 고온으로 상승했다가 그 다음부터는 중심핵에서 연소가 정지되기 전까지 계속 감소하기에 H-R도에서 구불구불하게 나타난다(**▎그림 14-3▎**).

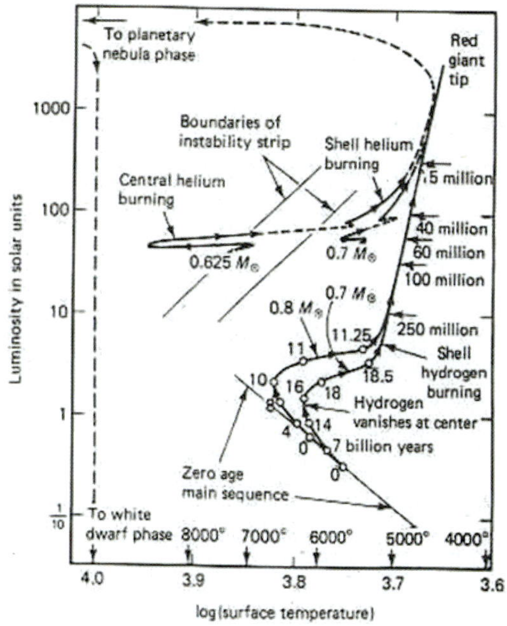

▎그림 14-3▎ 금속함량이 적은 별들의 진화 경로

출처: http://burro.astr.cwru.edu/cassie/221/nov12p15.jpg

7 성단의 H-R도

성단은 성간운이 수축하면서 생성되는 것으로 알려져 있다. 성간운이 수축을 하면서 밀도가 높아진 부분들에서 별이 만들어진다고 한다. 이렇게 별들이 만들어질 때 모두 동시에 만들어지는 것은 아니겠지만 성단의 나이에 비할 때, 이 별들은 거의 동시에 만들어진 것으로 간주할 수 있다. 이런 별들, 즉 같이 태어났지만 진화경로가 다른 별들을 H-R도에 나타낸다면 어떻게 될까? 별은 질량이 클수록 빨리 진화한다는 것을 감안할 때, 무거운 별은 이미 주계열을 벗어났지만 질량이 작은 별은 주계열 단계에 머무르고 있을 수도 있을 것이며, 그 후로도 오랜 시간 주계열에 머무를 수도 있을 것이다.

성단에서 별이 만들어진 지 10^8년이 지나면 태양 질량의 4배 정도(대응하는 광도 $L/L_{\odot} \approx 100$, 즉 절대등급≈0) 되는 별까지는 주계열상에 위치한다.[2)] 그러나 질량이 더 큰 별들은 주계열에서 약간 오른쪽으로 옮겨 간 곳에 위치하며, 어떤 별은 거성가지에 도달하게 되겠지만 그곳을 넘어서지는 못한다. 주계열에서 별들이 벗어나는 주계열상의 위치를 전향점(turnoff point)이라고 하는데, H-R도에서 주계열의 별들은 오른쪽에서 왼쪽으로 갈수록 질량이 크고, 질량이 클수록 주계열을 빨리 떠나기 때문에, 이 전향점으로 성단의 별들이 처음 영년주계열을 시작할 때부터 얼마나 시간이 흘렀는지를 대략 확인할 수 있다. 또, 성운에서 원시성이 만들어지고 영년주계열에 도달하기까지의 시간은 별의 진화에서 아주 짧은 시간을 차지하는 것으로 알려져 있으므로, 전향점으로 확인한 이 시간은 대략 성단의 나이와 같다고 이야기할 수 있다.

2) $t_{ms} \simeq 100(M/M_{\odot})^{2.3}, L/L_{\odot} = (M/M_{\odot})^{3.3}$ 식을 이용하여 계산하면 이 값을 얻을 수 있다.

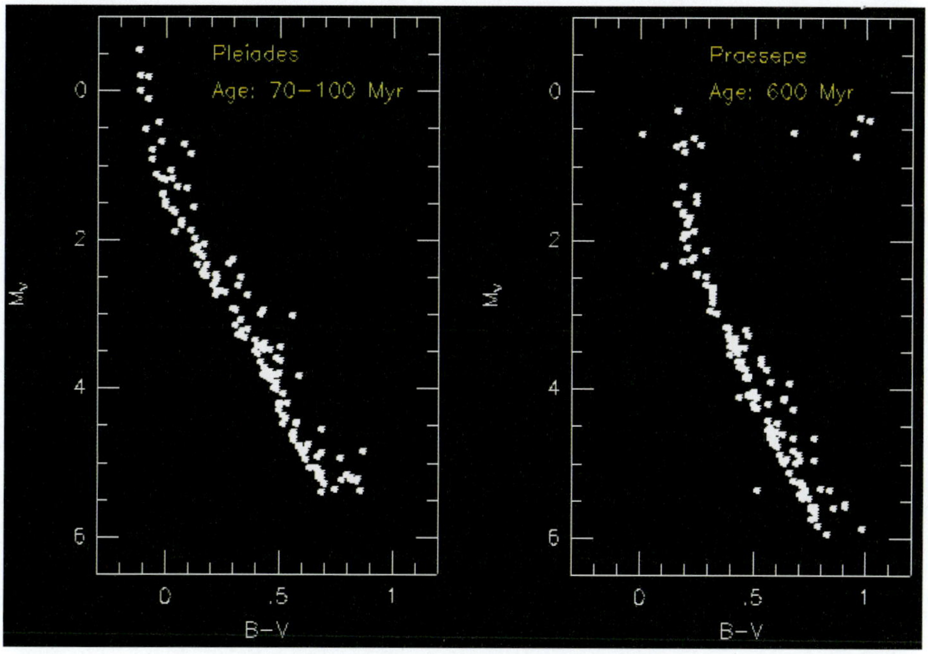

|그림 14-4| 플레이아데스 성단과 프레세페 성단의 H-R도

출처: https://images.app.goo.gl/rWtVQ87fkM7hLQxh9

질량이 서로 다른 별들이 진화한 H-R도상의 위치를 이은 이론적인 궤적을 등시간곡선(isochrones)이라 한다. 성단의 별들을 H-R도로 그린다는 것은 무엇을 의미하는가? 성단의 별들은 같이 탄생했고 지구에서의 거리도 거의 같다. 그렇다면 이 별들로 그린 H-R도는, 성단의 탄생에서부터 지구에서 현재 관측한 그 성단의 별빛이 출발한 시점까지의 각각의 별들의 진화 단계를 보여준다. 별들의 질량은 서로 다르고 앞에서도 수차례 반복하였듯이 별의 질량이 클수록 빨리 진화하기 때문에 무거운 별일수록 더 말기의 진화 단계에서 확인될 수 있을 것이다. 이론적으로 계산된 동시간곡선과 관측된 성단의 H-R도를 비교하면 우리는 성단의 대략적인 나이를 어림할 수 있다. 원시성의 수축 시간은 매우 짧기 때문에, 일반적으로 특히 잘 발달된 성단에 대해서는 이 기간은 무시할 수 있을 정도이다. 그런데 많은 성단의 경우, 질량이 큰 별의 수축 시간은 질량이 작은 별에서보다 훨씬 짧기 때문에, 질량이 작은 별이 주계열에 도달했을 때 질량이 큰 별은 이미 주계열을 떠나게

된다. 이러한 성단의 예로 플레이아데스성단($(m-M_v)=5.60$)을 들 수 있는데, 이 성단에는 질량이 크고 밝은 별들이 많다. 이 성단의 전향점이 H-R도의 상부에 위치하며, 초거성가지가 존재한다는 사실은, 질량이 큰 별들이 빨리 진화했기 때문이라고 해석할 수가 있다. 플레이아데스성단의 나이는 약 $7\times10^7\sim10^8$년이다(**┃그림 14-4┃ 좌**).

중간 정도의 나이를 보이는 성단의 예는 프레세페 성단($(m-M_v)=5.85$)을 들 수 있는데, 그 나이는 약 6×10^8년이다(**┃그림 14-4┃ 우**). 상당히 진화된 별들로 구성된 늙은 산개성단(종족I) M67($(m-M_v)=9.50$)은 굉장히 나이가 많은 산개성단의 예로 자주 언급된다. M67에는 적색거성가지로 진화한 약 $1.25\,M_\odot$인 별과 이제 주계열을 떠나려고 하는 $1\,M_\odot$인 별들이 있어, 이 성단의 나이를 수십억 년으로 추정할 수 있다.

종족 II인 구상성단의 H-R도는 종족 I 성단의 전형적인 H-R도와는 다른 양상을 보인다. 구상성단은 M67보다 더 오랜 시간 진화를 하였지만, 중원소가 거의 없이 거의 순수한 수소와 헬륨으로 출발했기 때문에, 진화경로가 종족 I의 성단과는 다른 형태로 나타난다. 현재의 H-R도는 진화경로의 끝을 보여준다. 성단에 따라 차이가 있는 것은 초기의 화학 조성의 차이 때문인 것으로 생각되는데 구상성단은 화학 조성과 질량 손실의 차이 때문에 나타나는 수평가지를 보여주고 있다. 구상성단의 H-R도에서는 모든 진화 단계에 있는 별들을 볼 수 있다. 즉 10^{10}년 동안 중심핵에서 수소의 연소가 진행되는 주계열 단계, 10^8년 동안 수소 껍질의 연소가 진행되는 적색거성가지(RGB) 단계, 10^8년 동안 중심핵에서 헬륨 연소가 수소 껍질에서 수소 연소가 진행되는 수평가지(HB) 단계, 그리고 10^7년 동안 이중껍질연소가 진행되는 점근거성가지(AGB) 단계를 거의 모두 볼 수 있다(**┃그림 14-5┃**).

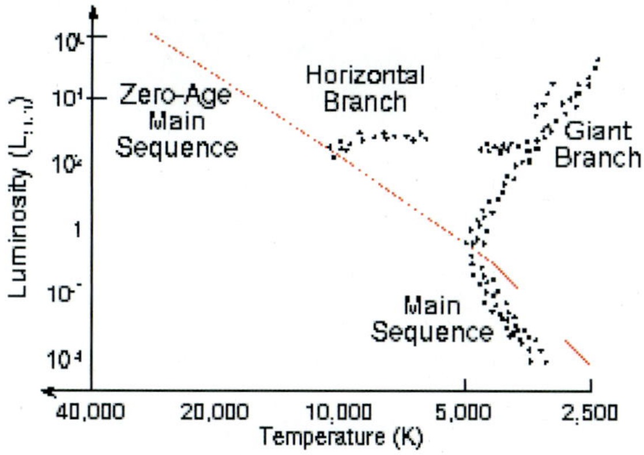

|그림 14-5| 구상성단의 나이

출처: http://www.astronomy.ohio-state.edu/~pogge/Ast162/Unit3/tests.html

부 록

주계열을 떠나며

쇤베르크-찬드라세카한계(Schönberg-Chandrasekhar limit)

He 핵에서 핵반응이 일어나지 않으면

$\left(\frac{dL}{dM}\right)_c = 0 \rightarrow L_c =$ 일정 그러나 no heat flow from core $\rightarrow L_c = 0 \rightarrow$

$\left(\frac{dT}{dM}\right)_c = \left(-\frac{3}{4ac}\frac{\kappa}{T^3}\frac{L}{(4\pi r^2)^2}\right)_c = 0 \rightarrow T=$ 일정 따라서 등온핵(isothermal core)

$\rightarrow$ 핵 주변부의 핵융합에 의하여 He 핵은 성장한다. $\rightarrow$ 성장하는 한계가 있다.

비리얼 정리에 의하여

$$P_s V_c - \int_0^{M_c} \frac{P}{\rho} dm = \frac{1}{3}\Omega_c \text{ 여기서 } \Omega_c = -\alpha \frac{GM_c^2}{R_c}, \int_0^{M_c} \frac{P}{\rho} dm = \frac{kT_c}{\mu_c m_H} M_c$$

$$\rightarrow P_s V_c - \frac{k}{\mu_c m_H} T_c M_c = -\frac{1}{3}\alpha \frac{GM_c^2}{R_c} \rightarrow P_s = \frac{3}{4\pi}\frac{kT_c}{\mu_c m_H}\frac{M_c}{R_c^3} - \frac{\alpha G}{4\pi}\frac{M_c^2}{R_c^4}$$

fixed M_c, T_c, $\frac{dP_s}{dR_c} = 0 \rightarrow R_{c,\max} = \frac{4\alpha G \mu_c m_H}{9k}\frac{M_c}{T_c}$ 에서

$$P_{s,\max} = \frac{3^7 k^4}{2^{10}\pi\alpha^3 G^3 m_H^4}\frac{T_c^4}{\mu_c^4 M_c^2} \rightarrow \frac{P_s}{P_{s,\max}} = \frac{4}{(R_c/R_{c,\max})^3} - \frac{3}{(R_c/R_{c,\max})^4}$$

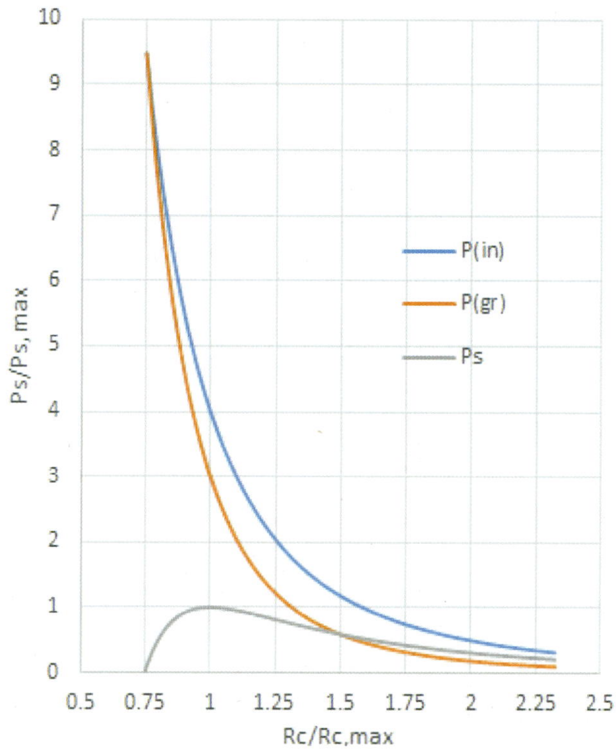

| 부록 그림 13-1 |

He 핵 바깥 부분에 의한 물질에 의한 압력은

$$\frac{dP}{dm} = -\frac{Gm}{4\pi r^4} \rightarrow$$

$$\int_{P_s}^{0} dP = -P_s = -\int_{M_c}^{M} \frac{Gm}{4\pi r^4} dm \simeq -\frac{G}{4\pi R^4} \int_{M_c}^{M} m dm \simeq -\frac{G}{8\pi R^4}\left(M^2 - M_c^2\right)$$

$$\simeq -\frac{GM^2}{8\pi R^4}$$

이제 $P_s \simeq P_{s,\max}$로부터 $\frac{GM^2}{8\pi R^4} \simeq \frac{3^7 k^4}{2^{10}\pi\alpha^3 G^3 m_H^4} \frac{T_c^4}{\mu_c^4 M_c^2}$

core-envelope 경계에서 $T_{env} = T_c,\ P_{env} = P_s = P_{s,\max}$

$$T_{env} = T_c = \frac{P_s \mu_{env} m_H}{k \rho_{env}}, \ \ T_c = \frac{\mu_{env} m_H}{k \rho_{env}} \left(\frac{3^7 k^4}{2^{10} \pi \alpha^3 G^3 m_H^4} \frac{T_c^4}{\mu_c^4 M_c^2} \right)$$

$$\rightarrow T_c^3 = \frac{2^{10} \pi \alpha^3 G^3 m_H^3}{3^7 k^3} \frac{\mu_c^4 M_c^2 \rho_{env}}{\mu_{env}} \ \ \text{그런데} \ \ \rho_{env} \sim \frac{3M}{4\pi R^3}$$

$$\rightarrow T_c^3 \simeq \frac{2^8 \alpha^3 G^3 m_H^3}{3^6 k^3} \frac{\mu_c^4 M_c^2 M}{\mu_{env} R^3}$$

$$\frac{GM^2}{8\pi R^4} \geq \frac{3^7 k^4}{2^{10} \pi \alpha^3 G^3 m_H^4} \left(\frac{2^8 \alpha^3 G^3 m_H^3}{3^6 k^3} \frac{\mu_c^4 M_c^2 M}{\mu_{env} R^3} \right)^{4/3}$$

$$\rightarrow \frac{M_c}{M} \leq \sqrt{\frac{3^3}{2^{20} \alpha^3}} \left(\frac{\mu_{env}}{\mu_c} \right)^2 \rightarrow \frac{M_c}{M} \leq 0.37 \left(\frac{\mu_{env}}{\mu_c} \right)^2$$

$\mu_{env} \simeq 0.6$, $\mu_c \simeq 1.3$, $M_c \leq 0.1M \rightarrow$ 핵이 이만한 질량을 넘으면 붕괴하게 된다.

이 조건은 $2M_\odot$ 이상의 별에서만 적용된다. 그보다 작은 별에서는 헬륨 핵의 기체가 이 한계에 다다르기 전에 부분적으로 축퇴된다. 따라서 축퇴 기체의 압력은 온도에 무관하기에 별의 질량의 상당한 부분이 핵에 있을 수 있다.

준거성가지(Sub-Giant branch) 그리고 적색거성가지(Red Giant branch)

핵이 중력 붕괴함에 따라 핵은 가열되고 그 주변도 가열된다. 따라서 헬륨 핵 주위의 껍질에서 수소핵반응이 일어난다. 수소껍질에서의 핵반응은 가속되고 $L_{nuc} > L$이 된다. 따라서 $L_{nuc} - L = \frac{dE}{dt} = \frac{1}{2}\frac{dE_g}{dt} = \frac{\alpha}{2}\frac{GM}{R^2}\frac{dR}{dt} > 0$이 되어 별의 반경이 증가하고, $L_{nuc} - L = \frac{dE}{dt} = -\frac{dE_{\text{내부}}}{dt} > 0$이기에 별의 내부에너지가 감소하여 평균온도가 감소한다. 따라서 별의 표면 온도인 T_{eff}가 감소한다. 이러한 단계를 준거성가지 단계라 부른다. 질량이 작은 별의 경우에는 축퇴압력으로 인해 붕괴가 억제되기 때문에 이 과정이 느리다. 그러나 별의 질량이 커지면 진화가 빨라지는데 핵의 중력붕괴가 켈빈-헬름홀츠 시간 척도를 가지고 일어나기 때문이다. 이제 별은 H-R도에서 오른쪽으로 이동하는데 거의 4,000K가 되면 H^+불투명도가 작동하고, 대류로 에너지를 전달하고, $L_{nuc}-L$ 차이 값이 작아지면서 광도는 증가하고, 별의 반경은 커지고 낮은 온도를 가진다. 이러한 단계를 적색거성가지라고 한다. 적색거성 단계에서는 대류에 의해 준설과정(dredge-up)이라 불리는 현상이 일어나는데 대류 영역이 핵반응을 하는 곳까지 다다라 끌려들어간 물질은 핵반응에 참여하고, 핵반응 후에 남은 물질은 별의 표면에 다다라 별 표면의 구성원소가 변화한다.

헬륨 반응 단계(Helium Burning Phase)

등온핵의 온도는 앞에서 $T_c^3 \approx \dfrac{2^{10}\pi\alpha^3 G^3 m_H^3}{3^7 k^3}\dfrac{\mu_c^4 M_c^2 \rho_{env}}{\mu_{env}}$ 인데, 적색거성 단계에 들어서면 ρ_{env}은 감소하고, M_c는 점점 증가하는데, 시간이 지남에 따라 M_c^2의 증가세가 ρ_{env}의 감소세를 이기면 헬륨핵의 온도는 증가한다. Schönberg-Chandresekhar 한계가 무너지면, 중력수축이 일어나 헬륨핵은 더 가열된다. 적색거성 단계에 있는 핵의 온도는 그래서 항상 높다.

1.8 ~ 10$M_\odot$ 별의 경우

이 정도의 질량을 가진 별은 결국 핵의 온도가 $10^8 K$에 다다라 3α과정인 헬륨핵반응을 하게 된다. 핵반응이 일어나면, 핵의 수축은 멈춘다. 헬륨핵 주위의 수소껍질에서도 핵반응이 계속된다. 따라서 껍질의 압력도 증가하고, 껍질 주위 포피의 압력도 증가한다. 그런데 $P_{env} = \displaystyle\int_{M_c}^{M} \frac{GM}{4\pi r^4} dM$이기에 별 전체는 팽창을 멈추고 수축을 한다. 그리고 별의 광도도 감소한다. 결과적으로 별은 적색거성 단계로 되돌아오는데 H-R도에서 아래 왼쪽으로 이동한다. 즉 표면 온도는 높아지고, 광도는 낮아진다. 짧은 시간에 광도가 안정되면서 $L_{nuc} < L$이기에 포피는 수축하면서 광도는 변하지 않기에 별은 표면 온도가 높은 쪽으로 이동한다. 이 이동이 거의

H-R도에서 수평으로 일어나기에 수평가지(horizontal branch)라 부른다. 이 기간은 대략 10^8년으로 핵에서의 헬륨반응과 껍질에서의 수소 반응에 의하여 정해진다. 결국에 핵은 C와 O로 구성된다.

1 ~ 1.8$M_\odot$ 별의 경우

이러한 별들은 Schönberg-Chandrasekhar 한계에 부딪치기 전에 헬륨핵이 축퇴된다. 그러기에 가열을 멈추지 못하고, 헬륨을 한 번에 점화하게 된다. 축퇴된 기체에서는 압력과 밀도가 온도와 관련이 없기에 핵반응에 대한 온도 조절 기작이 없이 헬륨반응이 가속적으로 일어난다. 이를 헬륨섬광(helium flash)과정이라고 한다. 이 과정은 핵반응에 의해 나온 에너지가 핵의 축퇴 상태를 벗어나 빠르게 팽창할 때에 끝이 난다. 이 과정은 수 초밖에 걸리지 않는다. 핵이 팽창하면 포피는 수축하면서 가열된다. H-R도에서 적색거성가지를 떠나 수평가지로 이동하는데 KH 시간척도를 가지고 매우 빠르고 격렬하다.

1$M_\odot$ 이하의 별의 경우

이러한 별들은 핵이 헬륨핵으로 형성되어도 헬륨반응을 할 수 있을 정도의 온도에 다다르지 못한다. 포피의 대부분을 잃은 후에 축퇴된 헬륨핵만이 남아 냉각된다. 이러한 별을 헬륨 백색왜성이라 부른다. 이러한 별들은 점근거성가지 단계나 행성상성운 단계를 거치지 않고 바로 백색왜성이 된다.

점근거성가지(AGB)와 행성상성운(PN Phase)

핵이 모두 C와 O로 변하면 헬륨 반응이 끝이 난다. 그러면 핵은 수축하고, 포피는 다시 팽창한다. H-R도에서 다시 오른쪽으로 이동한다. 다시 4,000K 근처에 오게되면 더 이상 냉각되지 못하고, 대신 별의 반경이 증가한다. 이는 별의 광도를 증가시킨다. 그 결과 별은 또 다른 거성가지를 진행하는데 이 가지를 점근거성가지

(asymptotic giant branch, AGB)라 부른다. 이때에 두 번째 준설과정이 일어나는데 별의 표면에 He과 N이 많아진다. 핵이 수축하고, 포피가 팽창하는 동안 온도가 낮아져 껍질에서의 수소핵반응이 꺼졌지만 핵이 축퇴압력에 의하여 유지되기까지 핵의 수축은 계속되고, 수소껍질은 다시 핵반응을 한다. 이러한 핵반응은 일련의 불안정한 열적 펄스를 야기한다. 수소가 핵반응을 하면 헬륨을 형성하는데, 이 헬륨이 수소껍질 아래로 가라앉는다. 이 가라앉은 헬륨대는 에너지원이 없기에 수축하면서 가열된다. 이 헬륨대가 뜨거워지면 핵반응을 하게 되고, 온도조절장치가 부재하여 빨리 팽창을 못한다. 그렇게 되면 쌓인 헬륨이 폭발적으로 반응하여 핵을 팽창하게 만들고 냉각된다. 이러한 팽창은 수소핵반응을 멈추게 한다. 헬륨이 없어졌으면 같은 기작이 반복된다. 이러한 과정은 일시적으로 중성자가 풍부한 환경을 만들어 s 과정에 의하여 철보다 무거운 원소를 합성한다. 또한 핵에서 탄소를 휘저어 대류에 의해 별의 표면으로 옮긴다. 그 결과 탄소가 풍부한 탄소별(carbon star)을 생성한다. 이러한 과정을 세 번째 준설과정이라 부른다.

AGB별은 상당한 양의 질량 소실을 가지는 항성풍을 발한다. 질량 손실은 $\sim 10^{-4} M_{\odot}$/년에 이른다. 광도가 큰 별의 경우는 항성풍의 기작이 복사압에 의한 것으로 보고 있다. 이러한 항성풍은 많은 탄소가 포함되어 있는데 성간공간에서 탄소로 이루어진 먼지 입자를 만든다. 항성풍에 의해서 상당한 양의 질량이 별로부터 손실되므로 별 전체의 총 질량을 줄인다. 결과적으로 초기 질량이 대략 $8 M_{\odot}$ 이하인 별은 Chandrasekhar 한계 이하의 핵을 가지게 된다. 결국 항성풍이 포피의 상당량의 질량을 제거하기에 모든 핵반응은 멈추고, 별은 마지막으로 사라진다. 그러나 핵은 아직도 뜨겁기 때문에 충분한 질량이 제거되면 핵이 바로 나타나게 되고 빛나게 된다. 뜨거운 핵에서 발하는 에너지가 높은 광자는 주변의 기체를 전리시키고 빛을 발한다. 이러한 천체가 행성상성운(planetary nebular)이다.

질량이 매우 큰 별의 진화

상당한 양의 질량방출 → 별의 질량을 줄임

LBV(luminous Blue Variable): $> 85M_{\odot}$, 매우 높은 광도, 심한 질량방출, 용골자리 η별

질량방출로 인하여 수소를 잃고, 항성대기에 헬륨양이 많은 WR,

중심에서 CNO반응, 표면에서 상당한 양의 N이 관측되는 WN,

질량방출로 수소도 N도 잃고, 3α 과정으로 생성된 C가 관측되는 WC

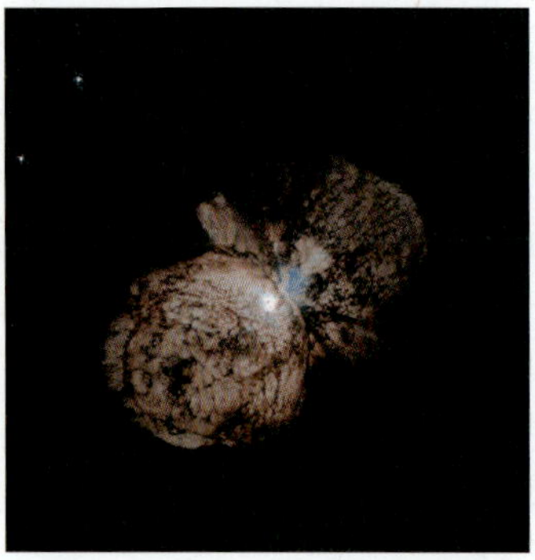

| 부록 그림 13-2 | 용골자리 η 별

| 부록 그림 13-3 | 내부에 WR 7이 있다.

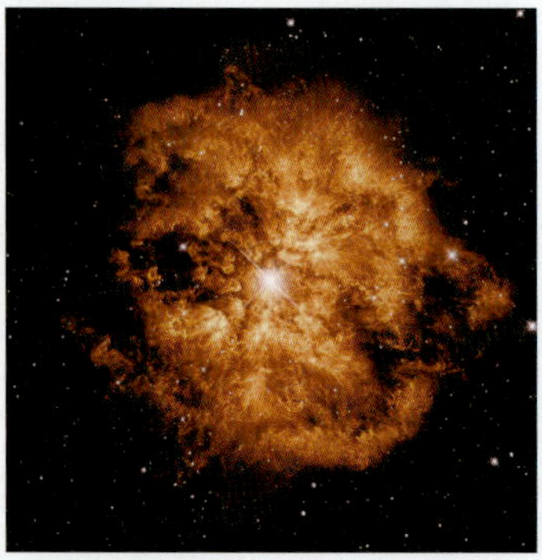

| 부록 그림 13-4 | WN 124

일정한 광도 유지: $L = 0.003L_{Edd}\left(\frac{M}{M_{\odot}}\right)^2(\mu\beta)^4$

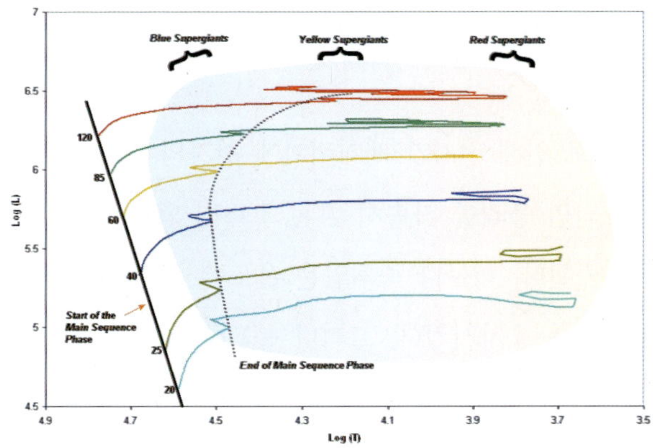

|부록 그림 13-5| 질량이 큰 별의 진화

양파 껍질같이 생긴 핵-껍질 구조

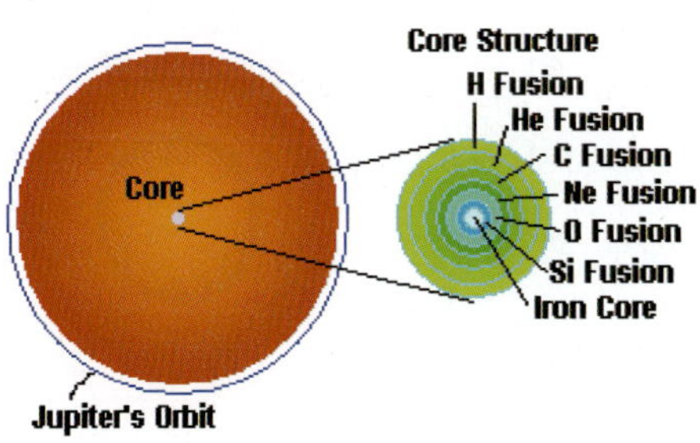

핵반응 과정	핵반응 생성물	핵반응 시간
H	He	$\sim 6 \times 10^6$년
He	C, O	$\sim 7 \times 10^5$년
C	Ne, O	1000년
Ne	O	9개월
O	S, Si, Ar	4개월
Si	Fe, Cr	1일

|부록 그림 13-6| → 초신성 선구별(progenitor)

초신성

초신성 선구별의 핵은 핵융합반응을 하지 않는 등온핵으로 대략의 별의 질량의 10%를 차지하여 Schönberg-Chandrasekhar 한계를 넘어 동역학적인 수축을 하게 된다. 만약 핵이 축퇴되면 축퇴압은 붕괴를 지연시킬 수 있지만 찬드라세카 질량인 $1.4M_\odot$를 넘게 되면 전자 축퇴압은 핵의 수축을 막지 못한다. 핵의 수축으로 인해 높은 압력을 갖게 되어 무거운 원자핵이 자유전자를 붙잡아 양성자 하나를 중성자로 변환시킨다. 즉

$$I(A, Z) + e^- \rightarrow J(A, Z-1) + \nu_e$$

이다. 이러한 반응으로 인해 전자가 제거되기에 전자의 수를 낮추어 축퇴압을 감소하게 한다. 그렇게 되면 붕괴를 가속시킨다. 그러면 압력은 증가하고 이러한 반응은 더 빨리 일어나게 된다. 더구나 축퇴압은 온도에 무관하다. 따라서 기체가 축퇴되었기에 붕괴는 온도를 증가시킨다. 그러나 붕괴를 막지는 못한다. 왜냐하면 축퇴압을 증가시키지 못하기 때문이다. 이제 온도가 $6 \sim 7 \times 10^9\ K$가 되면, 광자는 광분해(photodisintegrating)를 시작한다. 즉

$$^{56}Fe + 100\,MeV \rightarrow 13\,^4He + 4n$$

반응을 한다. 이 반응은 흡열반응(endothermic)이기에 열에너지의 감소는 핵의 붕괴를 가속하고, 이 반응을 가속하게 한다. 이는 마치 전리과정과 비슷하게 $\gamma < 4/3$을 유지하게 하여 불안정한 상태를 유지하여 붕괴가 멈추지 않는다. 이러한 붕괴가 계속 유지되면 광자는 헬륨까지도 광분해하기 시작한다. 즉

$$^4He + 27\,MeV \rightarrow 2p + 2n$$

이 된다. 이 반응으로 인해 자유중성자와 자유양성자를 생성한다. 일반적으로 자유중성자는 자발적으로 붕괴하여 양성자, 전자, 뉴트리노를 생성한다. 즉

$$n \rightarrow p + e^- + \overline{\nu_e}$$

이다. 자유 중성자의 반감기는 614초이며, 위 반응은 발열반응(exothermic)이다. 이 에너지는 중성자와 양성자의 질량에너지차로 구할 수 있다. 즉 $m_n = 1.67493 \times 10^{-24}\ g$, $m_p = 1.67262 \times 10^{-24}\ g$이기에 $E = (m_n - m_p)c^2 = 1.3\ MeV$

가 된다.

그러나 핵의 전자는 상대론적으로 축퇴되어 있다. 그러기에 전자들은 최대 모멘텀이 $p_o = \left(\frac{3h^3 n}{8\pi}\right)^{1/3}$값이 되는 모든 양자상태를 차지하게 된다. 여기서 n은 전자의 개수밀도이다. 중성자 붕괴로 새로 생성된 전자들은 빈 양자상태로 가게 되는데, 첫 번째 유용한 상태가 p_o 바로 위의 모멘텀 상태이다. 따라서 $E_o = p_o c = \left(\frac{3h^3 n}{8\pi}\right)^{1/3} c$가 되는데, 만약 이 에너지가 위 반응에 나온 에너지와 비교할 만큼 같다면, 전자의 개수밀도는 $n = \frac{8\pi}{3}\left(\frac{\Delta E}{ch}\right)^3 = 9.6 \times 10^{30}\ /cm^3$이 된다. 핵자 두 개에 전자 하나를 가지므로(즉 $1/\mu_e = 1/2$) 이에 해당하는 질량 밀도는 $\rho = n m_H \mu_e = 3.2 \times 10^7\ g/cm^3$이다. 밀도가 이 값을 넘으면, 더 이상 자유 중성자가 자발적 붕괴를 하지 못하고, 대신 역반응이 자발적으로 일어난다. 즉

$$p + e^- \rightarrow n + \nu_e$$

이 된다. 이 반응은 1.3 MeV를 요구하기에 더 이상 전자의 축퇴압을 감소시키지는 못한다.

그러나 붕괴는 중성자가 축퇴될 때까지 계속되며 매우 밀도가 높은 상태가 된다. 거의 $10^{15}\ g/cm^3$에 이른다. 이때, 핵의 반경은 40 km에 이른다. 이 밀도는 원자핵의 밀도와 거의 같다. 그러기에 이러한 핵이 태양질량을 가진다면 수십 km인 거대한 원자핵과 비슷하다.

핵에서 일어나는 이러한 모든 과정은 동역학적 시간척도에 일어난다. 초기의 철 핵은 반경이 5,000~10,000km 정도이다. 그리고 질량은 대략 $1.5\,M_\odot$ 정도의 찬드라세카 질량이다. 따라서 동역학적 시간척도는 대략 $t_{dyn} \sim \frac{1}{\sqrt{G\rho}} \sim 1$ 초이다. 그렇기에 별 전체의 동역학적 시간 척도보다 너무 짧은 시간에 핵이 붕괴한다.

따라서 핵이 붕괴하는 동안 바깥포피는 거의 그대로 있다가 떨어지기 시작한다.

중력 붕괴에 의하여 중력 퍼텐셜 에너지가 방출되는데, 이만한 에너지의 급격한 방출이 별을 폭발하게 한다. 핵의 초기 질량이 $M_c = 1.5\,M_\odot$, 초기 반경이 $R_c = 10^4\,km$이고 나중에 중성자핵의 질량은 그대로이고, 반경은 $R_{nc} = 20\,km$가 되었다고 하자. 그러면 방출되는 에너지의 양은 $\Delta E_g \simeq -GM_c^2\left(\frac{1}{R_c} - \frac{1}{R_{nc}}\right) \approx \frac{GM_c^2}{R_{nc}} \simeq 3\times 10^{53}\,erg$이다. 양성자와 전자가 중성자로 변환되는 데 필요한 양은 작은 부분이다. 광분해를 포함하여 각 변환에 7 MeV를 사용하기에 $\Delta E_{\nu c} = 7\,MeV\frac{M_c}{m_H} \simeq 2\times 10^{52}\,erg \approx \frac{\Delta E_g}{15}$이다. 그러기에 에너지의 10% 정도만 양성자를 중성자로 바꾸는 데 사용한다. 나머지는 폭발에 사용된다. 얼마간의 에너지가 별의 포피를 바깥으로 불어내는 데 필요하다. 포피가 핵에 붙잡히는 결합에너지는 $\Delta E_{bind} = \frac{GM_c(M-M_c)}{R_c} \simeq 5\times 10^{51}\,erg \simeq \frac{\Delta E_g}{60}$가 된다. 나머지 에너지는 포피를 매우 큰 속도를 가지게 하는데, 그리고 복사를 발하게 하고, 포피에서 핵반응을 하게 한다. 포피가 나가는 속도가 거의 10,000km/s 정도 되기에 $\Delta E_{kin} \simeq \frac{1}{2}(M-M_c)v^2 \simeq 10^{51}\,erg \approx \frac{\Delta E_g}{300}$이 되고, 마지막으로 빛으로 방출되는 에너지양은 $\Delta E_{rad} \approx 10^{51} erg \approx \frac{\Delta E_g}{300}$이다. 모두 총 에너지의 1%정도밖에 안 된다. 그러면 나머지 에너지는 어디로 갈까? 답은 뉴트리노에서 방출되는 에너지이다. 핵에서 양성자가 중성자로 변환될 때 생성되는 뉴트리노는 바로 나가지는 못한다. 그러나 어마어마한 양의 에너지를 갖고 있다. 붕괴되는 핵이 상대론적 전자에 의한 압력을 가지기에 $\gamma = 4/3$가 된다. 핵이 원자핵의 밀도에 가까워지고, 더 많은 전자와 양성자가 중성자로 변환되면, 초기에는 핵력이 작용하여 서로 끌어당긴다. 이 과정이 γ의 값을 1로 접근하게 하여 붕괴를 가속시킨다. 밀도가 더욱 커지면 강한 핵력이 반발하게 되어 γ의 값이 4/3 이상으로 증가한다. 이 과정은 핵의 붕괴를 멈추기에 충분하다. 그 위에 있는 물질이 핵으로 떨어지는데 이 핵은 마치 압력이 없는 거품 ($\gamma < 4/3$)이 딱딱한 고무($\gamma > 4/3$)로 변환된 것과 같다. 그러기에 갑자기 물질의 낙하가 멈추게 되고 모든 낙하 물질의 운동 에너지가 열에너지로 바뀌게 된다. 이 열에너지는 압력을 높이고 중성자핵 위의 물질을 다시 재팽창하게 한다. 즉 물질이 튕긴다(bounce). 이 튕김은 포피로 충격파를 형성한다. 이 충격파는 별을 폭발시키기에는 충분하지 않다. 이 충격파는 별의 표면에 도달하기 전에 중간에 멈추어 선다. 붕괴된 별은 밀도가 충분히 높기에 처음에는 뉴트리노를 나가지 못하지만 자신의 에너지로 핵 위에 있는 물질을 가열하고 압력을 높여 별을 폭발시킨다.

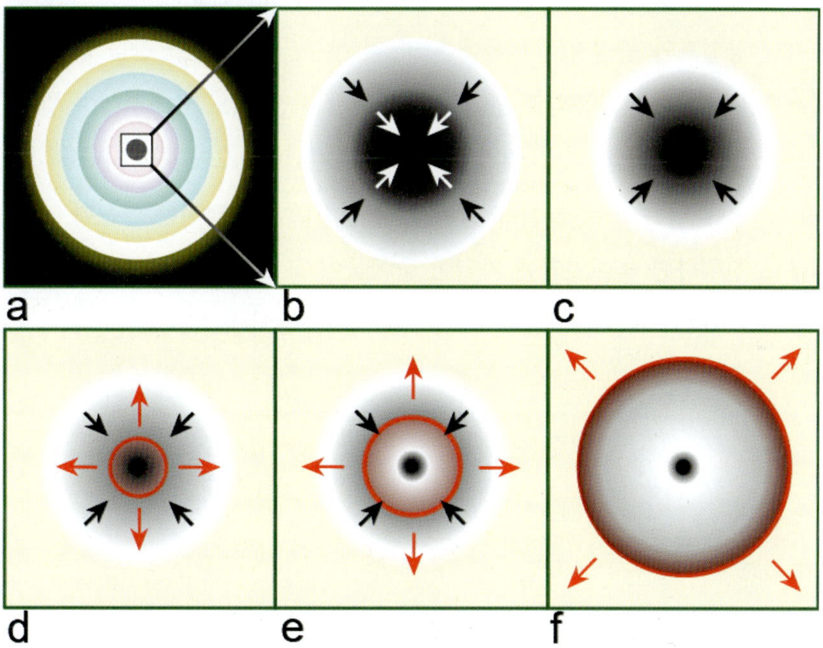

출처: Within a massive, evolved star (a) the onion-layered shells of elements undergo fusion, forming an iron core (b) that reaches Chandrasekhar-mass and starts to collapse. The inner part of the core is compressed into neutrons (c), causing infalling material to bounce (d) and form an outward-propagating shock front (red). The shock starts to stall (e), but it is re-invigorated by a process that may include neutrino interaction. The surrounding material is blasted away (f), leaving only a degenerate remnant.

|부록 그림 13-7|

핵에서 별로 진행하는 충격파는 기체를 $\sim 5 \times 10^9 K$까지 가열한다. 이만한 온도는 포피에서 핵반응을 일으키기에 충분하다. 따라서 새로운 원소가 생성되기에 포피의 화학 성분을 변화시킨다. 많은 물질들이 충분히 가열되어 철 부근의 원소(Iron peak)를 융합하고, 별의 대부분에서 철과 비슷한 원소로 변환된다. $^{56}\mathrm{Fe}$는 26개의 양성자와 30개의 중성자로 이루어져 있다. 양성자보다 중성자가 4개 더 있다. 핵반응의 원료인 $^{4}\mathrm{He}$, $^{12}\mathrm{C}$, $^{16}\mathrm{O}$, $^{28}\mathrm{Si}$는 모두 같은 수의 양성자와 중성자를 갖고 있어서 $^{56}\mathrm{Fe}$를 만들기에 중성자가 충분하지 않다. 양성자가 중성자로 변환하는 반응은 β붕괴로 가능한데, 이 반응은 느리다. 충격파가 별을 진행하는 데 걸리는 시간은 수 초 정도인데 이 시간은 β붕괴하기에는 충분한 시간이 아니다. 그러기에 주어진 양성자와 중성자의 비율에 따라 철 부근의 원소들을 만들게 된다. 이러한 원소들은 불안하여 β붕괴로 붕괴되는데 붕괴 시간 척도가 초신성 폭발이 진행되는 시간보다는 많이 길다. 그러기에 핵융합이 끝난 후 오랫동안 지나야 β붕괴가 일어난다. 별에 있는 모든 물질이 철 부근의 원소로 융합되지는 않는다. 충격파가 별 내부로 진행하면 늦어지기에 가열이 줄어들어 표면으로 갈수록 덜 융합반응을 일으킨다. 그래서 초신성은 많은 다른 원소들을 뿜어낸다.

열다섯 번째

별의 종말

이제까지 별이 태어나서 어떻게 진화해 가는지를 살펴보았다면, 지금부터는 별이 주계열을 떠나서 별로서의 일생을 마감하는 부분을 살펴보기로 하자. 별의 진화에도 질량이 중요한 역할을 했던 것처럼, 별의 종말도 질량이 중요한 역할을 하는데, 이것은 별이 주계열에 있을 때의 질량이 아니라, 별이 그 일생을 마칠 때의 질량, 즉, 항성풍 등에 의해 질량을 잃은 후의 질량을 의미한다. 별의 종말과 관련된 천체는 갈색왜성, 백색왜성, 중성자별, 블랙홀 등인데, 지금부터 이 별의 종말과 관련된 천체들에 대해 이야기해보자.

1 백색왜성

백색왜성(white dwarf)은 별의 진화에서 살펴보았듯이, 행성상성운으로 별의 포피부를 잃고 드러난 고온 고밀도의 핵부분이다. 백색왜성들을 관측해 보면, 백색왜성이 되고 있는 과정의 경우, 항성풍으로 별의 포피부가 바깥으로 불어져 나오는 중이기에 티끌 같은 것들이 많아서 별빛을 가리므로, 백색왜성이 광학망원경으로는 잘 관측이 되지 않으며, 티끌들도 스스로 빛을 내지는 못하는 상태이므로 적외선이나 전파망원경으로 확인이 될 뿐이다. 또, 어떤 경우에는 이러한 분출이 어떤 축을 따라 양쪽 방향으로의 흐름, 즉 쌍극류 구조를 형성하기도 한다.

백색왜성은 어떠한 상태일까? 이 천체가 고밀도의 핵부분이라는 것을 상기해보자. 이러한 고밀도 때문에 우리가 별의 기체상태를 이야기할 때 일반적으로 생각하는 이상기체 상태가 아닌 축퇴상태가 된다. 일반적인 기체상태라면 그 기체를 이루고 있는 입자들이 전기적인 쿨롱 퍼텐셜을 극복하고 기체의 온도에 따른 활발한 열운동을 하고 있을 것이다. 이에 반해, 축퇴상태에서는 전자들이 각 원자핵들의 주위 궤도를 돌고 있는 것이 아니라 전자가 핵들의 주변에 거의 균일하게 촘촘히 분포하게 된다. 압력이 증가할수록 이들은 더 촘촘하게 붙어서 결국에는 결정격자 같은 상태가 되는데, 이러한 상태를 전자가 축퇴되었다고 한다. 이때 전자의 배열은 파울리의 배타원리를 따른다.

중심핵에서 모든 핵에너지가 소진되면 바깥 방향으로의 압력차에 의한 힘은 줄어든다. 그러나 별의 중력은 계속 작용하여 별의 중심 방향으로의 수축은 계속되기 때문에 이러한 고밀도 상태가 되는 것이다. 축퇴된 전자의 압력으로 인해 더 이상 중력 수축이 될 수 없게 되면 드디어 중력 수축은 멈추게 되어 백색왜성이 될 수 있는데, 그것은 이 고밀도의 핵부분이 $1.4M_\odot$[찬드라세카 한계(Chandrasekhar limit)]보다 작은 경우에 가능한 것이다. 만약 찬드라세카 한계보다 더 질량이 크다면, 백색왜성의 상태보다 더 중력 수축이 일어날 것이기 때문이다.[3)]

백색왜성의 특징 중 하나는 질량이 클수록 반지름이 작다는 것인데, 이는 자칫 우리의 일반적인 상식에 반하는 것으로 보인다. 이렇게 비상식적으로 보이는 질량과 부피의 관계는 완전히 축퇴된 비상대론적인 물질 내의 압력과 밀도의 관계를 보면 이해하기 쉬울 것이다. 축퇴된 비상대론적인 물질에서의 압력과 밀도 사이의 관계는

$$P = K\rho^{5/3} \qquad \text{[식 15-1]}$$

이다. 우리는 밀도가 질량/부피라는 것을 알고 있으므로, $\rho \propto M/R^3$를 [식 15-1]에 적용하면

3) 백색왜성의 찬드라세카 한계 질량보다 질량이 큰 경우에는 중력 수축이 더 일어나고 이때는 역베타 붕괴에 의해 중성자별이 만들어진다. 만약 중성자별의 찬드라세카 한계 질량인 $3M_\odot$보다 질량이 큰 경우에는 블랙홀이 만들어지게 된다.

$$P \propto \rho^{5/3} \propto \frac{M^{5/3}}{R^5} \qquad \text{[식 15-2]}$$

가 된다. 정유체역학적 평형 방정식인 $\frac{dP}{dr} = -\frac{GM(r)}{r^2}\rho(r)$은 대략

$$P \propto \frac{M^2}{R^4} \qquad \text{[식 15-3]}$$

이다. 이제 [식 15-2]와 [식 15-3]이 같아야 하기에 $\frac{M^{5/3}}{R^5} \propto \frac{M^2}{R^4}$으로부터

$$R \propto M^{-1/3} \qquad \text{[식 15-4]}$$

가 됨을 알 수 있다. 즉, 백색왜성의 경우 질량이 클수록 반경은 작아진다! 참고로, 주계열의 경우는 대략 $R \propto M^{0.7}$로 질량이 클수록 반경이 커진다.

압축이 더 크게 되면 전자는 상대론적으로 운동을 하게 되는데, 상대론적인 기체의 축퇴압력은 $P \propto \rho^{4/3}$이기에 $\rho^{4/3} \propto \frac{M^{4/3}}{R^4} \propto \frac{M^2}{R^4}$이 되어 결국 M이 어떤 일정한 값이 됨을 알 수 있다. 이 질량이 찬드라세카 한계 질량이다. 실제로 계산을 해보면, 태양 정도의 질량인 별이 상대론적 상태까지 압축이 된다면 그 반경이 지구 정도가 된다고 한다. 태양 반경이 약 $7 \times 10^5\,km$이고, 지구 반경이 약 $6.4 \times 10^3\,km$라는 것을 상기할 때 반경이 약 100배 이상 줄어든 상태가 된다는 것을 알 수 있다. 이를 부피로 표현하면 그 값이 10^6배 이상 줄어드는 것이다. 같은 질량에서 부피만 이렇게 준다면 그 밀도가 얼마나 커질지는 여러분의 상상에 맡겨야 할 것 같다. 분광관측으로 측정된 백색왜성의 질량의 평균값은 대략 $0.7\,M_\odot$이다. 백색왜성은 자체의 열에너지 복사로 빛을 내는데, 축퇴된 등온핵의 열이 핵을 둘러싼

비축퇴 외피부를 통해서 빠져나가면서 축퇴된 등온핵은 냉각되어 온도가 감소하게 된다. 백색왜성의 냉각 시간 척도는 광도와

$$t_{cool} \propto L^{-5/7} \qquad [식\ 15-5]$$

인 관계에 있다. 즉 광도가 높으면 높을수록 냉각시간이 짧아지고, 광도가 낮아지면 냉각시간은 길어진다는 것이다. 결국 백색왜성은 나이가 들면서(광도는 낮아질 테고) 더욱 천천히 식는다. 백색왜성이 빛을 내지 못하는 상태가 되었을 때를 흑색왜성이라고 하는데, 이렇게 만들어진 흑색왜성은 우주 공간에 그대로 남아 있게 되며, 그래서 암흑물질의 후보가 된다.

에리다누스자리 40의 삼중성계에서 최초의 백색왜성이 발견되었다. 에리다누스자리 40에는 상대적으로 밝은 주계열성인 에리다누스 40A가 있는데, 이 별은 에리다누스 40B와 40C의 이중성계와 공전을 하고 있다. 그리고 이 에리다누스 40B와 40C가 각각 백색왜성과 적색왜성(주계열성)이라고 알려져 있다. 에리다누스 40B와 C 이중성계는 허셜(William Herschel)이 1783년에 발견하였다고 하며, 1910년 러셀(Henry Norris Russell)과 피커링(Edward Charles Pickering), 그리고 플레밍(Williamina Fleming)이 에리다누스자리 40B의 스펙트럼형을 알아냈다고 한다. 그러나 에리다누스자리 40 B의 스펙트럼형이 공식적으로 발표된 것은 1914년 애덤스(Walter Adams)에 의해서였다.[4] 허셜보다는 늦지만 1862년 클라크(Alvan Clark, 1832~1897)가 시리우스A 옆에 있는 반성 시리우스B를 발견하였으며, 이것도 이후 백색왜성이라는 것이 밝혀졌다.

백색왜성의 스펙트럼에는 강한 수소선을 나타내는 유형과 강한 헬륨선을 나타내는 유형이 가장 일반적이다. 강한 수소선을 나타내는 백색왜성을 DA형이라 부른다. 이것은 왜성(dwarf)을 나타내는 D와 A형별(가장 강한 수소 발머선을 내는

4) https://en.wikipedia.org/wiki/White_dwarf

별)의 스펙트럼과 유사하다는 의미에서 A를 따서 이름을 붙인 것이다. 헬륨선이 강하게 나타나는 별들은 B형별과 닮은 왜성이라는 의미로 DB형이라 한다. 두 유형에 속하지 않는 백색왜성으로 스펙트럼에 흡수선이 전혀 나타나지 않는 백색왜성은 왜성을 의미하는 D에 C(연속스펙트럼 continuous라는 의미)를 붙여 DC라고 한다.

H-R도에서는 주계열과 백색왜성 계열이 구분이 되는데, 같은 등급의 주계열성에 비해 백색왜성은 그 온도가 매우 높다. 우리는 H-R도에서 백색왜성들이 주계열성보다 아래쪽(동일 온도라면 낮은 광도)에서 직선 위에 놓이는 것을 볼 수 있다. 그럼 왜 백색왜성은 H-R도에서 직선으로 나타날까? 슈테판－볼츠만 법칙을 상기하여 보자. 슈테판－볼츠만 법칙에서 $L = 4\pi R^2 \sigma T^4$이므로, 양변에 로그를 취하면 $\log L = 4\log T + 2\log R + c$(여기서 c는 상수)를 얻을 수 있다. 만약 백색왜성의 반경이 일정하다면 $\log L = 4\log T + c'$의 선상에 놓일 수 있게 되는 것이다. 백색왜성의 반경은 어느 정도 편차는 있겠지만, 전형적인 반경은 $0.01R_\odot$ 정도라고 하며, 일정하다고 보아도 무방할 정도의 반경 차이가 있을 뿐이기 때문이다.

지금까지 살펴본 백색왜성의 특징은 크기가 매우 작고 그래서 밀도는 아주 크다는 것이다. 이러한 백색왜성의 특성 때문에 표면의 중력은 매우 클 수밖에 없다. 그러기에 스펙트럼에서 중력적색이동이 나타난다. 빛도 중력에 의하여 영향을 받는데 빛의 속도는 항상 일정하기에 빛의 에너지가 감소하여 빛의 진동수가 점점 줄어든다. 즉 빛의 파장이 증가하는데, 이를 중력적색이동(gravitational redshift)이라 한다. 일반상대론에 의하면

$$\frac{\lambda_f}{\lambda_i} = \left[1 - \frac{2GM}{c^2 R}\right]^{-1/2} \qquad [식\ 15-6]$$

이 되는데, 실제로 $\frac{\Delta\lambda}{\lambda_i}$의 값은 백색왜성에서 아주 작은 3×10^{-4}에 불과하기 때문에 관측하기는 쉽지 않다.

백색왜성은 자기장도 매우 강한데, 별의 크기가 수축하여 줄어들어도 자기력선의 수는 그대로 있기에 자기력선 간의 간격은 좁아지고 따라서 자기장의 세기는 증가하기 때문이다[자기속 보존(conservation of magnetic flux)]. 그런데 자기속 보존으로 계산된 자기장의 값은 $1\,T$ 정도이지만, 실제 관측된 자기장의 값은 $10^2\sim10^4\,T$로 매우 강하다. 이것은 자기속 보존으로 백색왜성의 자기장이 그 이전 진화단계의 별들보다 강하다는 것을 설명하지만, 실제의 강도만큼 세지는 것은 충분히 설명해주지 못하고 있다는 것을 의미한다. 따라서 이러한 이론과 관측의 차이를 설명할 수 있는 다른 모형이 더 필요할 것이다.

2 중성자별

우리는 백색왜성에 대해 알아보면서 $1.4\,M_\odot$[찬드라세카 한계(Chandrasekhar limit)] 이하의 별만이 안전하게 백색왜성이 될 수 있다고 하였는데, 그렇다면 별의 잔해의 질량이 $1.4\,M_\odot$ 이상이 되면 어떤 일이 벌어질까? 이러한 경우에는 전자의 축퇴압이 중력을 지탱할 수 없게 되고 물질은 극도로 압축되어 역베타 붕괴가 일어난다. 즉

$$p^+ + e^- \rightarrow n + \nu \qquad [식\ 15-7]$$

이 된다. 이렇게 양성자와 전자가 압축되어 중성자가 되면 중성자 기체가 형성되는데, 밀도가 약 $10^7\,kg/m^3$인 경우, 이 중성자 기체도 축퇴기체가 되며, 축퇴전자기체의 성질과 유사하다. 이렇게 별은 축퇴된 중성자 기체로 이루어진 중성자별(neutron star)이 된다. 또, 축퇴된 중성자 기체의 상태방정식이 전자의 축퇴기체의 기체상태식과 거의 같기 때문에, 중성자별도 백색왜성과 같이 질량이 클수록 반지름은 더 작아진다.

중성자별은 백색왜성보다 더 압축된 형태이므로 같은 질량일 경우, 더 작은 크기일 것을 쉽게 예상할 수 있다. 그런데 중성자별은 얼마나 작아지는 것일까? 우리는 앞에서 $1\,M_\odot$ 정도의 질량일 경우 백색왜성은 지구 정도의 크기(반경 약 $6{,}400\,km$)일 것이라고 했었는데, 중성자별의 경우, 질량이 $1\,M_\odot$이라면, 그 반경은 $10 \sim 20\,km$ 정도가 된다고 한다(서울시의 반경 정도 된다고 할 수 있다!). 중성자별은 주로 중성자로 이루어져 있지만, 그 대기는 원자와 전자와 양성자로 되어 있으며, 여기서 원자의 대부분은 철(Fe)이다.

작은 반경에 비해 엄청난 질량을 가지고 있기 때문에, 중성자별은 굉장히 큰 표면중력을 가지게 된다. 이처럼 강한 중력장 때문에 이탈속도가 약 $0.8c$에 이른다고 한다. 이는 현재까지 인류가 만든 그 어떤 기계도 도달하지 못한 속도이다. 블랙홀의 경우에는 탈출속도가 빛의 속도와 같은 지점(슈바르츠실트 반지름)보다 블랙홀에 가까워지면 빛도 빠져나올 수 없으며, 중성자별은 빛이 빠져나올 수는 있지만 중력적색이동이 0.2 정도로 매우 크다(백색왜성의 경우 10^{-4} 정도였던 것을 상기해보자).

그럼 백색왜성이나 중성자별은 가만히 멈추어서 식어가기만 하는 걸까? 스코틀랜드 출신의 여성 천문학자인 벨(Jocelyn Bell, 1943~)은 케임브리지 대학의 휴이시(Anthony Hewish, 1924~) 교수가 지도하던 대학원생이었는데, 1967년, 황소자리 게성운에서 독특한 전파원을 발견하였다. 처음 관측을 했을 때는 벨이나 지도

교수인 휴이시조차 이것이 외계 생명체가 보내는 신호일지도 모른다는 생각을 했었다고 한다. 규칙적으로 변화하는 전파를 내는 천체이기에 펄사(pulsar)라고 이름을 붙였다. 이후 펄사는 회전하는 중성자별이라는 것이 밝혀졌는데, 펄사의 전파 관측으로 알려진 맥동 현상을 잘 설명하는 모델이 펄사의 등대 모형(lighthouse model)이다. 자기속 보존에 의해 중성자별은 강한 자기장을 가지는데 계산된 자기장의 값은 10^6 T 정도의 값을 가지지만, 실제 중성자별의 자기장은 10^8 T의 세기를 가진다. 각운동량 보존에 의해 중성자별은 매우 빨리 회전하는데, 강한 자기장을 가지고 있는 상황에서 회전을 하게 되므로 표면에 엄청난 전기장이 유도된다. 중성자별은 철의 핵과 전자로 이루어진 고체 지각을 갖고 있는데, 유도된 전기장은 이 대전입자들(대부분이 전자)을 떼어내어 자기권으로 흘러들어 가고 회전하는 자기력선에 의해 가속된다. 가속된 전자가 자기력선 방향의 좁은 공간을 따라 싱크로트론 복사(synchrotron radiation)를 방출한다. 회전을 하면서 자기력선을 따라 싱크로트론 복사를 방출하므로, 우리에게 오는 빛은 그 강도가 변할 수밖에 없고, 이로 인해 맥동(pulsate)하는 듯이 관측되는 것이다. 이렇듯 회전을 하면서 전파의 강도가 변화하므로, 주맥동 간의 시간 간격은 중성자별의 회전주기와 같게 된다.

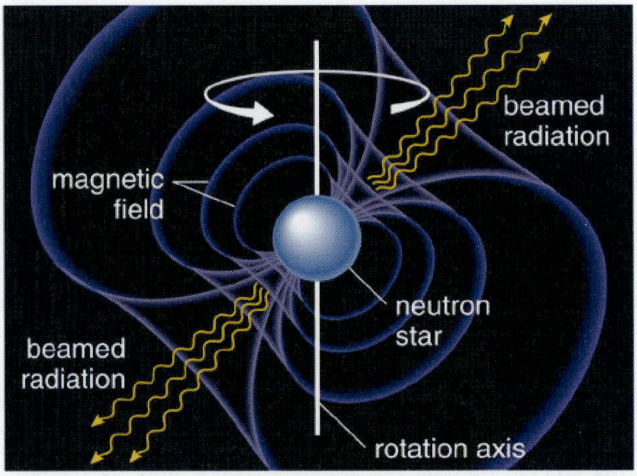

❙그림 15-1❙ 펄사의 등대 모형

출처: http://www.physast.uga.edu/~rls/astro1020/ch18/ovhd.html

이렇게 회전하는 중성자별인 펄사가 에너지를 계속 내보내게 되면 그 각운동량은 서서히 줄어들게 되어 회전 속도가 느려지게 될 것이다. 펄사의 관측에서 이러한 현상을 확인할 수 있는데 펄사의 맥동주기가 전형적으로 10^{-8}초/년 정도로 증가함이 관측되었다.

주기적인 맥동의 원인이 회전이라고 할 때, 최대 회전 속도는 중성자별의 적도에서는 원심가속도와 중력가속도가 같을 때 나타난다. 그렇지 않으면 원심력에 의하여 별은 불안정해진다. 따라서 $\frac{V^2}{R} = \frac{GM}{R^2}$이기에, 최대 회전속도는 $V = \sqrt{\frac{GM}{R}}$이 된다. 이때 중성자별의 회전주기(P)는 $P = \frac{2\pi R}{V}$이므로, $P = \frac{2\pi R}{(GM/R)^{1/2}} = \frac{2\pi R^{3/2}}{(GM)^{1/2}}$를 얻을 수 있다. 그런데 $M = \frac{4\pi R^3}{3}\rho$이기 때문에

$$P = \frac{2\pi R^{3/2}}{(G)^{1/2}} \times \left(\frac{4\pi R^3}{3}\rho\right)^{-1/2} = \frac{3.8 \times 10^5}{\rho^{1/2}} \text{초} \qquad [\text{식 } 15-8]$$

이 된다. 빠른 펄사의 주기는 밀리초(millisecond) 단위이므로, P값을 2 밀리초 정도로 하여 밀도를 계산해보면, 중성자별의 밀도에 해당하는 값($4 \times 10^{16}\, kg/m^3$)이 나오는 것을 확인할 수 있다. 또한 질량이 M인 회전하는 구의 회전운동에너지는

$$E_{rot} = \frac{1}{2} I\omega^2 = \frac{1}{2}\left(\frac{2}{5}MR^2\right)\omega^2 = \frac{1}{5}MR^2\omega^2 \qquad [\text{식 } 15-9]$$

가 된다. 여기서 $\omega = 2\pi/P$이다. 그런데 회전운동에너지가 복사에너지로 전환되기에

$$L = \frac{dE_{rad}}{dt} = -\frac{dE_{rot}}{dt} = \frac{8}{5}\pi^2 \frac{MR^2}{P^3}\frac{dP}{dt}$$ [식 15-10]

이 된다. 따라서 주기의 시간에 대한 변화율은

$$\frac{dP}{dt} = \frac{5}{8\pi^2}\frac{LP^3}{MR^2}$$ [식 15-11]

이 된다. 게성운의 경우 이 값은 대략 10^{-13}초/초로, 거의 관측 값과 같으므로, 회전하는 중성자별이라는 모형으로 펄사를 설명하는 것의 타당성을 이야기할 수 있게 된다. 게성운은 전파 맥동으로 약 10^{28} W의 에너지를 방출하지만, 게성운을 모든 파장에서 관측해서 얻은 총 에너지의 양은 대략 10^{31} W 정도이다. 게자리 펄사가 회전하는 중성자별이라고 한다면, 맥동주기의 감소로부터 계산한 회전에너지의 변화량은 5×10^{31} W으로 게성운에 에너지를 공급하기에 충분한 양임을 알 수 있다.

전파 맥동의 진동수가 낮을수록 성간매질의 전자로 인하여 지구로 도착하는 시간이 늦어지는 현상을 분산(dispersion)이라 하는데 이러한 현상을 이용하여 지구와 펄사 사이의 성간매질의 전자밀도를 추정할 수 있다. 또한 성간 매질의 자기장을 따라서 전파 펄스의 편광면이 회전하기 때문에(패러데이 회전, Faraday rotation) 이 회전각을 측정하여 성간 매질의 자기장을 추정할 수 있다.

3 블랙홀(Black hole)

블랙홀 주변 시공간의 구조

블랙홀(black hole) 주변에는 굉장히 강한 중력장이 있기 때문에 시공간이 뒤틀리며, 뒤틀린 시공간 때문에 그 안에서의 동역학(dynamics)은 매우 다르다. **|그림 15-2|**는 블랙홀 주변의 시공간도표를 나타낸 것이다. 이와 같은 그래프(Kruskal-Szekeres 좌표계)는 어떻게 그려진 것일까?

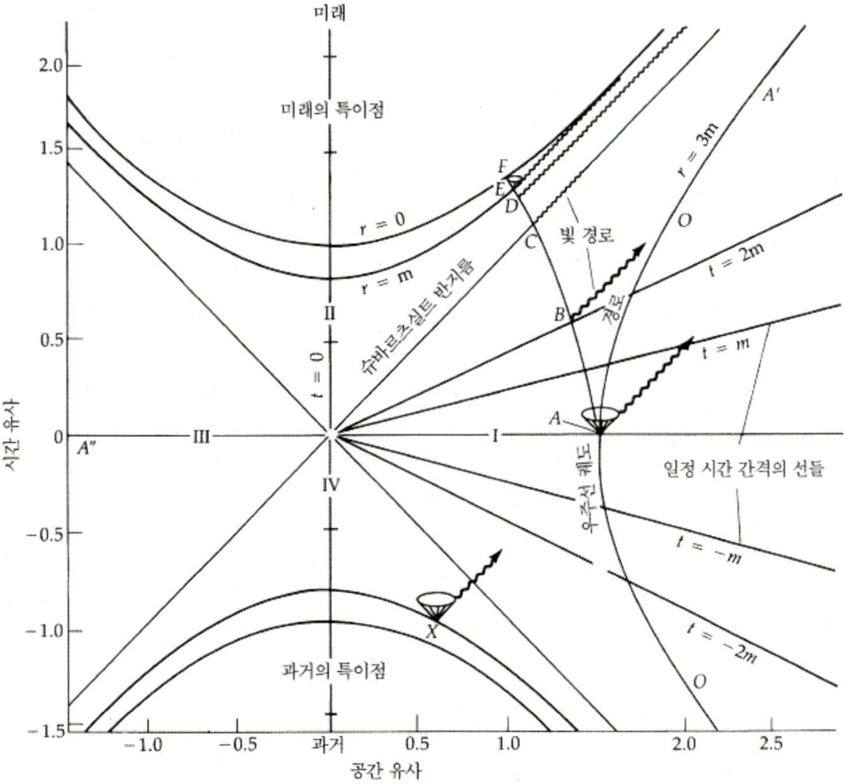

|그림 15-2| 블랙홀 주변의 시공도표(R. Ruffini and J. Wheeler)

블랙홀에서의 특이점을 제거해 보기 위해 구대칭 Schwarzschild 계량인

$$ds^2=\left(1-\frac{r_s}{r}\right)dt^2-\left(1-\frac{r_s}{r}\right)^{-1}dr^2 \qquad [식\ 15-12]$$

으로부터 null geodesic은 $ds^2=0$이기에 $\left(\frac{dt}{dr}\right)^2=\left(1-\frac{r_s}{r}\right)^{-2}$이 된다. 이를 적분하면

$$t=\pm r^*+일정 \qquad [식\ 15-13]$$

$$r^*=r+r_s\ln\left(\frac{r}{r_s}-1\right) \qquad [식\ 15-14]$$

이고 $\left(\frac{dr^*}{dr}\right)^2=\left(1-\frac{r_s}{r}\right)^{-2}$이기에 구대칭 Schwarzschild 계량의 null geodesic을 만족한다.

이제 $u=t-r^*$, $v=t+r^*$이라 놓으면

$$dt=\frac{1}{2}(dv+du),\ dr=\left(1-\frac{r_s}{r}\right)dr^*=\frac{1}{2}\left(1-\frac{r_s}{r}\right)(dv-du) \qquad [식\ 15-15]$$

이 된다. 따라서

$$ds^2=\left(1-\frac{r_s}{r}\right)dt^2-\left(1-\frac{r_s}{r}\right)^{-1}dr^2=\left(1-\frac{r_s}{r}\right)dudv \qquad [식\ 15-16]$$

가 된다. 이제

$$r^{*} = r + r_s \ln\left(\frac{r}{r_s} - 1\right) = \frac{1}{2}(v-u) \rightarrow \frac{r}{r_s} + \ln\left(\frac{r}{r_s} - 1\right) = \frac{1}{2r_s}(v-u)$$

[식 15-17]

$$\left(1 - \frac{r_s}{r}\right) = \frac{r_s}{r}\left(\frac{r}{r_s} - 1\right)$$ [식 15-18]

이기에

$$ds^2 = \frac{r_s}{r} exp\left(-\frac{r}{r_s}\right)\exp\left(\frac{v-u}{2r_s}\right)dudv$$ [식 15-19]

가 된다. 이제 $U = -\exp\left(-\frac{u}{2r_s}\right)$, $V = \exp\left(\frac{v}{2r_s}\right)$라 놓으면,

$$ds^2 = -\frac{4r_s^3}{r} exp\left(-\frac{r}{r_s}\right)dUdV$$ [식 15-20]

그리고 $T = \frac{1}{2}(U+V)$, $X = \frac{1}{2}(V-U)$라 놓으면, 이는

$$ds^2 = \frac{2r_s^3}{r} exp\left(-\frac{r}{r_s}\right)(dT^2 - dX^2)$$ [식 15-21]

$$\left(\frac{r}{r_s} - 1\right)\exp\left(\frac{r}{r_s}\right) = X^2 - T^2$$ [식 15-22]

$$\frac{t}{r_s} = 2\tanh^{-1}\left(\frac{T}{X}\right)$$ [식 15-23]

가 된다. 이를 그래프로 그리면 **▌그림 15-3▌**과 같은 그래프가 그려진다.

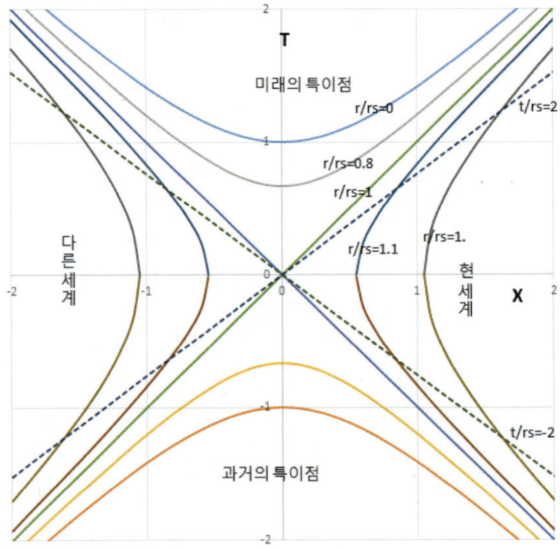

|그림 15-3| 블랙홀 주변의 시공도표 그리기

|그림 15-2|와 **|그림 15-3|**을 함께 보며 이를 해석해보자. 그래프에서 기울기가 45°로 그려진 선이 블랙홀의 슈바르츠실트 반지름(Schwarzschild radius, R_{sch})에 해당한다. 슈바르츠실트 반지름은, 블랙홀에서의 탈출속도가 빛의 속도와 같아지는 반경을 의미한다. 즉,

$$\sqrt{\frac{2GM}{R_{sch}}} = c \qquad \text{[식 15-24]}$$

$$R_{sch} = \frac{2GM}{c^2} \qquad \text{[식 15-25]}$$

이다. 이를 계산하면, $R_{sch} \approx 3\left(\frac{M}{M_{\odot}}\right)$ km이다. 즉, 태양질량일 때 블랙홀의 슈바르츠실트 반지름은 3 km 정도에 해당한다. 그러나 사실 블랙홀 자체의 밀도는 무한대이며, 반경은 없다. 그저 탈출속도가 빛의 속도가 되는 반경을 블랙홀의 슈바르츠실트 반지름이라고 이야기하는 것일 뿐이다. 그러므로 블랙홀의 크기가 슈바르츠실트 반지름이라고 오해해서는 안 된다.

그렇다면 슈바르츠실트 반지름이 의미하는 것은 무엇일까? 탈출속도가 빛의 속도와 같기 때문에 슈바르츠실트 반지름의 내부 정보는 밖에서 알 수가 없다. 물론 그 내부에서도 바깥의 정보를 알 수 없다. 그래서 이를 사건의 지평선(event horizon)이라고 한다. 즉, 그래프에서 $r=0$이 블랙홀에 해당하며, $r=R_{sch}$이 사건의 지평선, 그 안의 영역은 사건의 지평선 내부를 의미한다. **▎그림 15-3▎**에서 현 세계로 표현된 부분은 우리 우주이며, 다른 세계로 표현된 부분은 우리 우주와 또 다른 세계로서 우리 우주의 거울상(mirror image)에 해당한다.

▎그림 15-2▎에서 우주선의 궤도가 O이고, 우주선에서 뛰어내린 사람이 $A \sim F$의 경로로 움직이며 신호(signal)를 보내는 상황을 생각해보자. 신호는 사방으로 퍼져나가지만, 빛의 속도보다 클 수 없기 때문에 항상 모든 신호는 원뿔(cone) 안에 있다. A와 B에서 보내지는 신호는 우리 우주에서 감지될 수 있다. 같은 설명 방법으로, X에서 오는 신호는 우리에게 전해질 수 있다. 하지만 우리 우주에서 보내지는 신호가 그곳에 이르지는 못한다. 즉, 정보가 들어가지는 못하고, 나오기만 할 수 있다. 이를 우리는 화이트홀(white hole)이라고 한다. 이는 이론적으로 계산된 것이며 화이트홀을 발견한 적은 없다.

A에서 F로 갈수록, 우주선에서 뛰어내린 사람이 보내는 신호는 중력에 의해 시간 지연이 더욱 크게 생긴다. C에서 보내지는 신호는 사건의 지평선과 거의 평행하게 보내지며, 우리 우주와 만나지 않는다. 즉, 이 지점에서 보내지는 신호가 우리에게 도달하는 시간은 무한대(∞)이다. 다시 말해, 적색 편이가 거의 무한대로 일어나기 때문에 에너지를 다 잃어 우리에게 도달하지 않는다. 사건의 지평선 내부에 해당하는 $D \sim F$에서 보내지는 신호 역시 우리에게 도달할 수 없다. 즉, 블랙홀의 energy sink를 확인할 수 있다.

블랙홀의 관측

블랙홀은 굉장히 중요한 에너지원인데, 쌍성 구조 모델을 통해 이를 설명할 수 있다.

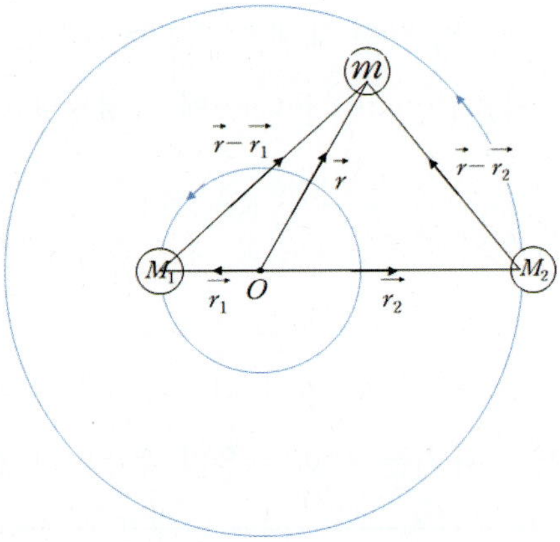

▎그림 15-4▎ 쌍성 구조

질량이 M_1, M_2인 두 별의 쌍성 구조에서 질량이 m인 천체가 받는 퍼텐셜은 다음과 같이 쓸 수 있다.

$$U=-\left(\frac{GM_1}{|\vec{r}-\vec{r_1}|}+\frac{GM_2}{|\vec{r}-\vec{r_2}|}\right)-\frac{1}{2}\omega^2(\vec{r_2}-\vec{r_1})^2 \quad [식\ 15-26]$$

이 퍼텐셜을 그려보면, **▎그림 15-5▎**와 같은 형태로 나타난다.

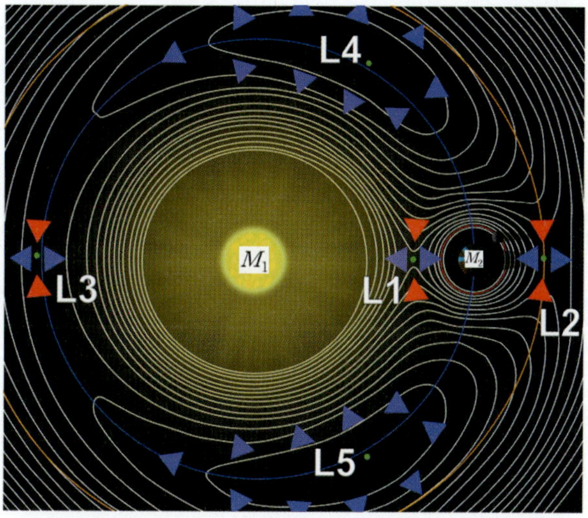

그림 15-5 쌍성 구조에서의 퍼텐셜과 라그랑주 점

출처: Lagrange_points.jpg: created by NASA

그림 15-5 에서 $L_1 \sim L_5$는 라그랑주 점(Lagrangian point)을 나타낸다. 만약 질량 M_1, M_2의 천체가 각각 태양과 목성이라면 소행성들은 L_4, L_5 라그랑주 점에 많이 모여 있는데 이러한 소행성군을 트로이군(Trojan group)이라고 한다.

이번에는 태양 대신 거성, 목성 대신 블랙홀이 있다고 생각해보자.

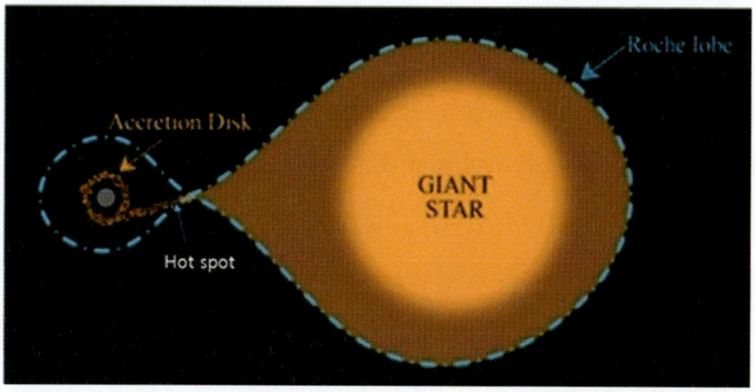

그림 15-6 강착원반의 형성

출처: https://www.quora.com/Can-a-big-star-survive-collision-with-a-small-black-hole

거성 단계에서는 별의 포피(envelope)가 팽창하는데 로슈 로브(Roche lobe)만큼 커지면, 물질이 이웃한 동반성으로 빠져나가게 된다. 이렇게 빠져나온 물질들이 유입되면서 강착원반(accretion disk)을 형성하는데, 강착원반이 만들어지는 지점의 온도는 굉장히 높아 열점(hot spot)이라고 불린다. 열점의 온도는 물질이 얼마나 빨리 유입되느냐에 따라 $10^5 \sim 10^7$K에 이르기 때문에 X선이나 γ선의 source가 된다. 즉, X선이나 γ선은 블랙홀에서 방출되는 것이 아니라 블랙홀 주변의 강착원반, 주로 강착원반의 열점에서 방출되는 것이다.

어느 정도의 물질이 유입되면 X선의 광도를 설명할 수 있을까? 중력 퍼텐셜 에너지는 $E_g = -\frac{GM^2}{R}$이다. 그런데 퍼텐셜 에너지 변화량의 1/2 정도가 X선 복사로 내보내진다고 하면

$$L = -\frac{1}{2}\frac{dE_g}{dt} = \frac{GM}{R}\left(\frac{dM}{dt}\right) \qquad \text{[식 15-27]}$$

이 된다. X선 복사를 설명하기 위한 질량증가율은 $\frac{dM}{dt} \simeq 10^{-9} M_\odot$/년 정도가 된다. 블랙홀과 관련된 X선원 에너지를 충분히 설명하고 있다.

이러한 쌍성 구조 모델은 굉장히 많은 천문현상을 설명할 수 있다. 백색왜성을 포함한 쌍성이 신성, 초신성 폭발을 일으키는 것, 동반성이 서로 질량을 방출하며 에너지를 잃으면서 서로 충돌하면 γ선 폭발(gamma ray burst)이 발생하는 것 등이 쌍성 구조 모델로 설명될 수 있다.

부 록

백색왜성의 물리

백색왜성의 중심은 축퇴전자 기체로 이루어져 있다. 그러나 표면의 압력은 거의 0이다. 따라서 대부분의 질량을 가진 축퇴핵과 그 위는 비축퇴 포피로 이루어져 있다. 축퇴 부분은 열적 전도율이 아주 높기 때문에 이 부분은 거의 등온상태다. 축퇴 물질은 마치 금속과 같다. 백색왜성의 비축퇴 부분은

$$\frac{dP}{dr} = -\rho\frac{GM}{r^2}$$

$$\frac{dT}{dr} = -\frac{3}{4ac}\frac{\kappa\rho}{T^3}\frac{L}{4\pi r^2}$$

을 따른다. 불투명도는 크래머스의 불투명도(opacity)[5]를 따른다. 즉

$$\kappa = \kappa_o \rho T^{-7/2} = \kappa_o \frac{\mu m_H}{k} P T^{-9/2}$$

이다. 이 방정식을 이용하면,

$$P = \left(\frac{64\pi ackG}{51\kappa_o \mu m_H}\right)^{1/2}\left(\frac{M}{L}\right)^{1/2} T^{17/4}$$

5) 크래머로 잘못 표기되기도 하는 크래머스의 불투명도 법칙은 전자기파를 연구했던 네덜란드의 물리학자 크래머스(Hendrik Anthony Hans Kramers, 1894~1952)의 이름에서 따온 것으로, 크래머스는 이 관계를 최초로 유도해낸 것으로 알려져 있다.

$$\rho = \left(\frac{64\pi ac\mu m_H G}{51\kappa_o k}\right)^{1/2}\left(\frac{M}{L}\right)^{1/2} T^{13/2}$$

가 된다. 이제 축퇴 부분의 압력 $P_{nd} = \frac{k\rho T}{\mu_e m_H}$과 비축퇴 부분의 압력 $P_d = K_1'\left(\frac{\rho}{\mu_e}\right)^{5/3}$이 경계에서는 같기에, 그리고 $T = T_c$이기에

$$\frac{L}{M} = \frac{64\pi acGK_1'^3\mu m_H^4}{51k^4\kappa_o\mu_e^2} T_c^{7/2}$$

이 된다. 그리고 이를 태양에 대한 값으로 표현하면

$$\frac{L/L_\odot}{M/M_\odot} \simeq 6.8\times 10^{-3}\left(\frac{T_c}{10^7 K}\right)^{7/2}$$

이 된다.

백색왜성은 얼마나 오랫동안 빛을 발할 수 있을까?

백색왜성의 내부에너지는 기체의 열에너지이다. 전자는 축퇴되어 있기에 에너지를 잃을 수 없다. 그러나 이온은 비축퇴되어 있기에 열을 잃을 수 있다. 이온은 비축퇴 이상기체이기에 내부에너지는 $U_I = \frac{3}{2}\frac{k}{\mu_I m_H} MT_c$이다. 그런데

$$L = -\frac{dU_I}{dt} = -\frac{3}{2}\frac{k}{\mu_I m_H} M\frac{dT_c}{dt}$$

이기에 $T_c = \left(\dfrac{51k^4 m_H^4 \kappa_o \mu_e^2}{64\pi ac G {K_1}'^3 \mu} \dfrac{L}{M} \right)^{2/7}$ 를 이용하면

$$\frac{dT_c}{dt} = \frac{2}{7} \left(\frac{51k^4 m_H^4 \kappa_o \mu_e^2}{64\pi ac G {K_1}'^3 \mu} \frac{1}{M} \right)^{2/7} L^{-5/7} \frac{dL}{dt}$$

가 되고, 이를 이용하면

$$L = L_o \left[1 + \frac{5}{3} \frac{\mu_I m_H^{15/7}}{k^{15/7}} \left(\frac{L_o}{M} \right)^{5/7} \left(\frac{51\kappa_o \mu_e^2}{64\pi ac G {K_1}'^3 \mu} \right)^{-2/7} t \right]^{-7/5}$$

이 된다. 시간이 길어지면 $L \propto t^{-7/5}$가 된다. 따라서 $t \propto L^{-5/7}$이 된다. 따라서 L_1과 L_2광도를 가진 백색왜성 개수의 비는 $\left(\dfrac{L_1}{L_2} \right)^{-5/7}$ 이 되는데, 이는 관측으로도 확인된다. 이제 백색왜성의 냉각 시간은 위 식에서

$$t_{cool} \simeq \frac{3k^{15/7}}{5\mu_I m_H^{15/7}} \left(\frac{51\kappa_o \mu_e^2}{64\pi ac G {K_1}'^3 \mu} \right)^{2/7} \left(\frac{M}{L_o} \right)^{5/7} \approx 2.5 \times 10^6 \left(\frac{M/M_\odot}{L_o/L_\odot} \right)^{5/7} \text{년}$$

이 된다. $L_o \simeq 10^4\, L_\odot$ 이면 행성상성운 단계를 수천 년을 유지할 것이다. $L_o \simeq 1\, L_\odot$ 이면 이 백색왜성은 수백만 년 동안 빛을 발하게 된다.

중성자별

- $M > 1.4M_{\odot}$ 전자 축퇴압으로 중력을 지탱하지 못함 → 밀도 증가 → 역베타 붕괴
  $p^{+} + e^{-} \rightarrow n + \nu \rightarrow 10^{17}\ kg/m^{3}$ 중성자 축퇴 → 중성자별 → 질량이 클수록 반경이 작음, 질량의 상한은 $\sim 3M_{\odot}$ 정도
- $1\,M_{\odot}$ 정도의 중성자별은 밀도는 $5 \times 10^{17}\ kg/m^{3}$, 반경이 $12km$ 정도 → 표면 중력은 지구의 $\sim 10^{11}$배 → $v_e \simeq 0.5\,c$
- 중력적색이동 $\dfrac{\Delta\lambda}{\lambda_o} \simeq \dfrac{GM}{c^2R} \simeq 0.124$

펄사(pulsar)

규칙적인 pulse: P, 주기변화율: $\dfrac{dP}{dt}$

등대모형: 빠르게 회전하는 중성자별, 쌍극자기장이 회전에너지를 전자에너지로 전환

$$\text{자기장}\ B_{ns} = B_{\odot}\left(\frac{R_{\odot}}{R_{ns}}\right)^2 \simeq 3.44 \times 10^5 \sim 10^6\ T$$

자기축은 자전축에 기울어져 있다. 펄사가 회전할 때에 강한 쌍극자기장이 중성자별 표면에 전기장을 유도하고, 이 전기장에 의해 표면으로부터 전자들이 자기권으로 흘러들어가고, 회전하는 자기력선에 의해 가속되어 자기축 방향으로 싱크로트론 복사 빔을 방출한다.

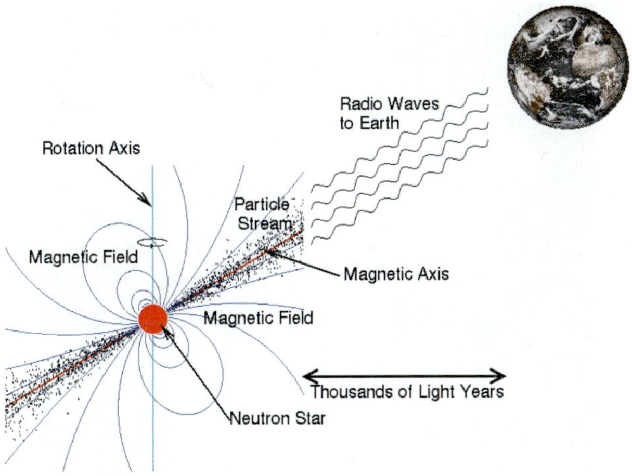

|부록 그림 15-1| **펄사 등대모형**

- $R\omega^2 \le \frac{GM}{R^2}$, $\omega \le \sqrt{\frac{GM}{R^3}}$ 그런데 $M=\frac{4\pi}{3}R^3\rho \to \omega \le \sqrt{\frac{4\pi}{3}G\rho}$,

  $P=\frac{2\pi}{\omega} \ge \sqrt{\frac{3\pi}{G\rho}} = 5.32\times10^{-4}$ 초 → 관측되는 펄사의 주기는 1.6×10^{-3} ~ 4 초 정도

- $E_{rot}=\frac{1}{2}I\omega^2$, $I=\frac{2}{5}MR^2 \to L=-\frac{dE_{rot}}{dt}=-\frac{d}{dt}\left(\frac{1}{2}I\omega^2\right)$

  $$=\frac{8\pi^2}{5}MR^2P^{-3}\frac{dP}{dt}$$

  $\to \frac{dP}{dt}=\frac{5}{8\pi^2}\frac{LP^3}{MR^2}$ → 1024년 초신성 폭발에 의한 게성운 펄사의 경우, $P \simeq 0.033$ 초, $\frac{dP}{dt} \simeq 1.2\times10^{-13}$ 초/초 → $L \simeq 1.5\times10^{31}$ W 그런데 게성운 펄사의 맥동에서 발생하는 에너지는 10^{28} W이지만 모든 파장에서 방출되는 게성운의 복사에너지는 ~ 10^{31} W → 펄사가 게성운에 에너지를 전달

  → 게성운 펄사의 수명 $\frac{P}{dP/dt}=\frac{0.033}{1.2\times10^{-13}} \simeq 2.75\times10^{11}$ 초 $\simeq$ 8,720 년

|부록 그림 15-2| 게성운 펄사

성간 매질의 n_e, B

지구와 펄사 사이의 전자에 의하여 광자의 속도에 영향을 주기 때문에 펄사에서 방출되는 펄스가 지구에 도착하는 시간은 더 낮은 진동수를 가진 펄스가 더 늦어진다.

$$t_2 - t_1 = \frac{e^2}{2\pi m_e c}\left(\frac{1}{\nu_2^2} - \frac{1}{\nu_1^2}\right)DM \quad \text{여기서} \quad DM = \int_{\text{지구}}^{\text{펄서}} n_e dl$$

DM(Dispersion Measure)은 분산척도라 부른다. 관측에 의해 $t_2 - t_1$을 측정하면 지구와 펄사 사이의 거리를 알면 n_e를 어림할 수 있다. 그런데 편광된 빛은 평행한 자기장을 통과하면서 β만큼 회전하는데 $\beta = RM \times \lambda^2$ 여기서 $RM = \frac{e^3}{2\pi m_e c^4}\int_{\text{지구}}^{\text{펄서}} n_e B_{\parallel}\, dl$이다. 여기서 RM(Rotation Measure)은 회전척도라 부른다. 관측에 의하여 파장이 다른 두 펄스 사이의 편광 빛의 회전 차이를 측정하면 지구와 펄사 사이의 거리를 알면 $n_e B_{\parallel}$를 어림하고, 위의 DM으로 구한 n_e를 이용하여 $B_{\parallel}$를 어림할 수 있다.

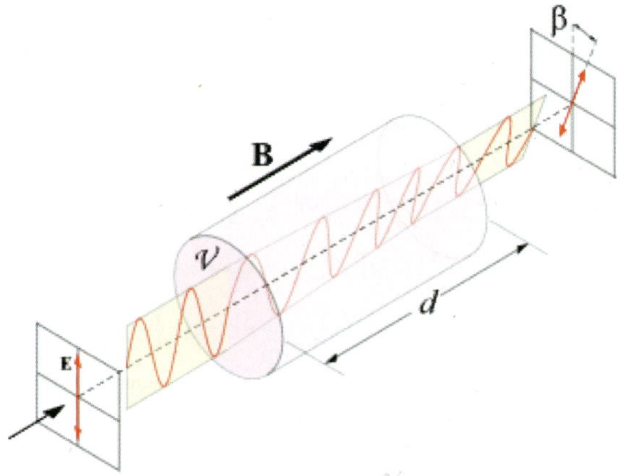

▌부록 그림 15-3▌ 회전척도와 관련된 모형도

M87* 초질형 블랙홀

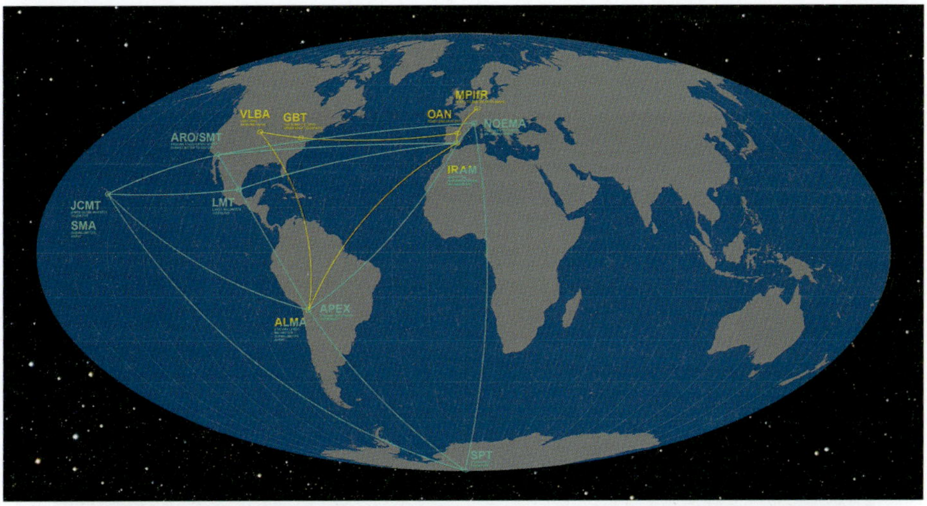

▌부록 그림 15-4▌ 초장기간섭계(VLBI)를 이루는 사건의 지평선 망원경(EHT)

2019년 4월 10일 사건의 지평선 망원경(Event Horizon Telescope, EHT)으로 1.3 mm 파장대에서 M87 타원은하의 중심에 위치한 초질량 블랙홀(supermassive Black hole)을 관측한 결과를 발표하였다. EHT는 **▌부록 그림 15-4▌**와 같이 지구

위에 위치한 여러 전파망원경들로 이루어진 초장기간섭계(Very Long Baseline Interferometer)이다. 이러한 간섭계로 각분해능을 25μ″까지 얻을 수 있었다.

이 망원경을 이용하여 처녀자리은하단에 위치한 M87 타원은하의 중심에서 초질량 블랙홀(M87*)의 이미지를 얻는 데 성공하였다. 이 블랙홀의 질량은 대략 65억 $M_\odot$ 정도이며, 사건의 지평선(event horizon)의 크기는 대략 270 AU=0.0013 pc=0.0042 ly 정도이다. **|부록 그림 15-6|**에서 보여주는 블랙홀 그림자(검은 부분) 크기보다 2.5배 정도 작다. 블랙홀 주변의 부착원반이 회전을 하는데 **|부록 그림 15-6|**의 아랫부분은 지구로 접근하고, 윗부분은 멀어지기에 상대론적 빔 효과(relativistic beaming effect)로 인하여 아랫부분이 더 밝게 관측된다. 스피처(Spitzer) 적외선 망원경이 관측한 **|부록 그림 15-5|**의 제트 구조는 블랙홀 강착원반에 대하여 거의 수직으로 뻗어나오는 것을 볼 수 있다. 블랙홀의 회전축은 시선방향에 대하여 대략 17° 정도 기울어져 있기에 EHT 연구팀은 블랙홀의 회전 방향을 시계방향으로 결론 지었다.

|부록 그림 15-5| 스피처 적외선 망원경으로 관측한 M87 타원은하의 제트 구조

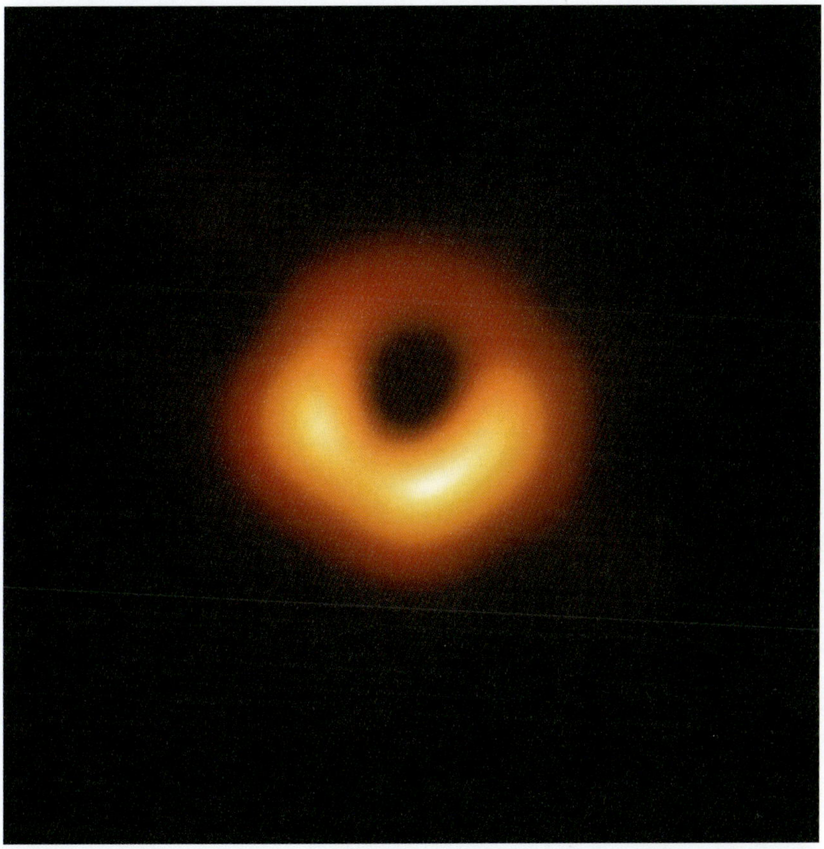

❙부록 그림 15-6❙ EHT가 1.3 mm 파장대에서 관측한 M87 초질량 블랙홀 주변의 모습

열여섯 번째

변광성

1 변광성의 종류

여기에서 말하는 변광성(variable star)은 궤도 운동에 의한 식변광성 같은 외부적 요인에 의한 변광성이 아니라 본질적인 변광성을 의미한다. 즉, 항성 대기가 주기적으로 수축과 팽창을 하는 변광성이나, 신성과 초신성 같은 격변 변광성(혹은 폭발 변광성)을 의미한다.

변광성의 종류는 다양하다. **[그림 16-1]**은 H-R도에서 다양한 변광성들의 위치를 나타낸 것이다.

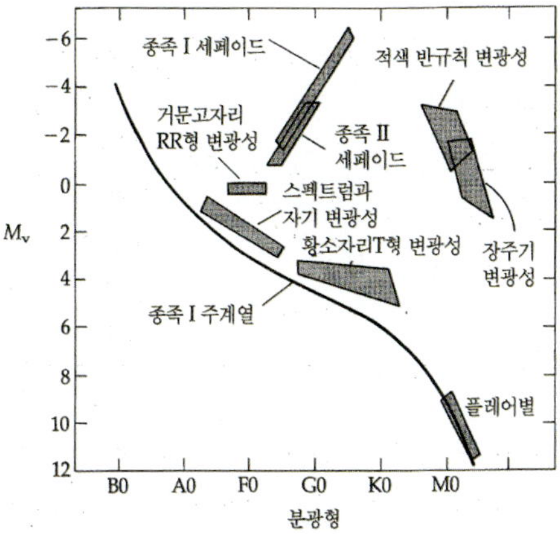

[그림 16-1] H-R도에서 변광성들의 위치 (J. P. Cox)

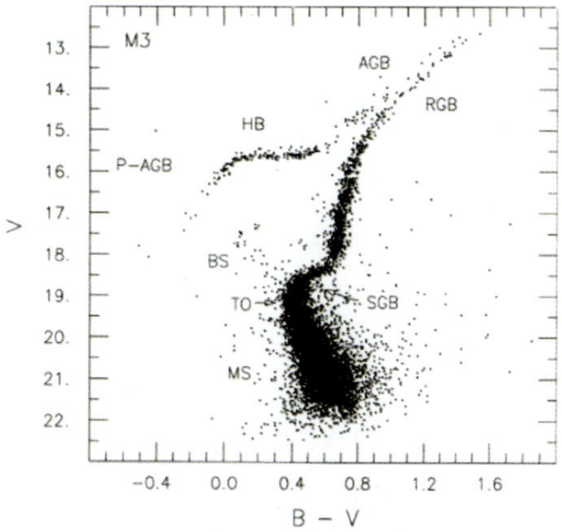

[그림 16-2] 구상성단의 H-R도 예

출처: Renzini & Fusi Pecci 1988

황소자리 T형 변광성은 주계열 단계 이전의 전주계열성에 해당한다. 쌍극 분출류와 관계되는 메커니즘에 의해 뿜어져 나오는 굉장히 강한 항성풍을 동반하며 적외선 초과현상도 일어난다. 이는 주변에 있는 먼지구름이나 원반과 관련된다.

플레어별은 주계열상에 있는 별 중에서 굉장히 큰 플레어가 특징적이다. G형인 태양과 비교하여 플레어별은 질량과 반경이 더 작은 M형 별에 해당하기 때문에 태양 정도 규모의 플레어 현상이 일어나더라도 이로 인한 별의 밝기 변화가 굉장히 크다.

스펙트럼과 자기 변광성은 H-R도상에서 주계열보다 위쪽에 있어 주계열을 벗어나는 단계에 해당하며, 자기장의 활동과 특히 관련된다. 특이 A형과 금속선 A형 별들이 대부분 강한 자기장을 가지고 있어서 스펙트럼 자체에 굉장한 특이성을 보인다.

장주기 변광성은 미라 변광성이라고도 하며, H-R도에서의 위치를 보면 거성 단계의 별과 관계가 있는 것처럼 보인다. 밝기 변화가 굉장히 불규칙한데, 이러한 불규칙한 맥동의 원인은 아직 밝혀지지 않았다.

거문고자리RR형 변광성은 H-R도상의 위치가 수평가지(HB)와 관계있는 것처럼 보인다. 이 별은 절대광도가 대개 0등급 정도로 거의 같아 외부 은하 또는 성단까지의 거리를 측정할 수 있는 도구로 사용된다.

종족I 세페이드 변광성은 질량이 비교적 큰 별이며, 대략 점근거성가지(AGB) 영역과 관계되는 것을 확인할 수 있다. 세페이드 변광성은 **❙그림 16-3❙**과 같이 주기-광도 관계를 가지고 있기에 매우 중요하다. 별이 맥동을 하면 광도가 변하기 때문에 광도의 평균값과 주기가 서로 관계가 있는 것이다. 이러한 주기-광도 관계를 가지고, 세페이드 변광성을 관측하여 그 변광성까지의 거리를 추정해 낼 수 있다.

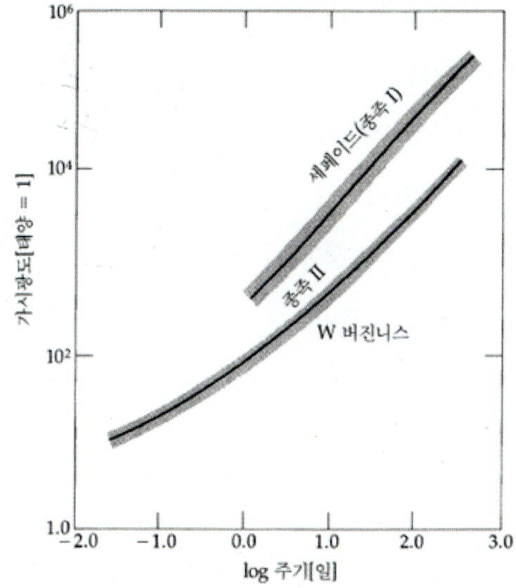

|그림 16-3| **세페이드 변광성의 주기-광도 관계**

출처: 천문학 및 천체물리학 제4판

격변 변광성(catalysmic or explosive variables)에는 신성과 초신성이 이에 해당한다. 앞서 설명한 쌍성 구조 모델에서 동반성 중 하나가 백색왜성일 경우, 이웃한 거성으로부터 물질이 유입되어 강착원반이 형성되고 원반의 물질들이 백색왜성의 표면에 쌓이면 온도가 올라가면서 수소핵반응이 유도된다. 그리고 급격한 수소핵반응으로 인하여 폭발하면서 신성으로 관측된다.

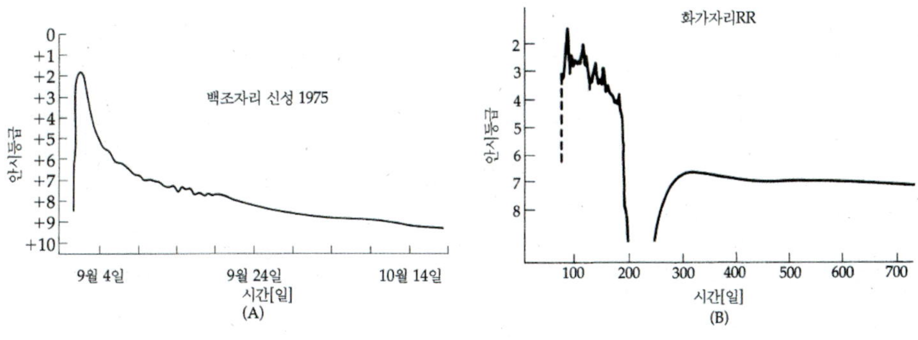

|그림 16-4| **신성의 광도곡선 (A) 백조자리 신성 1975, (B) 화가자리 RR 신성**

출처: 천문학 및 천체물리학 제4판

초신성에는 Ia형 초신성과 II형 초신성이 있다. Ia형 초신성은 일반적으로 수소선이 거의 관측되지 않는데, 이는 별이 진화를 하면서 수소 포피가 거의 없어진 상태에서 초신성이 폭발한 것을 의미한다. 한편, II형 초신성에서는 수소선이 많이 관측된다. 또한 Ia형 초신성은 주변에 있는 거성으로부터 백색왜성으로의 물질 유입과 관련되며, II형 초신성은 중심핵의 붕괴에 의한 폭발과 관련된다. 따라서 II형 초신성은 중성자별을 생성하지만, Ia형은 그렇지 않다.

2 맥동의 기구

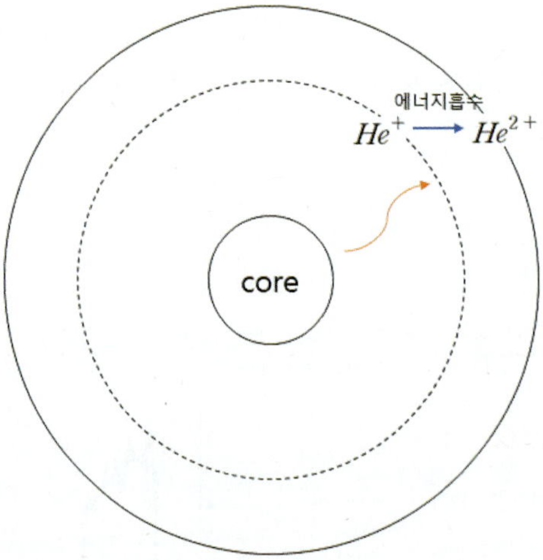

|그림 16-5| 맥동의 기구

맥동 변광성의 맥동 기구를 이해해 보자. **|그림 16-5|**는 맥동 기구를 설명하기 위해 그린 모식도이다. 별의 핵에서 에너지가 생성되면 대류나 복사에 의해 에너지가 전달되는데 별의 어느 부분에서도 에너지가 축적이 되면 온도와 압력이 높아져

그 부분이 팽창한다. 그런데 팽창하게 되면 온도가 낮아지게 되고, 다시 압력이 감소하면서 그 부분이 수축하게 된다. 이러한 과정이 별의 모든 부분에서 잘 작동(working)하면 정유체역학적 평형(hydrostatic equilibrium) 상태에 있다고 이야기 한다. 그런데 적색거성 단계와 같은 경우에는 별이 굉장히 부풀어 올랐기에 별의 대기에 He^+이온층이 형성된다. 그리고 He^+가 에너지를 흡수하면서 He^{2+}로 전리되는 과정에서 He^+이온층에 에너지가 쌓인다. 즉 그 이온층의 불투명도가 높아진다. 이렇게 에너지가 축적되면 별이 부풀어 오르고 높아졌던 온도가 낮아지면서 별은 다시 수축한다. 그러다가 다시 He^+이온층이 형성되면 다시 에너지가 축적되어 팽창과 수축을 반복하면서 맥동이 일어난다. 이러한 맥동의 주기(P)는 다음과 관계된다.

$$P \approx \frac{1}{\sqrt{G\rho}} \qquad \text{[식 16-1]}$$

즉, 맥동의 주기는 별의 밀도와 관련된다. 따라서 거성의 경우에는 밀도가 낮기 때문에 맥동 주기가 길다. 세페이드 변광성의 경우 며칠 정도의 맥동 주기를 갖는다. 상대적으로 밀도가 큰 작은 별들은 맥동 주기가 하루 이내로 짧다.

표 16-1 맥동 변광성의 분류

	대표적인 별	$\overline{M_v}$	분광형	맥동 주기 범위	전형적인 주기
종족 I 세페이드(고전세페이드)	δ Cephei	−0.5~−6	F6~K2	1~50일	5~10일
종족 II 세페이드(처녀자리W형)	W Virginis	0~−3	F2~G6	2~45일	12~28일
거문고자리RR형 변광성	RR Lyrae	0.5~1	A2~F6	1.5~24시간	0.5일
장주기 변광성(Mira)	o Ceti	1~−2	M1~M6	130~150일	270일
황소자리 RV형 별	RV Tauri	−3	G, K	20~150일	75일
큰개자리 β형 별	β Canis Majoris	−3	B1, B2	4~6시간	5시간
반규칙적 적색 변광색	α Herculis	−3	K, M, R, N, S	100~200일	100일
왜성 세페이드	δ Scuti	−1~−3	A~F	1~3시간	2시간

출처: 천문학 및 천체물리학 제4판

3 확장된 항성 대기

확장된 항성 대기 모형의 예로 B형 방출선별(B-emission star)과 껍질별(shell star), 두 가지 유형의 별에 대해 나누어 생각해 볼 수 있다. B형 방출선별과 껍질별은 모두 별 주위에 확장되어있는 기체 포피를 가지는데, 포피부에 물질의 함유 정도는 질량 손실의 정도에 따라 다르다. B형 방출선별은 별의 자전 속도가 주변 대기보다 빠르며 이러한 빠른 자전으로 인해 적도부에서 많은 질량 방출이 일어나 껍질을 형성한다. 껍질별은 신성이나 초신성, 혹은 울프-레이에 별과 같이 포피가 거의 떨어져 나가 질량 손실이 큰 경우에 해당한다. 각각의 경우에서 나타나는 스펙트럼선 윤곽에는 차이가 있다(**그림 16-6**).

먼저 B형 방출선별의 경우를 생각해보자[**그림 16-6** (A)]. 광구의 빛이 관측자에게 오면서 그림의 A 영역에서는 흡수되며, 별의 양옆으로 보이는 대기 영역인 E_1이나 E_2에서는 방출선으로 관측된다. 또한, B형 방출선별의 빠른 자전으로 인해 S_1부터 S_2 영역은 넓게 도플러 이동된 흡수선이 나타난다. 그로 인하여 **그림 16-6** (A) 오른쪽 그림과 같은 스펙트럼선의 윤곽이 관측된다.

한편, 껍질별의 경우에는 **그림 16-6** (B)의 오른쪽 그림과 같은 스펙트럼선윤곽이 관측되는데, 이러한 선윤곽을 백조자리P형별 선윤곽(P Cygni type line profile)이라고 한다. **그림 16-6** (B)에서 마찬가지로 A 영역에서는 흡수선, B, C, D 영역에서는 방출선이 관측되며, 대기의 팽창으로 인하여 A에서는 청색편이, B와 D에서는 적색편이의 도플러 이동이 나타난다.

이와 같이 스펙트럼의 흡수선이나 방출선 형태를 통해 별의 대기가 어떠한 형태로 운동하고 있는지, 즉, 어떠한 형태의 팽창 혹은 수축을 하고 있는지를 추론할

수 있다. 만약 별의 대기가 수축을 하고 있다면 **|그림 16-6|** (B)의 역으로 스펙트럼선 윤곽이 관측될 것이다.

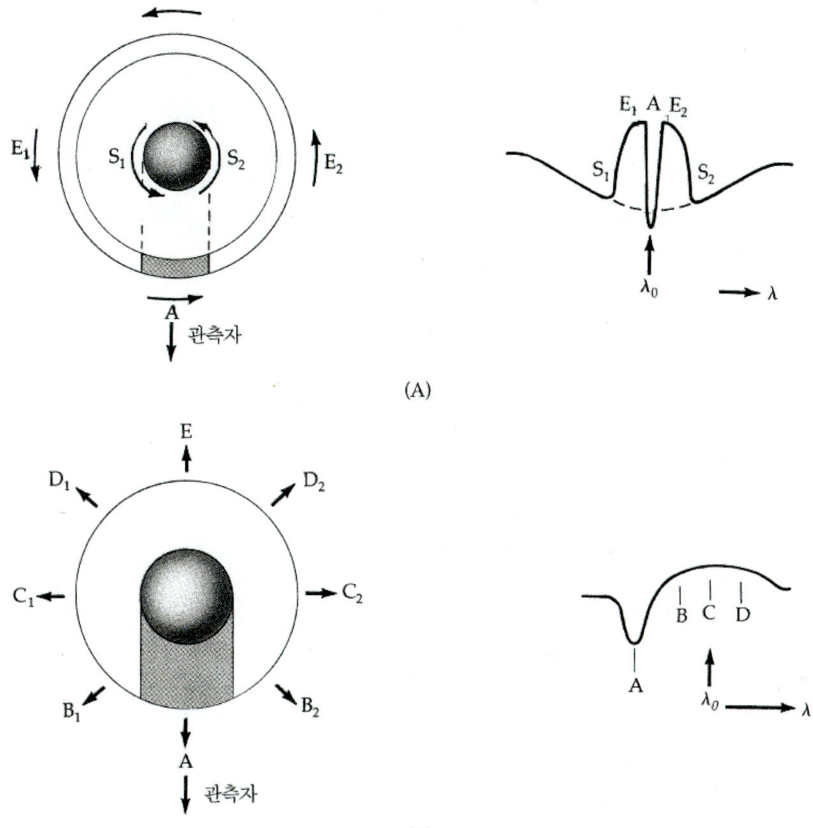

|그림 16-6| 확장된 대기의 팽창 및 스펙트럼. (A) B형 방출선별, (B) 껍질별

출처: 천문학 및 천체물리학 제4판

4 행성상성운

행성상성운(planetary nebula)은 별의 포피가 매우 많이 팽창한 경우에 해당한다. 특히 행성상성운과 HII영역의 구별이 어려운데, HII영역은 강한 자외영역의 별빛이 주변에 있는 성간매질을 완전히 이온화시킴으로써 형성된다. 한편, 행성상성운은 별의 진화의 마지막 단계에서 포피를 밖으로 내보내고 중심에 있는 백색왜성의 강한 자외영역의 빛이 포피를 완전히 이온화시킴으로써 나타나는 성운이다. 즉, HII영역은 별이 태어나면서 생성되는 것이며, 행성상성운은 별의 진화 마지막 단계에 해당하는 것에서 차이가 있다.

또한 행성상성운은 별의 포피로부터 나오는 것이기 때문에 OII, OIII, NeIII와 같은 금속선이 특히 강하게 나타난다는 점이 특징적이다. OIII의 경우 500.7nm, 495.9nm, OII의 경우 372.9nm, 372.6nm의 금지선이 주로 관측된다. 밀도가 매우 낮은 조건에서는 원자가 준안정 에너지 준위(metastable state)로 들뜨게 되면, 충돌에 의해 낮은 준위로 가라앉을 기회가 거의 없으므로 복사 천이의 과정으로 바닥상태로 떨어지게 되는데, 이때 방출되는 선을 금지선(forbidden line)이라고 한다.

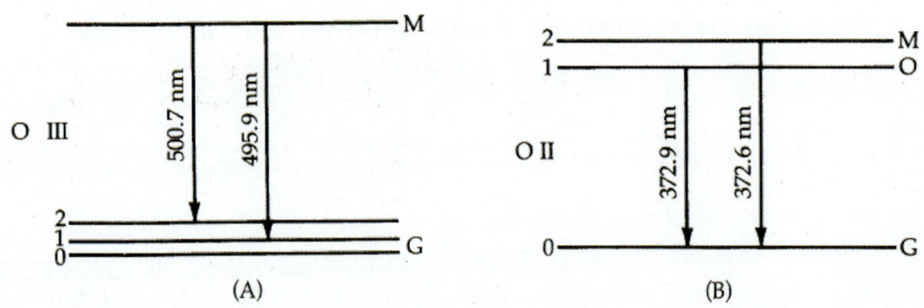

|그림 16-7| 금지 천이. (A) OIII, (B) OII [그림에서 M은 준안정 에너지 준위(metastable state)를 의미]

출처: 천문학 및 천체물리학 제4판

금지선의 세기는 온도가 일정하다면 밀도만의 함수로 단순하게 증가한다. 행성상성운에서 OII, OIII, NeIII의 금지선이 특히 많이 나타나는 이유는, 수소원자는 들뜸 상태로 천이되는 데 에너지가 많이 들지만, OII, OIII, NeIII의 경우에는 보다 적은 에너지로 쉽게 들뜸 상태로 천이될 수 있기 때문이다. 따라서 함량이 적더라도 해당 방출선들이 많이 관측될 수 있다.

5 격변 및 폭발 변광성

격변 및 폭발 변광성의 하나인 신성은, 앞에서 설명하였듯, 거성과 쌍성 구조를 하고 있는 백색왜성이 주변에 있는 거성으로부터 물질을 유입하여 강착원반이 형성되고, 원반의 물질들이 백색왜성의 겉표면에 쌓이면서 온도가 상승하며 급격한 수소핵반응으로 인해 폭발하게 되면 관측된다.

또한, 앞선 확장된 대기 모형 부분에서 다룬 것과 같이 팽창하는 별의 스펙트럼을 관측하면 이를 통해 대기의 팽창 속도를 구할 수 있다. 그리고 팽창 속도가 모든 방향에 대해 일정하다고 가정하면 관측되는 별의 고유 운동은 팽창 속도와 같다. 이로써 [식 16-2]를 이용하여 신성까지의 거리를 계산할 수 있다.

$$d = \frac{v_r}{4.74\mu''} \qquad \text{[식 16-2]}$$

▌그림 16-8▌ 백조자리 V1500 신성 1975의 신성 폭발 전(좌)과 후(우) (릭 천문대)
출처: 천문학 및 천체물리학 제4판

초신성의 경우, 중국의 기록에 의하면 1504년 초신성이 -4등급까지 밝아져 낮에도 관측되었다는 사례가 있다. 낮 하늘의 밝기가 대개 -4등급이다. 따라서 이보다 밝은 태양이나 달은 낮에도 관측이 가능하지만, 그 외에는 보기 어렵다. 하지만 초신성의 겉보기 등급이 -4등급까지 밝아졌을 경우 낮에도 충분히 관측이 가능하였을 것이다. 1987년에는 대마젤란성운의 초신성이 관측되었으며, ▌그림 16-9▌의 (B) 겉보기 등급이 4.4까지 도달한 날의 사진이다.

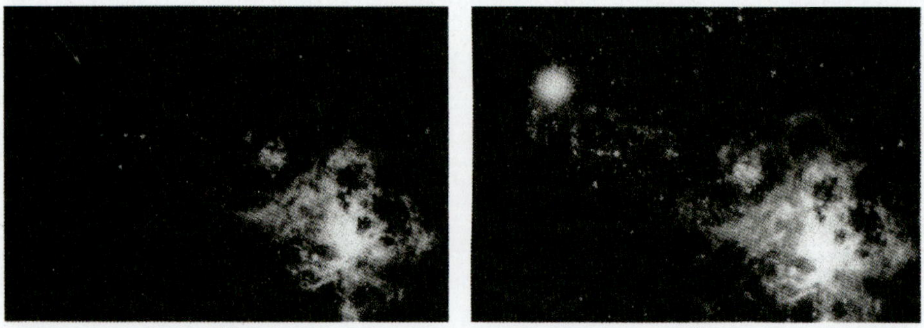

(A) (B)

▌그림 16-9▌ 대마젤란성운의 초신성 1987A 폭발 전(A)과 후(B) [유럽 남반구 천문대(ESO)]
출처: 천문학 및 천체물리학 제4판

앞에서 설명하였듯이, 초신성은 제Ia형 초신성과 제II형 초신성으로 나뉜다. Ia형 초신성은 주변에 있는 거성으로부터 백색왜성으로의 물질 유입과 관련되며, II형 초신성은 중심핵의 붕괴에 의한 폭발과 관련된다. 각각의 일반적인 광도곡선은 **|그림 16-10|** 의 (A), (B)와 같다. 점진적인 감소가 나타나는 제Ia형 초신성의 광도곡선에 비해, 제II형 초신성의 광도곡선에서는 어깨 모양이 관측된다. 하지만 제Ia형 초신성과 같이 어깨 모양이 관측되지 않는 경우도 있다.

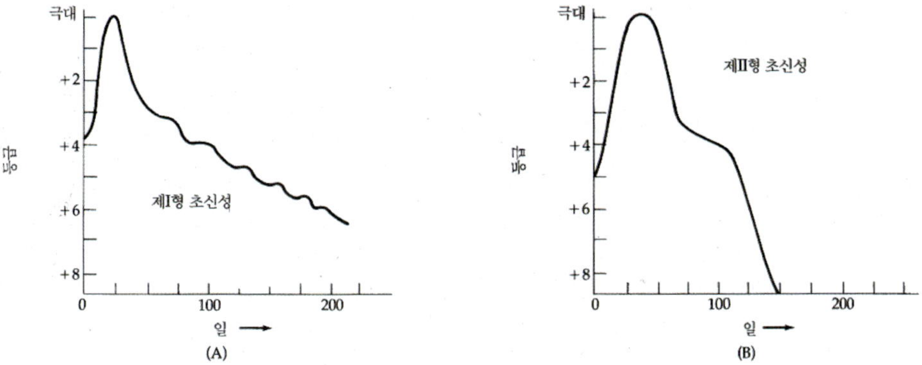

|그림 16-10| 초신성의 일반적 광도곡선. (A) 제Ia형 초신성, (B) 제Ⅱ형 초신성
출처: 천문학 및 천체물리학 제4판

초신성이 매우 중요한 의미를 갖는 것 중 하나는 초신성에서의 핵합성에 있다. 질량이 매우 큰 별에서는 핵합성으로 인해 철까지 생성될 수 있으며, 철보다 더 무거운 원소들은 초신성 폭발을 통해 생성된다. 일반적으로 중성자 붕괴가 일어나 온도가 6×10^9K 정도 되면, 철의 광분해 $^{56}\mathrm{Fe}+\gamma\rightarrow13\,^{4}\mathrm{He}+4n$가 일어난다. 이는 흡열반응으로서 열을 흡수하여 중심핵은 더욱 빠르게 수축하면서,

$$^{4}\mathrm{He}\rightarrow2p+2n,\ \ p+e^{-}\rightarrow n+\bar{\nu} \qquad [식\ 16-3]$$

의 과정으로 중성자들이 많아지게 된다. 이에 따라 다른 원소들이 중성자하고 결합하게 되는데, 중성자 결합이 중성자 붕괴, 즉, 베타붕괴보다 빠른지(rapid), 느린지

(slow)에 따라 각각 r 과정, s 과정이라고 한다. r 과정에서는 핵이 중성자를 포획하는 것이 중성자가 붕괴하는 것보다 빠르게 진행되기 때문에 중성자가 풍부한 물질이 된다. 반면, s 과정에서는 중성자 결합이 베타붕괴보다 느리게 진행되므로 양성자가 풍부한 물질이 된다. 만약 철에서 r 과정이 일어나면 철의 질량번호가 점점 증가하고, s 과정이 일어나면 양성자가 증가하기 때문에 원자번호가 바뀌는 것이다. ^{61}Fe는 대략 6분 정도 안정하므로, 이 시간 내에 중성자가 포획되지 않으면 s 과정에 의해 ^{61}Co가 형성된다. 이러한 r 과정과 s 과정에 의해 매우 많은 원소들이 합성된다.

적색거성 역시 점근거성가지에 있는 동안 s 과정의 핵합성으로 무거운 원소를 합성할 수 있다. 하지만 우라늄, 토륨과 같은 아주 무거운 방사능 원소는 초신성에서만 가능하다. 지구에 우라늄이 있다는 것은, 우리 지구가 초신성 폭발의 잔해로부터 만들어진 행성이라는 것을 의미한다.

게성운은 초신성의 잔해로 밝혀진 최초의 천체이다. 게성운은 강한 전파 방출체로, 흑체 복사와는 다른 비열적 복사인 싱크로트론 복사가 관측된다. 싱크로트론 복사는 상대론적 속도로 움직이는 전자가 자기력선 둘레를 나선으로 돌면서 방출하는 복사이며, 게성운 펄사에서 전자의 상대론적 운동에 대한 에너지가 공급된다. 따라서 게성운에서의 싱크로트론 복사 플럭스는 게성운 펄사의 자전 속도와 관련된다. **|그림 16-11|**은 펄사에서부터 에너지를 공급하는 지푸라기 구조 밖으로 에너지가 전달되는 모습을 모식적으로 나타낸 것이다. 이 모형을 가지고 실제 관측 사진인 **|그림 16-12|**를 분석해보면 그 메커니즘을 좀 더 잘 이해할 수 있을 것이다.

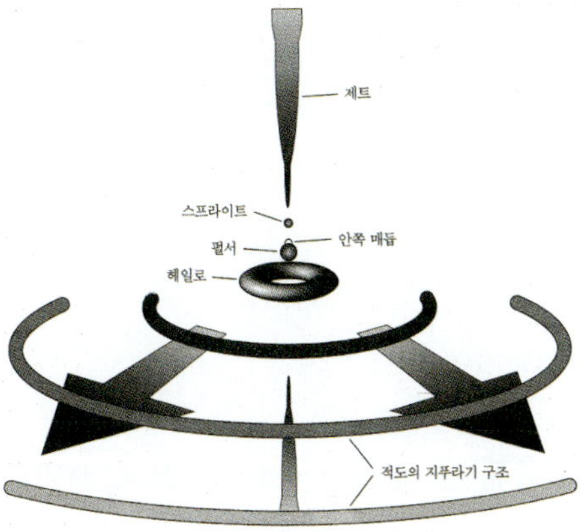

|그림 16-11| 게성운 중심부 주변 모식도
출처: 천문학 및 천체물리학 제4판

|그림 16-12| 관측으로 확인된 게성운 펄사
출처: http://hubblesite.org/image/1248/news_release/2002-24

6 엑스선원

많은 엑스선원은 쌍성과 변광성에 해당한다. 강착원반(accretion disk)의 열점(hot spot)이 얼마나 빨리 회전하는가에 따라 일부는 블랙홀과 관계되며, 일부는 중성자별과 관련된다. 백조자리 X-1은 블랙홀, 센타우루스자리 X-3은 중성자별과 관련되어 엑스선을 방출한다.

엑스선폭발체(X-ray burster)는 엑스선이 짧고 강하게 폭발적으로 방출된다는 점에서 엑스선원과 구별되며, 감마선폭발체는 대부분 먼 외부은하에서 오는 것으로서 우주 초기에 일어나는 천문 현상과 관련된다. 폭발 기간이 2초 미만인 것은 짧은 폭발체(short burst)로서 중성자별 간 충돌에 의한 것으로 추정되며, 2초 이상인 것은 긴 폭발체(long burst)로서 초신성의 형성과 관련되는 것으로 추정된다.

부 록

초신성 폭발에 의한 광도 곡선

초신성이 폭발하게 되면 우리는 무엇을 관측할 수 있을까? 아마도 표의 표면으로 빠져 나온 충격파에 의하여 발생되는, 짧은 파장 영역에서 아주 밝은 번뜩임(flash)일 것이다. 소더버그(Alicia Soderberg, 1977~)는 은하에 있는 오래된 초신성을 X선 망원경으로 관측하다가 초신성 폭발의 순간을 관측하게 되었다.

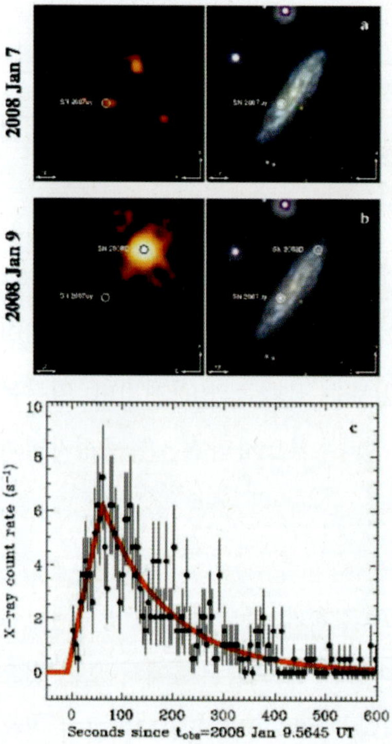

|부록 그림 16-1| Soderberg X선 관측

X선 영역에서 첫 번째 번뜩임이 있은 후에 조금 나중에 광학 영역에서 최대의 밝기에 이르게 된다. 왜냐하면 팽창하는 물질이 처음에는 작은 영역에 국한되고, 온도가 높아 짧은 파장의 영역에서 에너지를 방출하지만 물질이 팽창하고 온도가 낮아짐에 따라 광학 광도가 증가하게 되고, 몇 주 후에는 최대로 밝아지다가 점점 쇠퇴(decay)하게 되기 때문이다.

광도의 쇠퇴는 **|부록 그림 16-2, 16-3|**과 같이 선형(linear), 어깨형(plateau) 두 형태로 나눌 수 있다. II형 초신성에서 수소 재결합(hydrogen recombination)이 발생하는 곳이 광구(photosphere)인데, 이곳의 온도는 거의 일정하다(~5,000 K). 초신성이 팽창함에 따

라 온도는 내려가기에 광구는 별의 내부로 내려간다. 수소로 이루어진 외피의 깊이에 비례하여 광도 곡선에 어깨가 만들어진다.[6] Ia형이나 II형이나 관계없이 시간이 지남에 따라 광도는 같은 기울기로 쇠퇴하게 된다.

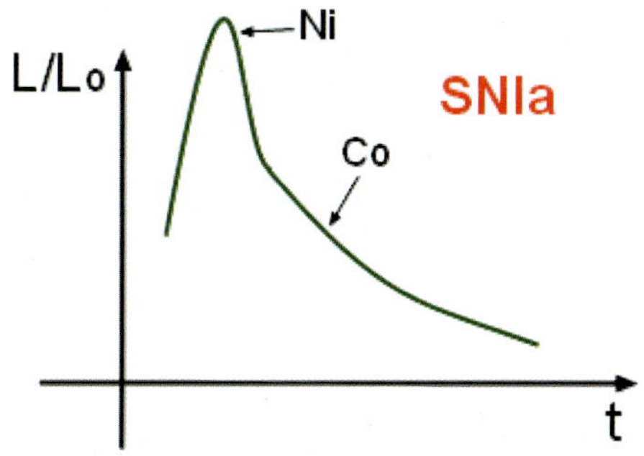

┃부록 그림 16-2┃ Ia형 초신성 광도 곡선

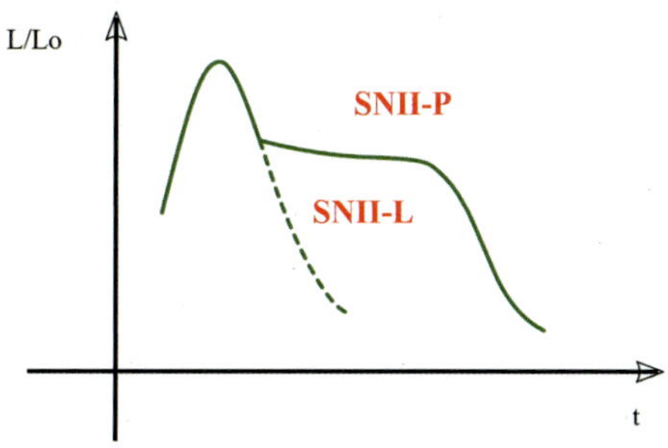

┃부록 그림 16-3┃ II형 초신성 광도 곡선

이러한 기울기의 변화는 초신성에서 합성된 ^{56}Ni의 붕괴로 설명 가능하다. ^{56}Ni은 불안정하여 다음과 같이 반감기 6.1일을 가지고 붕괴 반응을 한다.

$$^{56}_{28}Ni \rightarrow ^{56}_{27}Co + e^{+} + \nu_e + \gamma$$

처음 짧은 시기는 대부분 Ni 반응에 해당하지만 그 후에는 ^{56}Co가 불안정하기에 이 원소가 다음과 같이 77.27일의 반감기로 붕괴한다.

$$^{56}_{27}Co \rightarrow ^{56}_{26}Fe + e^{+} + \nu_e + \gamma$$

초신성이 최대 광도에 이른 다음에는 수백 일 혹은 수십 일 동안의 초신성의 에너지 원천은 이 방사능 붕괴이며, 이 에너지를 가지고 물질을 가열하고, 복사로 에너지를 방출한다.

6) http://astronomy.swin.edu.au/cosmos/T/Type+II+Supernova+Light+Curves에서 II형 초신성의 어깨(plateau) 부분의 발생 원인에 대하여 설명을 잘해 놓았다.

붕괴율은 기체의 원자의 개수에 비례하기에 $\frac{dN}{dt} = -\lambda N$ 혹은 $N(t) = N_0 e^{-\lambda t}$이다. 즉 반감기는 원자의 개수가 반으로 줄어들 때까지의 기간이다. 즉 $N(\tau) = N_0 e^{-\lambda\tau} = N_0/2$이므로 $\tau = \frac{\ln 2}{\lambda}$이다. 광도는 방사능 붕괴에 의한 에너지 생성율에 비례하고, 이는 현재 상태의 원자 개수에 비례하기에 $L \propto N$ 이다. 즉 $L \propto e^{-\lambda t}$가 된다. 그러기에

$$\log L = -(\log e)\lambda t + \text{일정}$$

의 관계를 가진다. ^{56}Co의 경우 $(\log e)\lambda = 0.0039/\text{일} = 1.42/\text{년}$이 된다. 즉 1년에 1.42등급 정도가 감소한다.

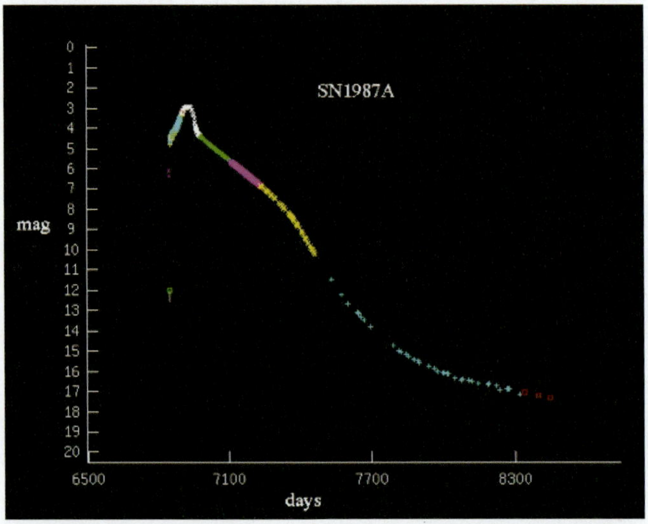

부록 그림 16-4 1987 A 광도 곡선. 특정한 시기에 보이는 서로 다른 색깔은 어떤 특정한 방사능 물질의 붕괴를 의미한다.

초신성 잔해의 진화

초기 자유 팽창 단계

$$E_{SN} = \frac{1}{2} M_e v_e^2 \rightarrow v_e = \sqrt{\frac{2E_{SN}}{M_e}} \rightarrow R_s = v_e t$$

$$E_{SN} = 10^{44}\ J/s,\ M_e = 4M_\odot = 8 \times 10^{30}\ kg \rightarrow v_e = 5{,}000\ km/\mathrm{sec}$$

주변 성간 매질의 밀도: $\rho_o = 3.34 \times 10^{-22}\ kg/m^2\ \ (n_o = 200/m^3)$

$M_e = \frac{4\pi}{3} R_{sw}^3 \rho_o$ 이 될 때까지 $R_{sw} = \left(\frac{3M_e}{4\pi\rho_o} \right)^{1/3} = 18.9$ 광년,

$t_{sw} = \frac{R_{sw}}{v_e} = 1{,}133.3$ 년

Sedov-Taylor 단계

reverse shock, hot interior, pressure driven, adiabatic

$\frac{d}{dt}\left(\frac{4\pi}{3} R_s^3 \rho_o \dot{R}_s \right) = 4\pi R_s^2 P$ 그런데 $P = (\gamma - 1)\frac{E}{V} = \frac{E_{SN}}{2\pi R_s^3}$, $\gamma = 5/3$

$\frac{d}{dt}\left(\frac{1}{3} R_s^3 \rho_o \dot{R}_s \right) = \frac{E_{SN}}{2\pi R_s} \rightarrow R_s = A t^\eta$ 라고 하면,

$$\eta = \frac{2}{5},\ A = \left(\frac{25 E_{SN}}{4\pi\rho_o} \right)^{1/5} \simeq 10^{13}$$

$$R_s = \left(\frac{25E_{SN}}{4\pi\rho_o}\right)^{1/5} t^{2/5} \simeq 1.429\times 10^{13}\, t^{2/5}$$

$$v_s = \frac{2}{5}\left(\frac{25E_{SN}}{4\pi\rho_o}\right)^{1/5} t^{-3/5} \simeq 5.716\times 10^{12}\, t^{-3/5}$$

Post 충격파의 속도: Rankine-Hugoniot 조건을 이용

$$T_s(t) = \frac{3\mu m_u}{100k}\left(\frac{25E_{SN}}{4\pi\rho_o}\right)^{2/5} t^{-6/5} = 7.412\times 10^{20}\, t^{-6/5}$$

그런데 $T_s \simeq 10^6\ K$가 되면 복사 냉각이 중요$\rightarrow$isothermal phase

즉 $t_{ST} \simeq 7.8\times 10^4$년 정도가 되면 snow plow단계로

snow plow단계

복사 냉각 중요, isothermal, momentum driven

$M = \frac{4\pi}{3}R_s^3\rho_o$, $Mv = M_e v_e$이고 $E_{SN} = \frac{1}{2}M_e v_e^2$, $E = \frac{1}{2}Mv^2$이기에

$$\frac{E}{E_{SN}} = \frac{v}{v_e} = \frac{M_e}{M} \rightarrow R_s^3\, \dot{R}_s = \frac{3M_e v_e}{4\pi\rho_o}$$

$$R_s = \left(\frac{3M_e v_e}{\pi\rho_o}\right)^{1/4} t^{1/4} \simeq 5.815\times 10^{14} t^{1/4}$$

$$v_s = \frac{1}{4}\left(\frac{3M_e v_e}{\pi\rho_o}\right)^{1/4} t^{-3/4} \simeq 1.454\times 10^{14} t^{-3/4}$$

$v_s \simeq 10\ km/\sec$ 정도가 되면 SNR는 주변 성간 매질에 섞여 버린다. 이때의

시간은 대략 1.124×10^6년이고 이때의 SNR의 크기는 150광년 정도이다. **|부록 그림 16-5|**는 이러한 초신성 잔해의 단계별 진화를 그려본 것이다.

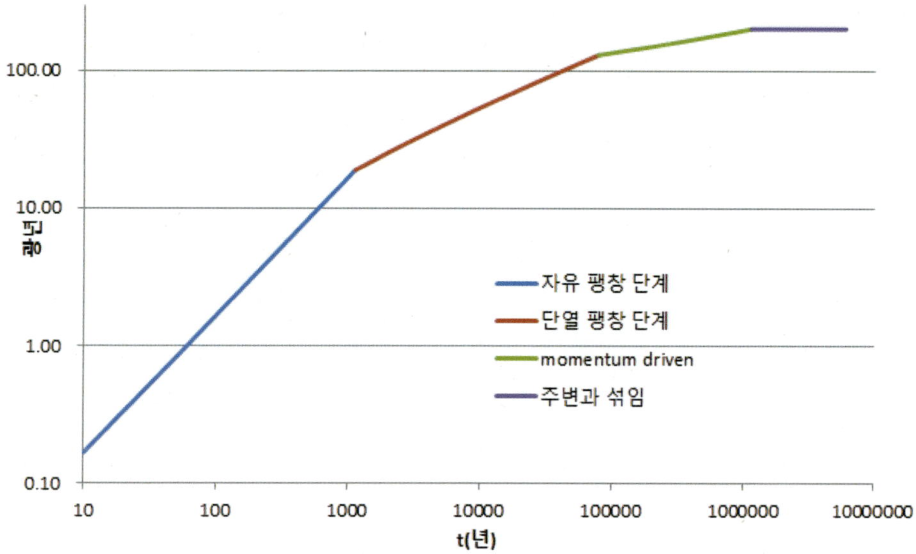

|부록 그림 16-5| 초신성 잔해의 진화 단계

열일곱 번째

성간물질

1 암흑성운과 성간소광

성간 공간에 성간티끌은 평균적으로 $10^6 m^3$에 겨우 1개 정도 존재한다. 한편, 아보가드로 수는 6.02×10^{23}개인데, 지구상의 공기 분자를 이상기체라고 생각했을 때 0℃, 1기압에서 22.4리터의 체적 내에 공기 분자는 약 6×10^{23}개만큼 모여 있다고 할 수 있다. 따라서 성간 공간의 성간티끌이 $10^6 m^3$에 평균적으로 1개 있다는 것이 이와 비교하여 얼마나 적은 수인가를 상상해볼 수 있을 것이다. 그러나 질량비로 생각했을 때에는 성간티끌은 고체 입자이므로 공기보다는 더 큰 질량을 가지고 있고, 평균적으로 전체 성간 물질의 약 1%를 차지하고 있다.

이러한 성간티끌들은 빛을 흡수하거나 산란시킨다. 성간티끌의 밀도가 높아 성간소광량이 클 경우에는 배경으로부터 오는 빛이 보이지 않게 되는데, 이때의 성간티끌의 밀도가 높아 빛을 차폐하는 성간구름 덩어리를 암흑성운(dark nebula) 또는 암흑성간운(dark interstellar cloud)이라고 부른다. 암흑성운 옆에는 일반적으로 별이 탄생한 지역과 가까우므로, 별이 탄생한 지역에 주로 생성되는 HII영역과 같은 밝은 성운과 함께 있거나 또는 암흑성운인 말머리 성운과 같이 보이는 것도 있다. 밝은 성운 내부에 구 모양으로 보이는 암흑성운도 있는데 이를 암흑구상체(dark globule)라고 부른다.

이렇게 성간매질 속에는 빛을 완전히 차단하는 것도 있지만 밀도가 그리 높지 않은 일반적인 경우에서는 배경의 별빛이 보이게 되는데, 이런 경우에는 성간매질이 전혀 없을 때보다는 별빛이 어두워져 흐리게 보인다. 거리지수에 관한 식인 $m - M = 5\log d - 5$는 성간소광을 고려할 경우,

$$m - M = 5\log d - 5 + A \qquad [식\ 17-1]$$

로 수정된다. 여기서 A는 소광량이며 일반적으로 거리에 따른 값이다. 우리은하의 원반 방향으로 성간티끌이 많이 분포된 곳으로는 이 값이 커질 것이기에 방향에 따라 달라질 수 있다. 성간티끌이 균일하게 분포한다고 가정한다면 소광량 A는 거리에만 비례할 것이므로 $A = kd$와 같이 쓸 수 있다. 파장에 따라 소광량이 달라지기에,

$$A_\lambda = k_\lambda d \qquad \text{[식 17-2]}$$

로 나타낼 수 있다. 여기서 k_λ는 선형 성간소광 계수로 성간티끌의 충돌 단면적 σ_λ와 평균 개수밀도 n에 대하여

$$k_d = 2.5\,(\log e)\,\sigma_\lambda n = 1.086\,\sigma_\lambda n \approx \sigma_\lambda n \qquad \text{[식 17-3]}$$

의 관계를 가진다.

한편, 성간티끌의 충돌 단면적 σ_λ는 티끌의 기하학적 단면적 πa^2 및 소광효율계수(extinction efficiency factor) Q_λ와 $\sigma_\lambda = \pi a^2 Q_\lambda$의 관계에 있는데, Q_λ는 티끌을 구성하는 물질의 굴절률과 티끌의 크기로 계산되는 값으로 대략 2 정도의 값을 가진다.

일반적으로 성간소광량은 대략 1등급/kpc 정도가 된다. 즉,

$$2\pi a^2 n d \approx 1\text{등급}/kpc \times d \qquad \text{[식 17-4]}$$

인데, 여기에서 구 형태로 가정한 티끌의 반경 $a = 0.1\,\mu m$로, 성간 공간에서 티끌의 개수 밀도 $n = 10^{-6}/m^3$으로, 그리고 거리 $d = 1kpc$이라고 했을 때, 1등급/kpc으로 알려진 성간소광계수 값을 계산을 통해 확인해보자. 위의 값들을 모두 적용하면,

$$2\pi \times (10^{-7})^2 \times (10^{-6}) \times (10^3 \times 2 \times 10^5 \times 1.5 \times 10^{11}) \approx 2$$

이다. 결과는 대략 1 차수(order) 정도의 값을 가지므로 앞서 언급한 성간티끌의 개수 밀도와 평균적인 성간소광량 사이의 관계를 계산을 통해 확인할 수 있다.

2 성간적색화

별로부터 출발한 빛이 성간티끌 입자를 만나면 산란되는데, 이때 파장에 따라 산란의 정도가 다르기 때문에 굴절률이 작은 붉은색의 빛은 굴절률이 큰 푸른빛보다 관측자에게 더 많이 도달하게 된다. 즉, 성간티끌에 의해 산란된 별빛은 관측자에게는 원래의 빛보다 붉게 보이게 되는데, 이를 성간적색화(interstellar reddening)라고 한다.

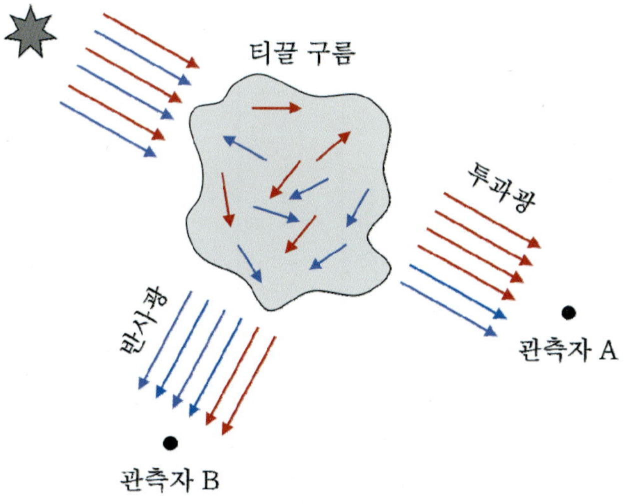

그림 17-1 별빛의 적색화 현상

별빛의 색지수는 적색화로 인해 원래의 값보다 크게 관측되는데, 여기에서 색초과(color excess)는 색지수의 관측값인 $(B-V)_{obs}$와 고유값인 $(B-V)_{int}$의 차이로 정의된다.

$$E(B-V) = (B-V)_{obs} - (B-V)_{int} \qquad \text{[식 17-5]}$$

소광량은 성간티끌에 의한 흡수와 산란에 의한 것으로, 관측에 의한 상관관계를 통하여 안시등급에서의 소광량 A_V는 색 초과량 $E(B-V)$의 약 3배가 되며, 가시광선 영역에서 성간소광량은 파장에 대략 반비례한다.

$$A_V \approx 3E(B-V) \propto \frac{1}{\lambda} \qquad \text{[식 17-6]}$$

성간소광량과 파장 사이의 관계는 **|그림 17-2|**에서 확인할 수 있다. 즉 가시광선 영역 B와 V 사이에서 소광량 A_V는 파장 λ에 반비례 관계를 보여주고 있다. 이 그림에서 x축은 파장의 역수($\frac{1}{\lambda}$)임에 유의하라.

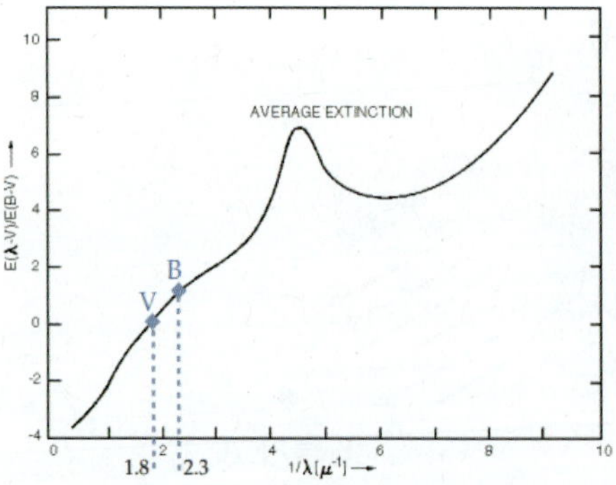

|그림 17-2| 파장에 따른 성간소광량

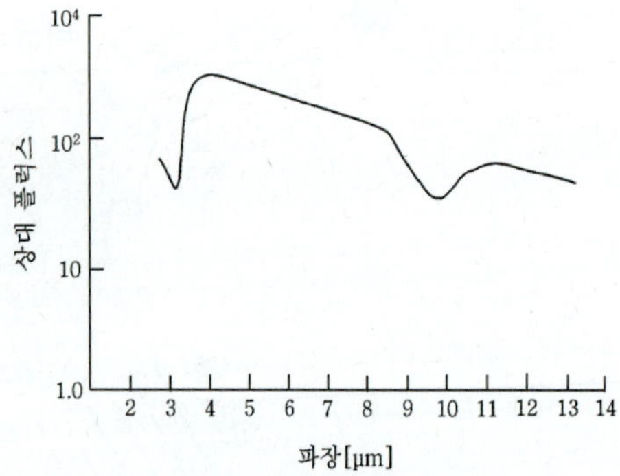

|그림 17-3| 강한 흡수 띠들이 보이는 적외선 스펙트럼

또한, 0.2㎛ 부근에서 극대를 보여주고 있는데, 이는 반지름이 0.005~0.02㎛에 이르는 흑연 입자들이 만들어 내는 것으로 생각된다. **[그림 17-3]**은 적외선 영역의 스펙트럼을 보여주고 있는데, 여기에서는 3.07㎛와 9.7㎛ 영역에서 각각 얼음과 규산염에 의한 흡수선을 볼 수 있다.

여러 가지 크기의 성간티끌에 의한 소광 이외에, 실제 별빛을 관측해 보면 아주 특별한 경우를 제외하고는 어느 정도 편광되어 있음을 알 수 있다. 이러한 별빛의 편광도 주로 성간티끌에 의해 이루어진 것으로 생각되는데, 이때 별빛을 편광시키는 티끌의 모양은 구형이 아닐 것이다. 비구형의 입자들이 서로 제각각의 방향으로 늘어서 있다면 편광을 기대하기 어려울 것이므로, 이 입자들이 정렬되어 있을 것이고 이러한 정렬은 성간 자기장에 의한 것으로 생각된다.

3 반사성운

어떤 별 주변에 관측자와 별을 연결하는 시선 방향에서 약간 옆으로 비껴나 있는 성간티끌 구름이 있다고 가정해보자. 만약, 별이 O, B형(early type)이라면 별에서는 주로 자외선 영역에서의 광자가 방출되고, 이들이 구름 내 수소를 전리시켜 HII 영역을 형성하게 된다. 여기에서 전리된 수소가 재결합하면서 별 주변 구름은 주로 Hα 영역(6563Å)의 붉은색 계열로 관측된다. 이에 반해서 별이 O, B형이 아닌 만기형 별(late type star)이라면 별빛은 성간운 내의 티끌에 의해 산란되어 우리에게 도달하게 되는데, 이로 인해 밝게 빛나는 것처럼 보이는 성운이 반사성운(reflection nebula)이다. 성운 내 티끌들은 파장이 짧은 빛을 파장이 긴 빛보다 더 잘 산란시키기 때문에, 반사성운은 보통 본래의 별빛보다 더 푸르게 관측된다.

이렇듯 성운은 크게 푸른색으로 관측되는 반사성운과 붉은색의 재결합 방출선으로 관측되는 방출성운, 그리고 뒤편의 별빛을 차단하여 보이지 않는 암흑성운의 세 가지로 구분하여 생각할 수 있다.

4 성간티끌의 정체

스펙트럼의 흡수선이나 성간소광 등을 통해 성간티끌의 정체가 무엇인지에 대해 간접적으로 추정해볼 수 있다. 지금까지 밝혀진 바로는 성간티끌은 흑연, 얼음, 규산염 성분의 고체 입자 등으로 이루어졌다고 여겨지고 있다. 또한 고체입자뿐만 아니라 근래에는 분자량이 매우 큰 다환 방향성 탄화수소(polycyclic aromatic hydrocarbon, PAH)도 성간티끌의 한 가지 주요 성분으로 여겨지고 있다. PAH는 분자 하나에 20~100개에 이르는 탄소원자들이 결정 비슷한 구조를 가지고 있는데, 겨우 10Å 정도의 크기를 가지고 있어서 고체 입자라기보다는 초대형 분자라고 봐야 할 것으로 보인다. PAH는 매우 안정적인 구조를 가지고 있어서 1,000K 이상의 온도에서도 구조를 유지할 수 있다. 3~12㎛ 파장대역에서 여럿 발견되는 적외선 방출선이 바로 이 PAH에서 비롯되었다고 여겨지며, 특히 3.3㎛와 11.3㎛ 방출선의 기원은 PAH가 분명한 것으로 밝혀졌다. PAH 이전에는 성간티끌이 고체입자로만 이루어졌을 것이라고 생각되었지만, 이러한 관측으로 PAH의 정체를 밝혀냄으로써 성간티끌은 분자로도 이루어져 있다는 것을 알게 되었다.

5 성간기체

앞서 살펴본 것처럼 성간티끌은 별빛의 소광이나 산란을 통해 그 존재를 알 수 있었다. 이에 반해 성간기체는 종류에 따라 별로부터 오는 빛의 고유한 파장에서 흡수나 방출 선스펙트럼을 나타내게 된다. 성간기체에 의한 흡수선은 선폭이 좁고 예리하다. 이는 성간기체의 온도가 낮아서 열운동에서 비롯한 도플러 선폭이 좁기 때문이다. 흡수선의 요인이 되는 성간기체 구름이 주어진 시선 방향에 여러 개 존재할 경우(**| 그림 17-4 |** 참조) 동일한 스펙트럼선이 파장을 약간씩 달리하여 여러 개가 겹쳐서 보일 수 있다. 동일 종의 원소에 의한 흡수선이지만 시선 방향에 놓인 성간운들이 각기 다른 시선속도로 움직이기 때문이다.

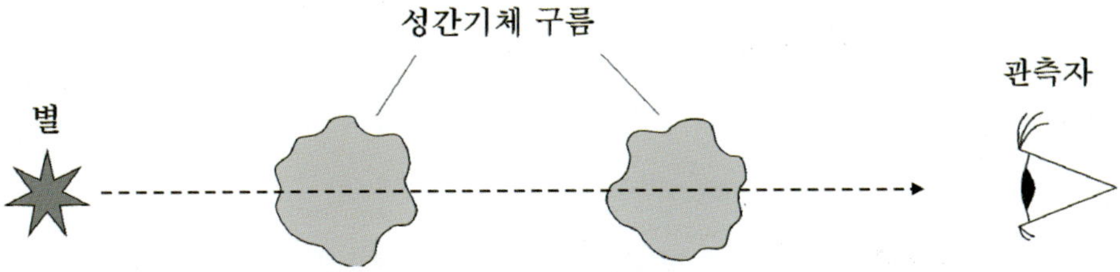

| 그림 17-4 | 별과 관측자의 시선 방향에 여러 개의 성간기체 구름이 존재할 경우

6 방출성운: 전리수소 영역

주로 새로 태어난, 표면온도가 높은 O, B형별들은 많은 양의 복사를 자외선 영역에서 낸다. 여기에서 파장이 912Å보다 짧은 광자들은 수소 원자를 모두 전리시킨다. 고온의 O, B형별이 중성 기체 구름에 둘러싸여 있다면, 그 구름 내부의 수소 원자들은 모두 전리될 것이고, 전리수소 영역(HII 영역)의 방출성운이 형성될 것이다. 균질한 구 형태의 매질에서 중심별이 수소를 전리시킬 수 있는 광자(λ_{UV} < 912Å)를 단위 시간에 N_{UV}개씩 낸다고 하면 전리와 재결합의 평형 조건은

$$N_{UV} = \frac{4}{3}\pi r_s^3 n_{H^+} n_e \alpha(2) \qquad \text{[식 17-7]}$$

의 관계를 만족해야 한다. 중심별을 둘러싼 적정 크기의 구 내부의 수소는 라이먼(Lyman) 연속 광자에 의해 모두 전리될 것인데, 여기서 구형의 전리 영역을 우리는 스트룀그렌구(Strömgren sphere)라고 부른다(반경은 r_s). 그리고 $\alpha(2)$는 수소의 재결합 계수로서, 바닥상태($n=1$)로의 재결합을 제외한 것이다. 그 이유는 바닥상태로의 재결합에서 방출되는 광자는 수소를 다시 전리시킬 수 있으므로 전리-재결합의 평형에는 실질적으로 아무런 기여도 하지 않기 때문이다.

우리는 방출성운이 균질한 구 형태의 매질이라고 가정했다. 하지만 그렇지 않을 경우에는 어떠한가? **❙그림 17-5❙**와 같이 밀도가 높은 성간운의 외곽부를 생각해보자. 성운의 외곽으로 나갈수록 밀도는 점점 낮아지므로 고온의 별로부터의 자외선 광자는 주변의 수소를 전리시키는데, 밀도가 높은 쪽보다 낮은 쪽으로 더 멀리까지 나아갈 것이다. 따라서 성운은 비대칭의 형태를 띠게 되고 그러한 비대칭 성운의 예가 **❙그림 17-6❙**과 같은 오리온성운이다.

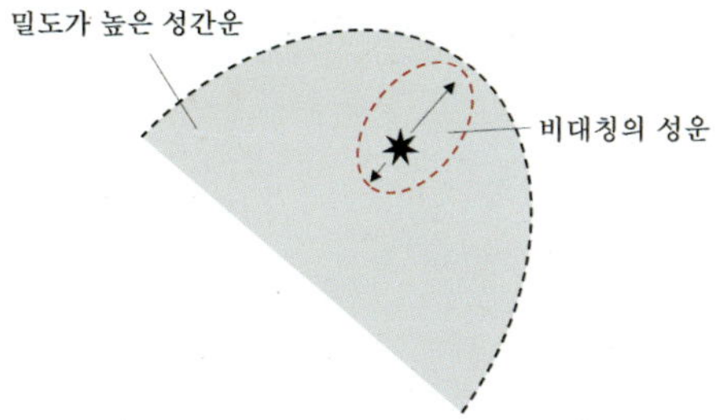

|그림 17-5| 비대칭의 성운

|그림 17-6| 오리온성운
출처: NASA

이렇게 새로 태어나는, 고온의 별 주위와는 달리 종말을 맞는 백색왜성(white dwarf) 주변부는 어떨까? 백색왜성도 마찬가지로 자외선 광자를 내놓지만, 그것의 영향을 받는 상대는 종말을 맞이하는 별의 겉껍질이다. 핵융합 반응의 부산물인 H, He, C, N, O, Ne 등이 자외선 영역의 광자로부터 영향을 받아 들뜨고 되가라앉는 과정에서 광자를 방출한다. OIII, OII, NeIII 등과 같은 금지선(forbidden line)들이 많이 관측된다. 이러한 성운을 행성상성운(planetary nebula)이라고 부른다.

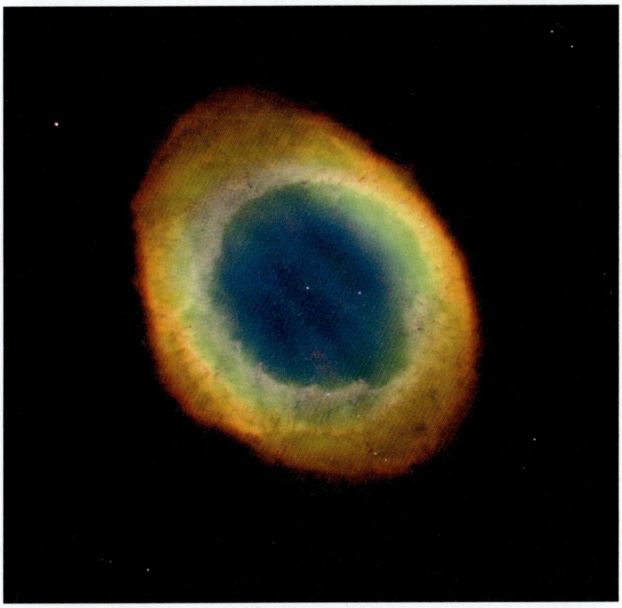

|그림 17-7| 행성상성운
출처: NASA

7 성간 전파선

21cm 중성수소선

성간기체는 온도가 매우 낮으므로 모든 수소원자들은 바닥상태에 있다. 그런데 중성수소의 바닥상태는 양성자와 전자가 모두 고유 스핀을 가지고 있기 때문에 두 개의 준위로 분리된다. 즉, 양성자와 전자의 스핀이 서로 평행할 때와 반대가 될 때 에너지 준위가 다르다. 전하를 띤 입자들이 회전운동을 하면 자기장을 형성하는데, 이들 자기장이 서로 상호작용하면서 에너지 준위를 다르게 생성한다. 이때 스핀의 방향이 서로 평행할 때가 반대방향일 때보다 더 높은 에너지 준위를 가지는데, 이와 같은 준위 구조를 수소 바닥상태의 초미세 분리(hyperfine splitting)라고 한다. 수소의 21cm선은 에너지가 높은 상태에서 낮은 상태로 자발천이(spontaneous transition)가 일어나면서 방출된다. 양성자와 전자의 스핀이 평행 상태에서 반평행 상태로 천이하면서 매우 낮은 에너지를 가진 광자를 방출한다. 수소원자는 성간 공간에서 서로 충돌하면서 에너지 준위를 높이게 되는데 이는 평균적으로 400년에 한 번 꼴로 일어난다. 한편, 들뜬 초미세 상태에 있는 수소원자는 21cm선 광자의 방출을 동반하는 자발천이를 하는데, 이것은 평균적으로 1,100만 년에 한 번꼴로 일어난다. 이렇게 자발천이가 드물게 일어나더라도 우리가 수소의 21cm선을 관측할 수 있는 이유는 그 정도로 우리은하에 수소원자들이 많이 있기 때문이다.

분자선

성간에서 우리는 분자로부터의 방출선도 관측할 수 있다. 여기에는 CO, CN, OH 등과 같이 간단한 분자도 있지만, 생명체의 탄생과 관련이 있다고 여겨지는 포름알데하이드(H_2CO), 메탄올(CH_3OH)과 같은 비교적 복잡한 유기분자들도 존재한다.

성간티끌은 기체의 존재에 큰 영향을 미친다. H_2 분자와 같이 간단한 성간분자들 중 일부는 성간티끌에서 생성된다고 여겨진다. 원자나 간단한 분자가 티끌 표면에 부착하면, 거기에 다음 번 원자나 분자가 또 부착할 여건이 마련되고, 이렇게 모인 원자나 분자들이 티끌 표면에서 만나 새로운 분자를 형성하게 된다. 성간티끌은 자외선복사가 성간운 외부에서 내부로 들어오는 것을 막기도 한다. 따라서 성간티끌은 생성된 분자를 해리할 자외선의 침투를 막아 분자를 보호한다.

거대분자운

거대분자운은 오리온자리 영역에서 많이 관측이 되고 있는데, 이것은 주로 수소분자(H_2)로 구성되어 있다. 수소분자의 평균 밀도는 $1m^3$당 수억 개 정도이며, 그 크기는 수십 pc에 이른다. 거대 분자운 복합체 주변에서는 거대한 전리수소 영역이 발견되는데, 전리수소 영역이 존재한다는 것은 그 내부에 젊은 별들이 있음을 의미하는 것이다. 거대분자운은 별의 탄생에 결정적인 역할을 하고 있다고 여겨진다.

분자 메이저

┃그림 17-8┃과 같이 분자에 세 가지의 준위가 있다고 생각해보자. 어떤 이유인지는 잘 모르지만 1에서 3으로 들뜨게 되는 과정을 자아올림(pumping)이라고 부른다. 준위 3으로 들뜬 상태에서 천이해 갈 확률이 가장 큰 준위를 비교적 안정한 상태인 2라고 하면, 자아올림 과정을 통해 많은 분자들이 준위 2상태에 머물게 된다. 즉, 준위 3에서 1로 떨어질 확률이 적기 때문에 2에 쌓이게 되는 것이다. 한편 유도방출(stimulated emission)은 하나의 광자와 관련된 전자기장이 주위의 분자에 영향을 주어 그 광자의 주파수와 같은 주파수의 광자를 자신의 진행 방향으로 내놓게 하여 방출되는 복사이다.

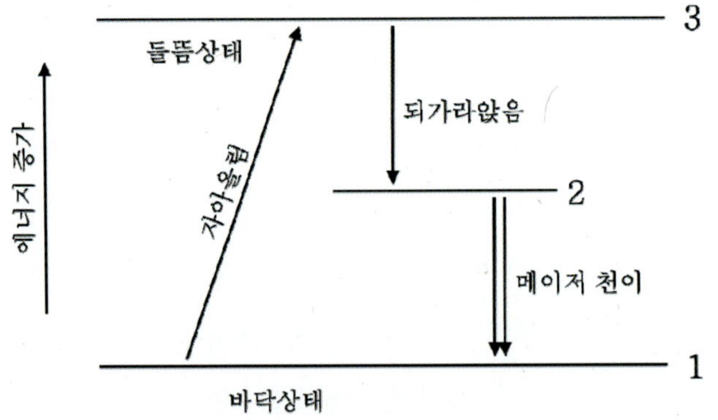

|그림 17-8| 메이저의 에너지 준위도

출처: 천문학 및 천체물리학(4판)

준위 1과 2의 에너지 차이에 해당되는 주파수를 가진 광자가 준위 2에 있는 분자에 가까이 접근하여 분자를 자극하면, 자신과 똑같은 에너지를 가진 또 하나의 광자를 자신이 진행하던 방향으로 내놓게 된다. 원래의 광자와 새로 생긴 광자, 즉 2개의 광자는, 2개의 분자를 더 자극하여 동일한 주파수를 가진 4개의 광자가 같은 방향으로 진행한다. 이제 4개의 광자는 4개의 분자를 또 자극하여 8개로 늘어난다. 이러한 일종의 연쇄반응을 통해 광자는 기체 구름 속을 진행하면서 수백만 배씩의 증폭을 만들어낸다. 하나의 주파수 영역에서 매우 강력한 복사가 일정하게 제한된 방향으로 방출되는 메이저(microwave laser)가 생성되는 것이다.

성간기체의 진화

성간물질의 기체 역학적 변화에는 초신성 폭발이 큰 영향을 미친다. 초신성이 폭발을 할 때 엄청난 양의 에너지와 질량이 성간으로 공급되는데, 초신성으로부터의 물질이 구각 형태를 이루면서 성간매질로 퍼져 나가게 된다. 초신성 폭발의 영향으로 성간매질은 한 위상(phase)에서 다른 위상으로 변해간다고 여겨진다.

부 록

성간먼지(티끌)와 관련하여

$dA = r^2 d\Omega \rightarrow r$ 에서 $r + dr$ 사이 $dV = dA\,dr = r^2 dr\,d\Omega$

개수 밀도 $n(r)$이라 하면 $dN(r) = n(r)\,dV = n(r) r^2 dr\,d\Omega$

$\rightarrow N(r) = \int_0^r n(r) r^2 dr\,d\Omega$

만약 $n(r) = n =$ 일정, $N(r) = \frac{d\Omega}{3} n r^3 \rightarrow \log N(r) = 3\log r + \log(n\,d\Omega/3)$

만약 모든 별들의 절대등급이 M이면,

$\log r = \frac{1}{5}(m - M) + 1 - \frac{A}{5}$, $r = 10^{0.2(m-M)+1-0.2A}$

$\rightarrow \log N(m) = 0.6m - 0.6M + 3 - 0.6A + 3\log(n\,d\Omega/3)$

만약, $A = 0$이면, $\log N(m) = 0.6m +$ 일정 $\rightarrow$ 실시등급이 1등급 커질 때마다 별의 개수는 $10^{0.6} = 3.98$배 더 많아진다. 그러나 비균일 분포($n(r)$) 혹은 성간소광($A = \kappa r$) 때문에 기울기 값 0.6과 다르게 된다. 만약 $M = 5$, $\kappa = 0.001$이면 **❙부록 그림 17-1❙**과 같이 m이 증가하면서 기울기가 0.6보다 작아진다.

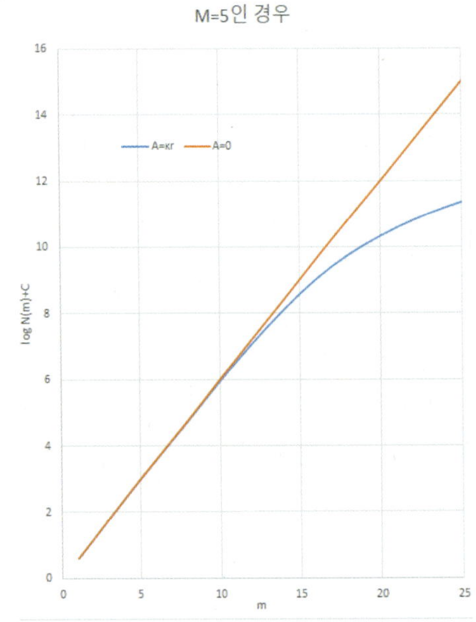

|부록 그림 17-1| 성간소광의 영향에 따른 $\log N(m)$의 변화

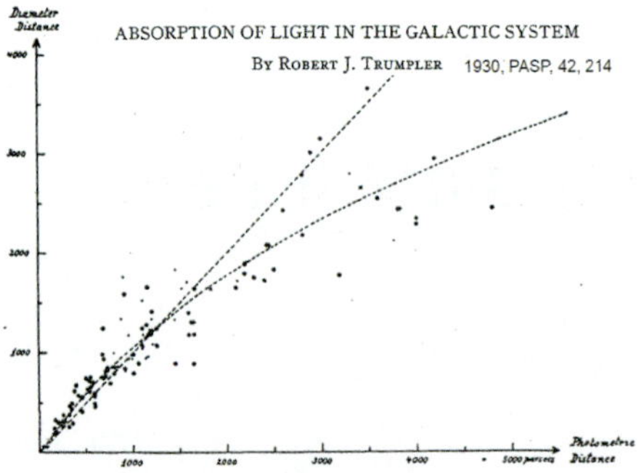

Fig. 1.—Comparison of the distances of 100 open star clusters determined from apparent magnitudes and spectral types (abscissae) with those determined from angular diameters (ordinates). The large dots refer to clusters with well-determined photometric distances, the small dots to clusters with less certain data (half weight). The asterisks and crosses represent group means. If no general space absorption were present, the clusters should fall along the dotted straight line; the dotted curve gives the relation between the two distance measures for a general absorption of 0ᵐ7 per 1000 parsecs.

|부록 그림 17-2| 관측과의 비교

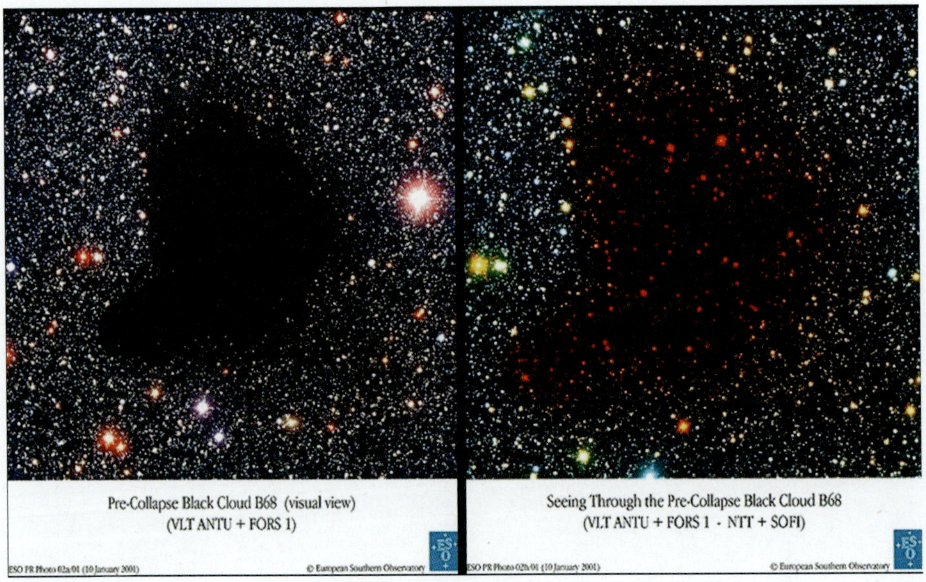

|부록 그림 17-3| B68 암흑성운의 가시광선 영역 관측과 적외선 관측

- $A_\lambda = -2.5\log\left(\frac{F_\lambda}{F_{o,\lambda}}\right) = -2.5\log\left(e^{-\tau_\lambda}\right) = 2.5\tau_\lambda \log e \simeq 1.086\tau_\lambda = 1.086\, n\sigma_\lambda d$

  $\sigma_\lambda = \pi a^2 Q_\lambda$ 이기에 $A_\lambda = 1.086\, n_d \pi a^2 Q_\lambda d$, Q_λ: 소광효율계수(extinction efficiency factor)

  $x = \frac{2\pi a}{\lambda} \rightarrow V$ 밴드, 5,500 Å $= 0.55\,\mu m$, $a = 0.5\,\mu m$

  $\rightarrow x = \frac{2\pi a}{\lambda} = \frac{2\pi \times 0.5}{0.55} \simeq 5.71 \rightarrow \rho = 2x|m-1|$ dirty ice의 경우

  $\rho \simeq 3.77 \rightarrow Q_{ext} \simeq 2$

  그런데 $A_V \simeq 1$등급$/kpc \rightarrow A_V = 1.086\, n_d \pi a^2 Q_V d$

  $\rightarrow 1 = 1.086\, n_d \pi (5\times 10^{-7})^2 \times 2 \times 3.086 \times 10^{19} \rightarrow n_d \simeq 2\times 10^{-8}$ 개$/m^3$

  먼지알갱이 밀도 $\rho_{d,g} \simeq 3{,}000\, kg/m^3$라고 하면, 구형인 먼지의 질량은

  $m_d = \frac{4\pi}{3} a^3 \rho_{d,g} \rightarrow m_d = \frac{4\pi}{3} \times (5\times 10^{-7})^3 \times 3000 \simeq 1.57 \times 10^{-15}\, kg \rightarrow$

  $\rho_d = m_d n_d \rightarrow \rho_d \simeq 2.98 \times 10^{-23}\, kg/m^3$ 이것은 우리은하에 분포하고 있는 먼지의 질량 밀도이다. 그런데 $\rho_{gas} \le 6 \times 10^{-21}\, kg/m^3$

  $\rightarrow 0.005 \le \frac{\rho_d}{\rho_{gas}} \simeq 0.01 \rightarrow$ 먼지는 ~1%의 질량분포

- 우리은하의 경우 $\frac{N_H}{E(B-V)} = 5.8 \times 10^{21}$ 원자/등급$/cm^2$

  $$\rightarrow \frac{N_H}{A_V} = \frac{5.8 \times 10^{21}}{R} = 1.087 \times 10^{21}$$

Small particles **Large**

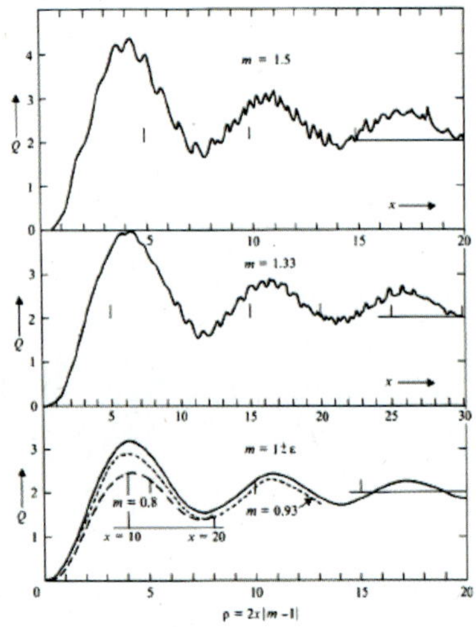

Figure 4.5. Extinction curves for spheres computed from Mie's formula for $m = 1.5$, 1.33, 0.93 and 0.8. The scales of x have been chosen in such a manner that the scale of $\rho = 2x|m-1|$ is common to these four curves and to the extinction curve for $m = 1+\varepsilon$. (From van de Hulst 1957.)

IR **UV**

$x = 2\pi a/\lambda$ = dust size/wavelength

Index of refraction

$$m = n - i\,k$$

m = ∞	Diel
m = 1.33	Ice
m = 1.33 – 0.09 i	Dirt
m = 1.27 – 1.37 i	Iron

Note:

- When m is real, i.e., no imaginary part → no absorption
- With the imaginary part, most extinction at small x comes from absorption → Q_{ext} increases
- For pure ice, transmitted and refracted signals interfere → large scale oscillation
- If there is impurity (internal absorption) → oscillation is reduced

|부록 그림 17-4| 이론적인 소광계수

- 성간소광: $A_V \simeq R\,E(B-V) \rightarrow$ 우리은하의 경우 $R = 3.1 \pm 0.1$
- 성간적색화: 색초과 $E(B-V) = (B-V)_{obs} - (B-V)_o$

$$V = M_V + 5\log r - 5 + A_V,\ \ B = M_B + 5\log r - 5 + A_B$$

$$\rightarrow (B-V)_{obs} = M_B - M_V + A_B - A_V$$

$$E(B-V) = (B-V)_{obs} - (B-V)_o = A_B - A_V,$$

$$E(\lambda - V) = (\lambda - V)_{obs} - (\lambda - V)_o = A_\lambda - A_V$$

$$F(\lambda) = \frac{E(\lambda - V)}{E(B-V)} = \frac{A_\lambda - A_V}{A_B - A_V} \rightarrow F(V) = 0,\ \ F(B) = 1$$

$$\rightarrow F(\lambda) \propto \frac{1}{\lambda}$$

$$\frac{A_\lambda}{A_V} = 1 + \frac{E(B-V)}{A_V} F(\lambda) = 1 + \frac{F(\lambda)}{R}$$

여기서 $R = \dfrac{A_V}{E(B-V)} \rightarrow \dfrac{A_B}{A_V} = 1 + \dfrac{1}{R} = 1.3226$

$$\frac{A_\lambda}{N_H} = 5.345 + 1.724 F(\lambda)$$

The 'normalized' extinction (extinction law)

$$F(\lambda) = \frac{A_\lambda - A_V}{A_B - A_V} = \frac{E_{\lambda - V}}{E_{B-V}}$$

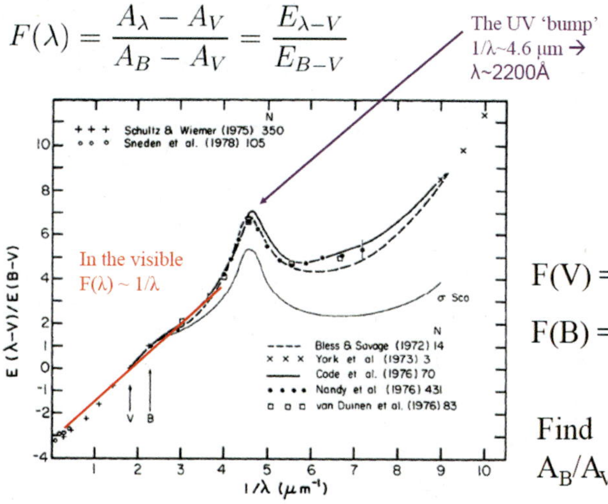

F(V) = 0

F(B) = +1

Find A_B/A_V=?

|부록 그림 17-5| 파장에 따른 소광곡선

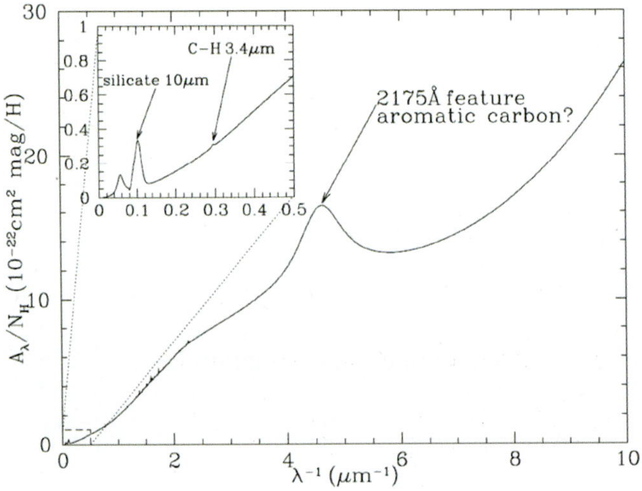

▎부록 그림 17-6▎ 성간 먼지를 구성하는 원소와 관련되어 소광곡선에 나타나는 특징

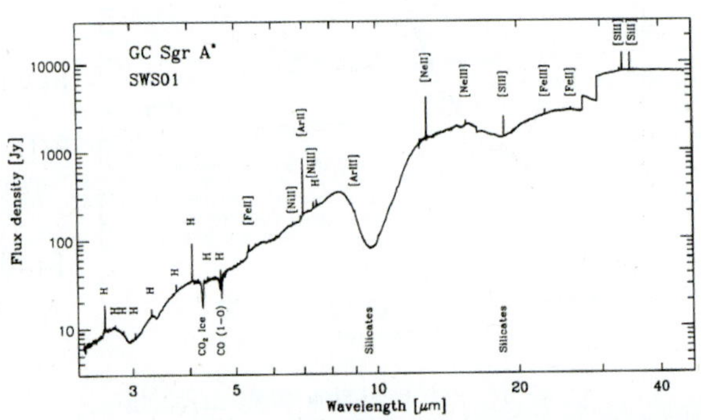

Figure 4.3. The infrared spectrum of the Galactic centre, taken over a wavelength range 2.4–45 μm by the Short Wavelength Spectrometer on the Infrared Space Observatory (ISO). In addition to various emission lines from the hotter regions along this line of sight, there are strong absorptions due to material in the dust grains near 3 μm (H_2O ice), 9.7 μm and 18 μm (silicates). Some weaker features are formed, including those at 3.4 μm (hydrocarbons) and 4.3 μm (solid carbon dioxide). (Courtesy D Lutz *et al* 1996.)

▎부록 그림 17-7▎ 은하중심으로의 적외선 스펙트럼. 3, 9.7, 18μm 부근의 강한 흡수선에 주목하시오.

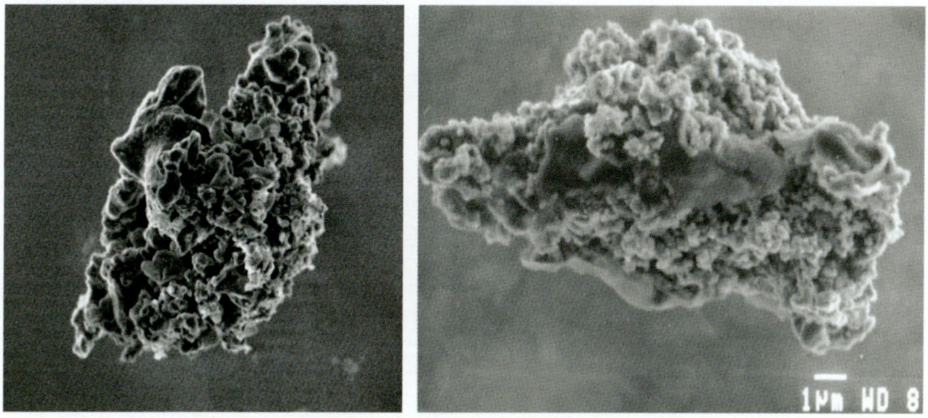

❙부록 그림 17-8❙ 먼지입자는 조그만 물질 덩어리들이 모여 만들어진 것으로 보인다.

• 성간 편광: 편광도 $= \dfrac{I_{max} - I_{min}}{I_{max} + I_{min}}$

편광도 분포는 은하자기장이 은하 나선팔에 평행함을 보여준다(**❙부록 그림 17-9❙** 참조).

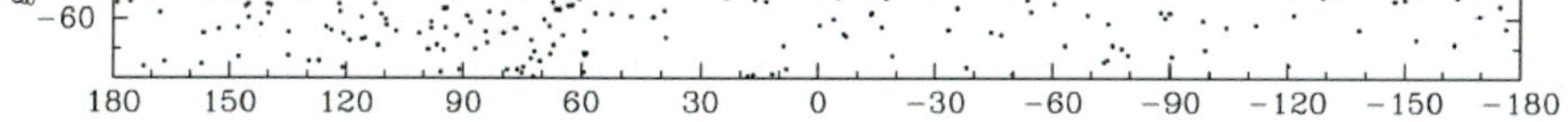

❙부록 그림 17-9❙ 태양계에서 1*kpc* 내에 있는 2,765개 별들로부터의 편광

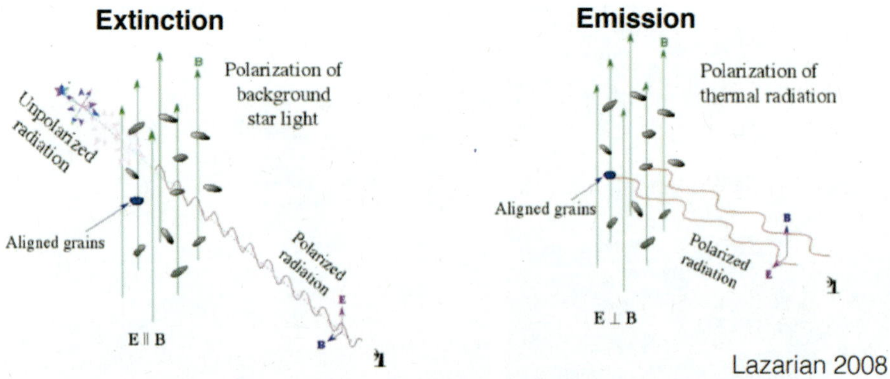

❙부록 그림 17-10❙ 성간 먼지 소광에 의한 편광과 먼지 열적 방출 복사(IR)의 편광

❙부록 그림 17-11❙ 반사성운 NGC7023

출처: NASA

성간 기체와 관련해서

부록 표 17-1 성간 매질의 종류

Table 1: Components of the interstellar medium[3]

Component	Fractional volume	Scale height (pc)	Temperature (K)	Density (particles/cm^3)	State of hydrogen	Primary observational techniques
Molecular clouds	< 1%	80	10–20	10^2–10^6	molecular	Radio and infrared molecular emission and absorption lines
Cold Neutral Medium (CNM)	1–5%	100–300	50–100	20–50	neutral atomic	H I 21 cm line absorption
Warm Neutral Medium (WNM)	10–20%	300–400	6000–10000	0.2–0.5	neutral atomic	H I 21 cm line emission
Warm Ionized Medium (WIM)	20–50%	1000	8000	0.2–0.5	ionized	Hα emission and pulsar dispersion
H II regions	< 1%	70	8000	10^2–10^4	ionized	Hα emission and pulsar dispersion
Coronal gas Hot Ionized Medium (HIM)	30–70%	1000 –3000	10^6–10^7	10^{-4}–10^{-2}	ionized (metals also highly ionized)	X-ray emission; absorption lines of highly ionized metals, primarily in the ultraviolet

두 위상 모델(Two phase model)

$$\Gamma = nA,\ \Lambda = n^2 f(T) \rightarrow \Gamma = \Lambda$$

$$P = nkT \rightarrow \frac{kTA}{P} = f(T) \rightarrow \text{CNM, WNM 혹은 WIM}$$

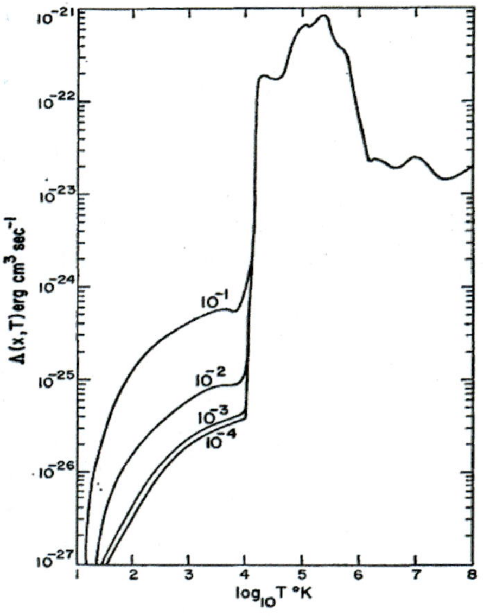

부록 그림 17-12 냉각 곡선

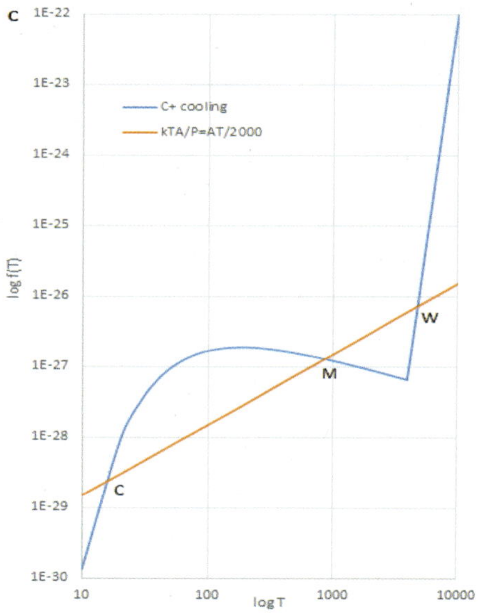

부록 그림 17-13 성간 매질의 두 위상

세 위상 모델

X선 혹은 UV에서의 고이온화 금속에 의한 흡수선 → 성간매질에서의 coronal 기체(HIM)

초신성 잔해의 진화 → 성간매질에 구멍(porosity)을 내고 겹쳐지면서 HIM 생성

Consider a peppering of supernova remnants throughout the ISM. Let each supernova be characterised by a radius, R, which depends simply on time, t as $R = t^{\alpha}$.

We now define the size distribution of the supernovae: the number of remnants with radius, *R* and volume, *V(R)* that overlap a given point per unit radius of the remnant per unit volume of the ISM is given by $N(R) = \frac{d^2N}{dVdR}V(R)$.

Let *Q* be the average number of supernova remnants (of all radii) that overlap a given point. *Q* tells us how tightly packed supernova remnants are, and is given by
$Q = \int_0^\infty N(R)dR = \int_0^\infty \frac{d^2N}{dVdR}V(R)dR$
$= \int_0^\infty \frac{d^2N}{dVdt}\frac{dt}{dR}\frac{4\pi}{3}R^3dR = \frac{4\pi}{3}\int_0^\infty S\frac{dt}{dR}R^3dR,$
where we have written
$S = \frac{d^2N}{dVdt}$, the local supernova rate per unit volume.

Now, if $R \propto t^{\eta}$ (for definiteness, take $R = At^{\eta}$), then
$\frac{d\ln R}{d\ln t} = \eta \implies \frac{dR}{dt} = \frac{\eta R}{t} \implies \frac{dt}{dR} = \frac{1}{\eta}\frac{t}{R} = \frac{1}{\eta R}\left(\frac{R}{A}\right)^{\frac{1}{\eta}},$
so that $Q = \frac{4\pi}{3}\int_0^\infty \frac{S}{\eta R}\left(\frac{R}{A}\right)^{\frac{1}{\eta}}R^3dR = \frac{4\pi}{3}\frac{S}{\eta}A^{-\frac{1}{\eta}}\int_0^\infty R^{\frac{2\eta+1}{\eta}}dR$
In the regime where $\eta \in (-\frac{1}{3}, 0)$, this is integrable and gives
$Q = \frac{4\pi}{3}\frac{S}{\eta}A^{-\frac{1}{\eta}}\eta\frac{R^{\frac{3\eta+1}{\eta}}}{1+3\eta} = \frac{4\pi}{3}\frac{S}{1+3\eta}A^{-\frac{1}{\eta}}R^{\frac{3\eta+1}{\eta}} = \frac{1}{1+3\eta}S\left(\frac{4\pi}{3}R^3\right)\left(\frac{R}{A}\right)^{\frac{1}{\eta}}$
$\implies Q = (1+3\eta)^{-1}SVt,$
which is equation (1) of the paper.

The number of supernova remnants that actually overlap a given point, P will be a Poisson distribution with mean, Q. This implies that the filling factor of the remnants is $f = 1 - e^{-Q}$.

$$N(R) = \frac{d^2N}{dRdV}V(R) \rightarrow$$

$$Q = \int_0^\infty N(R)dR = \int_0^\infty \frac{d^2N}{dVdR}V(R)dR$$

$$= \int_0^\infty \frac{d^2N}{dVdt}\frac{dt}{dR}\frac{4\pi}{3}R^3dR = \frac{4\pi}{3}\int_0^\infty S\frac{dt}{dR}R^3dR$$

$$N(R) = \frac{d^2N}{dRdV}V(R) \rightarrow$$

$$Q = \int_0^\infty N(R)dR = \int_0^\infty \frac{d^2N}{dVdR}V(R)dR$$

$$= \int_0^\infty \frac{d^2N}{dVdt}\frac{dt}{dR}\frac{4\pi}{3}R^3dR = \frac{4\pi}{3}\int_0^\infty S\frac{dt}{dR}R^3dR$$

만약 $R = At^\eta$라면, $Q = \frac{SVt}{1+3\eta} = SV\tau \rightarrow \frac{df}{dt} = (1-f)SV \rightarrow$

$$f = 1 - e^{-SV\tau} = 1 - e^{-Q}$$

혹은, 만약 $f_2 = f_1(1-(t_2-t_1)/\tau) + (1-f_1)(t_2-t_1)SV$ 이고 steady state

이면 $f_2 = f_1 \rightarrow f = \frac{Q}{1+Q}$

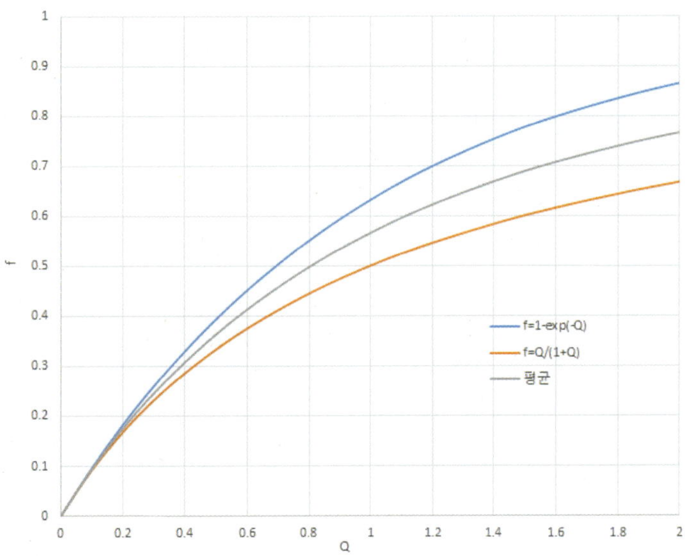

❙부록 그림 17-14❙ HIM filling factor

우리은하 부피: $3\times10^{12}\,ly^3$, $SN\ rate$: $S=\dfrac{1}{50\,yr\times3\times10^{12}\,ly^3}$

SNR 최대부피: $V\simeq3\times10^7\,ly^3$, SNR 수명: $\tau\simeq4\times10^6\,yr$

$\rightarrow Q\simeq0.8\rightarrow f_{평균}\simeq0.5$ 그런데 관측은 $f=0.3\sim0.7$

HII 영역(전리수소영역)

O, B별로부터의 $\lambda\le91.2\,nm$(Lyman continuum) UV 광자에 의하여 별 주변을 전리 수소 영역으로

HI 영역: $\ell_{HI}\approx\dfrac{1}{n_H\sigma_H}$ 여기서 $\sigma_H\simeq3\times10^{-17}\,cm^2\rightarrow\ell_{HI}\approx\dfrac{0.01}{n_H}pc$

HII 영역: $\ell_{\mathrm{HII}}\approx\dfrac{1}{n_e\sigma_e}$ 여기서 $\sigma_e=\left(\dfrac{e^2}{mc^2}\right)^2\simeq10^{-24}\,cm^2\rightarrow$

$$\ell_{HII}\approx\frac{3.23\times10^5}{n_e}pc$$

매우 sharp한 HII-HI transition zone

→ 이온화된 영역(HII 영역) → 스트룀그렌구(strömgren sphere)

→ UV 광자에 의한 전리율=재결합률

$$N_{UV}=\frac{4\pi}{3}R_s^3n_en_{H^+}\alpha_2\rightarrow R_s=\left(\frac{3N_{UV}}{4\pi\alpha_2n_H^2}\right)^{1/3}$$

여기서 α_2는 $n=1$인 바닥상태로 재결합을 제외한 재결합 계수이다. R_s: 스트룀그렌구 반경

$\alpha_2=2.6\times10^{-19}\left(\dfrac{10^4\,K}{T_e}\right)^{0.85}\,m^3/\mathrm{sec}$, $N_{UV}\simeq10^{49}\,/\mathrm{sec}$,

$n_e\simeq n_{H^+}=n_H=10^6/m^3$

$R_s = 67.68\,pc$ 여기서 $T_e = 10^4\ K$

오리온성운: 한쪽이 열려 있는 HII 영역(HII blister)

- $n=3$에서 $n=2$ 천이인 H_α (6,563 Å)방출선이 우세하여 대부분의 HII 영역은 가시광에서 붉게 관측된다.

- 전파 영역에서는 자유－자유 천이

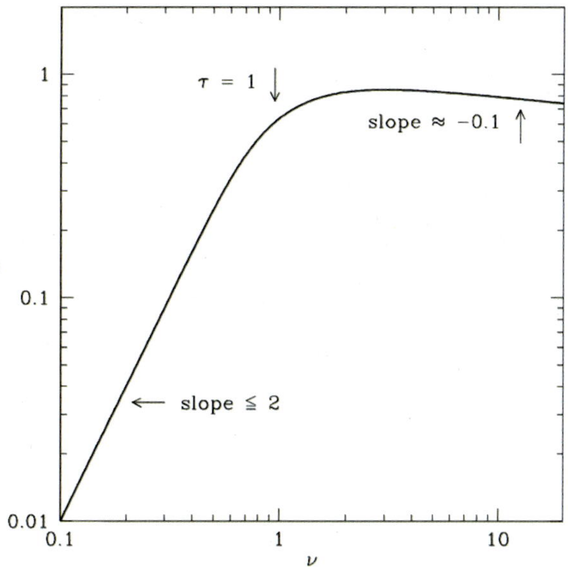

|부록 그림 17-15| 자유-자유 천이에 의한 전파연속선

$\tau_\nu \gg 1$이면 $I_\nu = S_\nu \propto \nu^2$

$\tau_\nu \ll 1$이면 $I_\nu = S_\nu \tau_\nu \propto \nu^{-0.1}$

여기서 $\tau_\nu = \int -\kappa_\nu\, dl \propto \int \frac{n_e n_{H^+}}{\nu^{2.1} T^{3/2}} dl \simeq \int \frac{n_e^2}{\nu^{2.1} T^{3/2}} dl$

$$\tau_\nu \propto \frac{1}{\nu^{2.1}T^{3/2}}\int n_e^2 dl = \frac{EM}{\nu^{2.1}T^{3/2}} \text{ 여기서 } EM = \int n_e^2 dl = n_e^2 L$$

→ 전파 관측으로부터 $\tau_{\sim 1GHz} \simeq 1$, EM 측정 → n_e의 평균 값을 구할 수 있다.

HII 영역의 동역학적인 진화

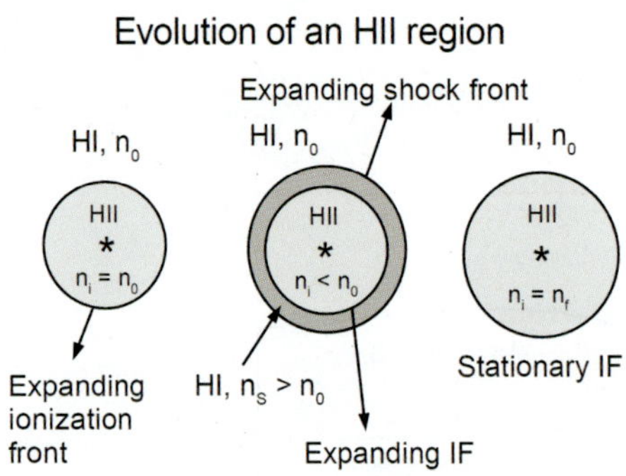

▎부록 그림 17-16▎ HII 영역의 동역학 진화

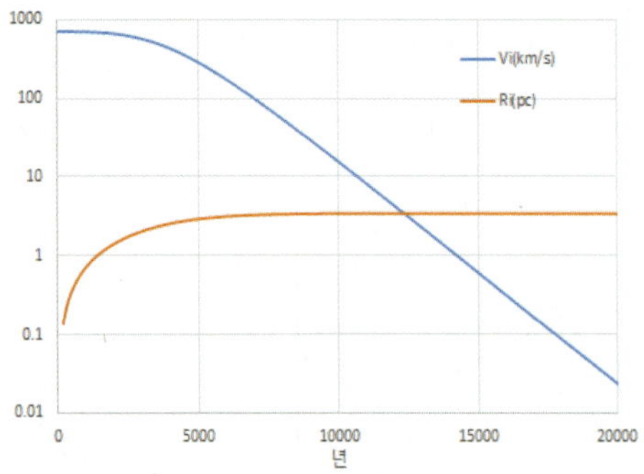

▎부록 그림 17-17▎ 전리파면의 전달

초기에는 전리파면(ionization front)이 전파

$$Jdt = n_o dR, \quad J = \frac{N_{UV} - \frac{4\pi}{3}R^3 n_o^2 \alpha_2}{4\pi R^2} \rightarrow \frac{dR}{dt} = \frac{N_{UV} - \frac{4\pi}{3}R^3 n_o^2 \alpha_2}{4\pi n_o R^2}$$

그런데 $N_{UV} = \frac{4\pi}{3}R_s n_o^2 \alpha_2$, $t_{rec} = \frac{3}{n_o \alpha_2}$로 놓고, $\frac{R}{R_s} = R'$, $\frac{t}{t_{rec}} = t'$이면 위 식은 $\frac{dR'}{dt'} = 1 - R'^3$이 된다. $N_{UV} = 10^{49}/s$, $\alpha_2 = 2\times 10^{-19} m^3/s$, $n_o = 10^8/m^3$이면, $R_s = 3.43\,pc$, $t_{rec} \simeq 4{,}753.21$년, $t_o = \frac{R_s}{t_{rec}} = 707.2\,km/s$이다. 위 방정식을 이용하여 전리파면(ionization front)의 움직임을 알 수 있다.

충격파 전달

전리파면의 내부는 $T_i = 10^4 K$, $n_i = n_e + n_{H+} = 2n_H$, 외부는 $T_{out} = 10^2 K$, $n_{out} = n_H$이기에 $P_i \simeq 200\, P_{out}$ 그리고 $c_i \simeq 10\, c_{out}$이기에 전리파면 앞으로 충격파가 형성되면서 HII영역이 팽창한다. 즉 $\frac{dR}{dt} = V_s$

isothermal shock: $P_s = \rho_o V_s^2 = n_o m_H V_s^2$

$P_i = 2n_i k T_i,\ c_i^2 = \frac{kT_i}{\mu m_H} \rightarrow P_i = 2\mu m_H n_i c_i^2$ 그리고 $\mu = 1/2$

$P_s = P_i$이기에 $V_s^2 = \frac{n_i}{n_o} c_i^2$ 그런데 $N_{UV} = \frac{4\pi}{3} R^3 n_i^2 \alpha_2$이다.

$R^{3/2} V_s^2 = \left(\frac{3N_{UV}}{4\pi n_i^2 \alpha_2}\right)^{1/2} \frac{n_i}{n_o} c_i^2 = R_s^{3/2} c_i^2 \rightarrow \frac{R}{R_s} = R'$, $\frac{V_s}{c_i} = V_s{}'$이라 놓으면

$R'^{3/2} V_s{}'^2 = 1 \rightarrow R' = \left(\frac{4}{7} t\right)^{4/7}$

마지막 단계

압력 평형 $\rightarrow 2n_f k T_i = n_o k T_o \rightarrow n_f = \frac{T_o}{2T_i} n_o \rightarrow n_f = 0.005\, n_o$

$\frac{4\pi}{3} R_f^3 n_f^2 \alpha_2 = N_{UV} = \frac{4\pi}{3} R_s^3 n_o^2 \alpha_2 \rightarrow R_f = \left(\frac{n_o}{n_f}\right)^{2/3} R_s \rightarrow R_f = 34.2\, R_s$

$\frac{M_f}{M_s} = \frac{R_f^3 n_f}{R_s^3 n_o} = 200$ 그런데

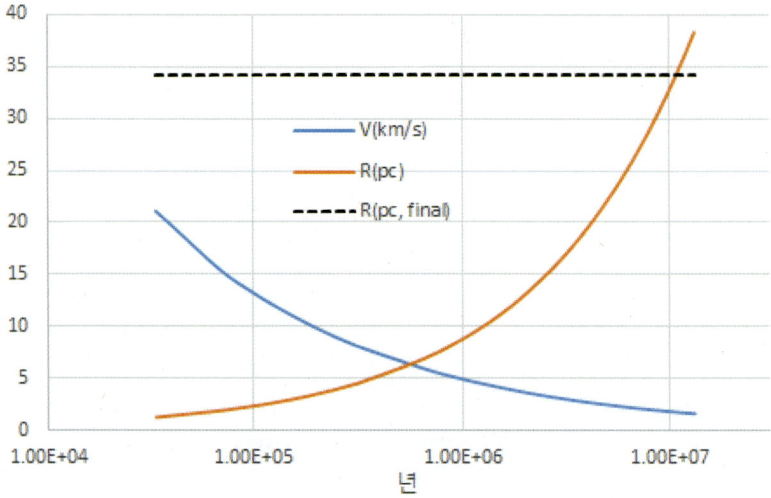

|부록 그림 17-18| 전리파면 앞으로 충격파 진행

에너지

별 에너지: $E_* = N_{UV} < h\nu > t$

HII 내부의 열에너지: $E_{th}^i = \frac{4\pi}{3} R^3 2n_i \frac{3}{2} kT_i \simeq 2\pi R^3 n_i m_H c_i^2$

충격파 영역의 운동에너지:

$$E_K^n = \frac{1}{2}\left(\frac{4\pi}{3} R^3 n_o m_H - \frac{4\pi}{3} R^3 n_i m_H\right) V_s^2 \simeq \frac{2\pi}{3} R^3 n_o m_H V_s^2,$$

$$n_i \ll n_o$$

$\rightarrow \frac{E_{th}^i}{E_K^n} = \frac{1}{3} \rightarrow$ 두 에너지가 거의 비슷

$\rightarrow f = \frac{E_K^n}{E_*} = \frac{2\pi/3\, R^3 n_o m_H V_s^2}{N_{UV} < h\nu > t} = \left(\frac{R}{R_s}\right)^3 \left(\frac{V_s}{c_i}\right)^2 \left(t\frac{c_i}{R}\right)^{-1} \frac{m_H c_i^2}{2n_o \alpha_2} \left(\frac{c_i}{R_s}\right)$

$\rightarrow$ 매우 작은 f값 $\rightarrow$ 대부분의 에너지는 금지선으로 에너지 방출

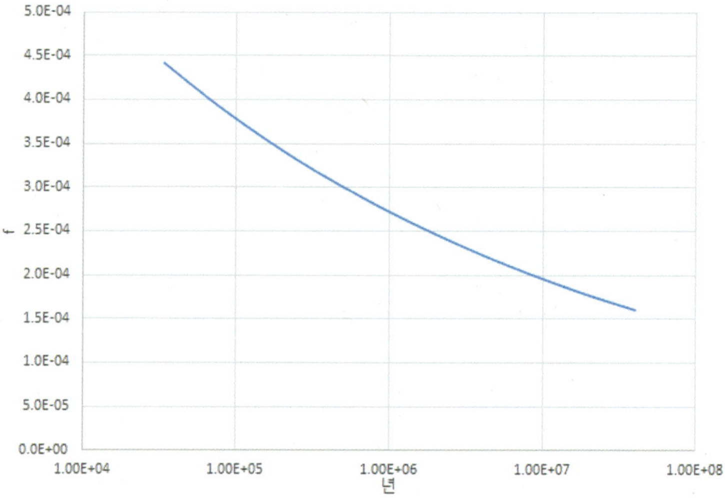

| 부록 그림 17-19 | 시간에 따른 f값

HII 영역의 금지선으로 n_e와 T_e를 어떻게 알 수 있나?

2-준위 충돌여기선(collisionally excited line)

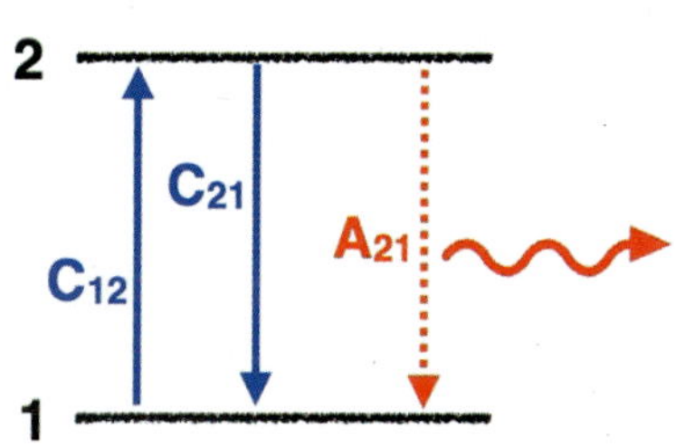

$$n_1 n_e \gamma_{12} = n_2 n_e \gamma_{21} + n_2 A_{21}$$

$$\frac{n_2}{n_1} = \frac{\gamma_{12}/\gamma_{21}}{1+(A_{21}/\gamma_{21})/n_e}$$

그런데 $\dfrac{\gamma_{12}}{\gamma_{21}} = \dfrac{g_2}{g_1} exp(-E_{12}/kT)$이기에

$$\frac{n_2}{n_1} = \frac{g_2/g_1 \exp(-E_{12}/kT)}{1+n_{cr}/n_e}$$ 이 된다.

여기서 $n_{cr} = A_{21}/\gamma_{21}$이다.

3-준위 충돌여기선

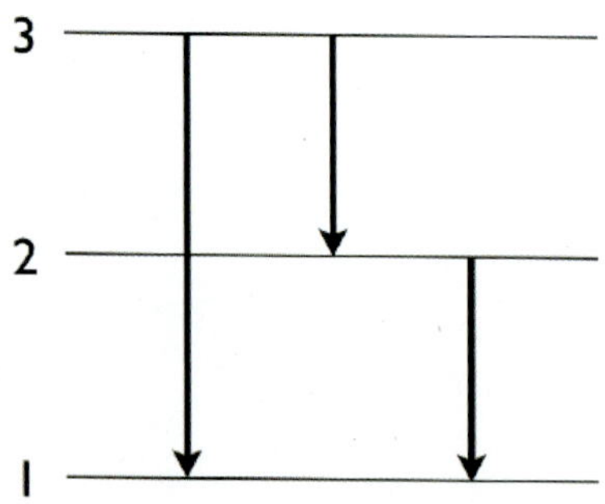

$$n_1 n_e(\gamma_{12}+\gamma_{13}) = n_2 A_{21} + n_3 A_{31}$$

$$n_2 A_{21} = n_1 n_e \gamma_{12} + n_3 A_{32}$$

$$n_3(A_{31}+A_{32}) = n_1 n_e \gamma_{13}$$

$$\frac{n_3}{n_1} = \frac{n_e \gamma_{13}}{A_{31}+A_{32}}$$

$$\frac{n_2}{n_1} = \frac{n_e \gamma_{12}}{A_{21}} + \frac{A_{32}}{A_{21}}\left(\frac{n_e \gamma_{13}}{A_{31}+A_{32}}\right)$$

그런데 $I_{ij} = n_i A_{ij} h\nu_{ij}$이기에

$$\frac{I_{21}}{I_{32}} = \frac{n_2 A_{21}\nu_{21}}{n_3 A_{32}\nu_{32}} = \left[1+\left(1+\frac{A_{31}}{A_{32}}\right)\frac{\gamma_{12}}{\gamma_{13}}\right]\frac{\nu_{21}}{\nu_{32}}$$

이다. 여기서 $\frac{\gamma_{12}}{\gamma_{13}} = \frac{\Omega_{12}}{\Omega_{13}} exp(E_{32}/kT_e)$이다.

만약 $E_{32} \gg kT_e$이면 $\frac{I_{21}}{I_{32}} \simeq f(T_e)$가 된다.

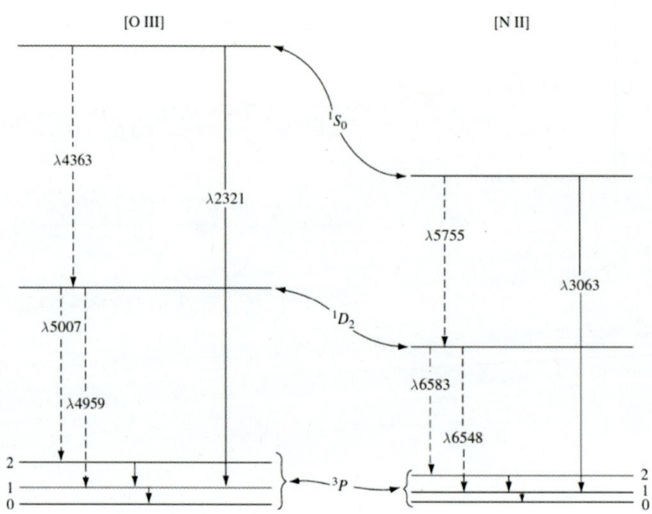

|부록 그림 17-20| 온도와 관련된 금지선

만약 $E_{32} \ll kT_e$일 때, 밀도가 적으면, $\dfrac{I_{31}}{I_{21}} \simeq \dfrac{\Omega_{31}}{\Omega_{21}} \simeq \dfrac{g_3}{g_2}$로 수렴, 밀도가 높으면 $\dfrac{I_{31}}{I_{21}} = \dfrac{g_3 A_{31}}{g_2 A_{21}}$로 수렴한다.

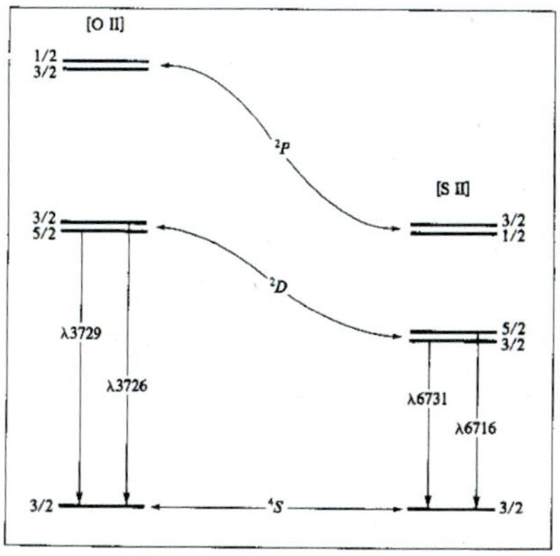

FIGURE 5.2
Energy-level diagrams of the $2p^3$ ground configuration of [O II] and $3p^3$ ground configuration of [S II].

|부록 그림 17-21| 밀도와 관련된 금지선

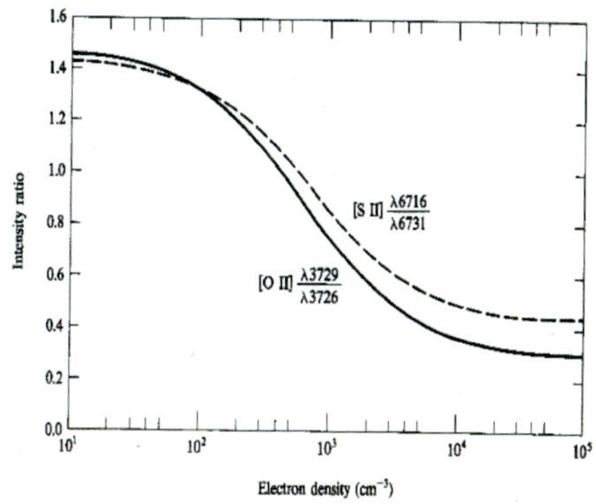

FIGURE 5.3
Calculated variation of [O II] (*solid line*) and [S II] (*dashed line*) intensity ratios as function of N_e at $T = 10,000°$ K. At other temperatures the plotted curve are very nearly correct if the horizontal scale is taken to be $N_e(10^4/T)^{1/2}$.

|부록 그림 17-22| 일정한 온도일 때, 전자 밀도에 따른 금지선 세기 비

열여덟 번째

은하의 회전: 항성 운동

전파 관측 이전에는 어떻게 우리은하의 운동학적 구조(kinematic structure)를 알 수 있었을까를 생각해보기로 하자. 즉, 운동의 요인이 무엇인지는 모르지만, 어떤 방식으로 움직이고 있는지를 알아보자는 것이다. 이것은 두 가지로 나누어 이야기할 수 있는데, 그 하나는 우리은하 내 별의 운동을 알아보는 것이고, 또 하나는 우리은하 내 기체의 운동을 알아보는 것이다. 별의 운동은 먼저 시선 속도와 고유 운동으로 먼저 이야기할 수 있을 것이다. 이는 광학 관측으로 알 수 있었다. 그런데 기체의 운동은 어떻게 이야기할 수 있을까? 이는 중성수소(HI) 혹은 일산화탄소(CO)에서 방출되는 방출선을 관측하여 알 수 있었다. 앞서 이야기하였듯이 별의 운동은 광학적 관측을 통해 알 수 있는데, 광학적 관측을 통해 우리가 볼 수 있는 범위는 기껏해야 5kpc 내이므로, 우리은하에서 태양과 가까운 일부 지역만을 볼 수 있을 뿐이다(우리은하 중심에서 태양까지의 거리가 약 8.5kpc이라는 것을 상기해보자). 그러나 전파 관측을 통해서는 전 은하에 대한 관측이 가능하다.

우리는 전파 관측 이전에 어떻게 우리은하의 운동학적 구조를 알 수 있는지를 생각해보기로 하였으므로, 우리는 전파 관측에서 얻은 자료가 아닌, 광학 관측으로 얻은 결과를 활용하여 우리은하의 운동학적 구조를 알아보는 방법인 별의 운동을 이용하는 방법을 살펴보기로 하자.

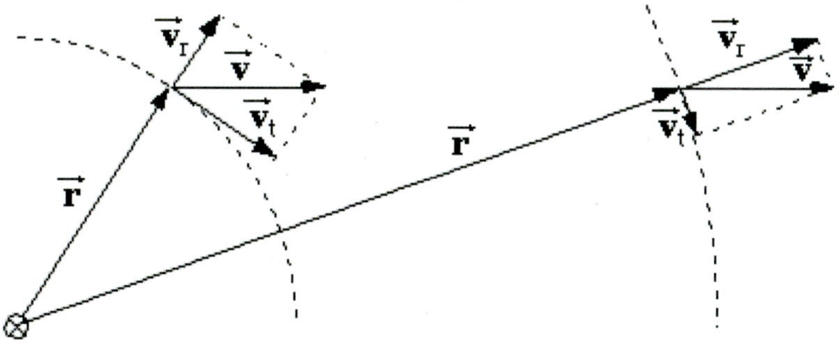

|그림 18-1| 별의 공간속도의 속도 성분 분해

별의 운동은 우리에게 입체적으로 보이는 것이 아니라 2차원적으로 보이지만, 사실 별의 운동이 2차원으로 일어나는 것은 아니다. 별의 공간에서의 운동이 우리에게 어떻게 보일지를 생각해보면, 3차원에서의 속도를 v라고 했을 때 이를 우리 시선 방향의 속도(v_r)와 시선 방향에 수직한 방향의 속도(v_t)로 나눌 수 있다. 우리는 시선 방향의 속력은 관측에서 도플러효과를 확인함으로써 알 수 있으며, 접선 방향의 속도는 시선 방향에 대해 직각으로 움직이는 속도인데, 이는 거리(r)를 안다면, 각속도로 이야기할 수 있다. 즉, 접선 속도는 $v_t = r\dot{\theta}$이 된다.

$$v_r = \frac{\Delta\lambda}{\lambda_0}c \qquad \text{[식 18-1]}$$

$$v_t = r\dot{\theta} \qquad \text{[식 18-2]}$$

여기서 $\dot{\theta}$의 단위는 rad/year가 될 것이고, 거리(r)는 보통 연주시차로부터 구하는 값이고 연주시차를 초단위로 한다면 연주시차의 값의 역수에 AU 단위를 붙인 것이 거리가 된다. 그러나 우리가 보통 속도에 대해 사용하는 단위는 km/s이므로, 단위 변환을 해줄 필요가 있는데, 이렇게 하기 위해서는 1년을 초로, AU는 km로 바꾸어야 한다. 1년은 3.16×10^7 초이고, 1AU는 $1.496 \times 10^8\,km$이므로,

$$\begin{aligned} v_t &= (\mu''/yr)(\frac{1}{\pi''}AU) = (\mu''/3.16 \times 10^7 s)(\frac{1}{\pi''} \times 1.496 \times 10^8 km) \\ &= 4.74\left(\frac{\mu''}{\pi''}\right) km\, s^{-1} \end{aligned} \qquad \text{[식 18-3]}$$

라고 쓸 수 있다. 여기서 μ는 별의 고유운동(proper motion)이다. 우리는 접선속도는 직접 관측할 수 없으므로, 관측 가능한 고유운동과 시차의 값을 이용하여 접선속도를 계산해 내는 것이다.

이제 우리는 시선속도(v_r)와 접선속도(v_t)를 모두 알게 되었으므로 공간상에서

의 별의 실제 속도(v)를 다음과 같이 구할 수 있다. 즉,

$$v^2 = v_t^2 + v_r^2 \qquad [식\ 18-4]$$

이며, 그 방향은, 공간속도의 방향과 시선 속도의 방향이 이루는 각을 θ라고 할 때,

$$\tan\theta = \frac{v_t}{v_r},\ \theta = \tan^{-1}\frac{v_t}{v_r} \qquad [식\ 18-5]$$

라고 표현할 수 있다. 별 하나하나에 대해 이렇게 별의 공간속도를 구할 수 있는데, 바나드별 같은 경우는 고유운동(μ)이 굉장히 크기 때문에 공간상에서 매년 별자리 사이를 지나가는 것을 인지할 수도 있다.

이제, 별 하나하나가 아니라, 한 무리의 성단을 한번 생각해 보기로 하자. 성단은 거의 같은 시기에 탄생한 별들이 함께 모여 있는 집단이다. 그런데 성단의 별들을 관측하면 이들이 거의 같은 방향을 향해 운동을 하고 있는 것을 볼 수 있다. 성단의 별들의 위에서 살펴본 개별적인 별들과 같이 별빛의 스펙트럼을 분석하여 도플러 이동을 확인하고 이를 통해 시선 속도는 계산할 수 있으며, 고유운동(μ)도 관측을 통해 알 수 있다. 그러나 우리는 접선속도를 구하기에는 아직 정보가 부족한데, 그것은 시차(π)를 알 수 없기 때문이다. 이렇게 말한다면 '시차를 재면 되는 것 아닌가?'라고 생각할 수도 있겠지만, 시차는 비교적 가까운 별에 대해서만 잴 수 있으며, 성단은 태양계와 상당히 멀리(수십 pc 이상) 떨어져 있어서 우선 시차가 아닌 방법으로 거리를 알아내는 방법을 생각해야 한다.

성단의 별들은 그들의 집단적인 경향성이 나타나는데, 바로 이 성질이 그 성단까지의 거리를 구할 수 있는 단초를 마련해 준다. 그러면 어떻게 이들의 운동 경향이

이들까지의 거리를 알 수 있게 해줄까? 같은 성단에 속해 있는 별들을 관측하면 **【그림 18-2】**에서와 같이 한 점을 향해 별들이 모두 가고 있는 것 같은 운동 경향성을 볼 수 있다. 사실 이들 별들이 한 점을 향해 가고 있는 것은 아니지만, 그들은 관측자에게서 멀어져 가고 있기 때문에 마치 한 점을 향하는 것처럼 '보일' 뿐이다. 마치, 기차의 선로가 일정한 폭을 가지고 있지만 우리에게서 멀리 있는 쪽으로 갈수록 그 폭이 좁아져 가는 것처럼 보이듯이 말이다. 이렇듯 한 점으로 모이는 것을 수렴한다고 하기 때문에, 별들이 향하는 것으로 생각되는 지점을 수렴점(convergent point)이라 한다. 우리가 수렴점을 안다면, 즉 수렴점과 별이 있는 공간 사이의 떨어진 각(θ)을 안다면, 우리는 시선속도로부터 접선속도를 구할 수 있다(**【그림 18-5】**의 관계 이용). 즉

$$v_t = v_r \tan\theta \qquad [식\ 18-6]$$

가 된다. 이제 우리는 접선속도를 알게 되었고, 관측을 통해서 이미 고유운동(μ) 값은 알고 있으므로, [식 18-3]에 이 값들을 넣어 시차(π)를 구할 수 있다.

$$\pi'' = \frac{4.74\mu''}{v_r \tan\theta} \qquad [식\ 18-7]$$

이 시차로부터 별들까지의 거리, 즉, 성단까지의 거리를 계산해 낼 수 있다. 이러한 거리 측정 방법은 운동성단법(moving cluster method)이라 한다. **【그림 18-3】**은 히아데스성단의 운동을 보여주고 있는데, 히아데스성단의 별들이 한 점(수렴점)으로 향하고 있는 것을 확인할 수 있을 것이다. 히아데스성단을 직접 관측하여 이 성단에 속한 별들의 시선속도와 공유운동 값을 얻고, 수렴점을 구하여 접선속도를 계산하여 그 거리를 계산하여 보면 그 거리가 약 44.3pc에 이름을 알 수 있다. 이 값은 고유운동 값의 정밀도 등으로 인해 오차가 약간 있기는 하지만, 삼각시차법으로 계산한 거리와 크게 차이는 없다고 한다(1pc보다 작은 오차).

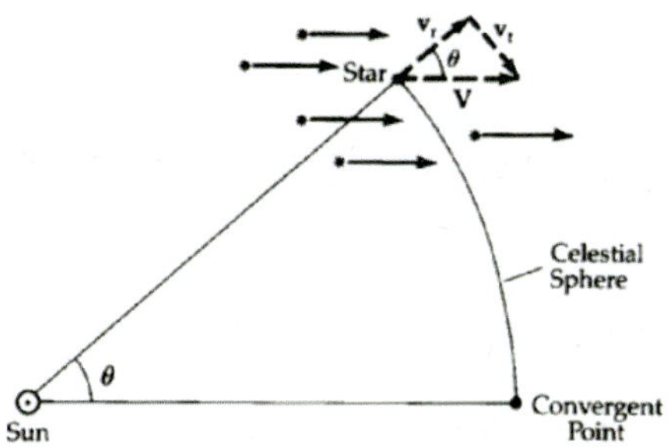

그림 18-2 운동성단의 운동

출처: Introductory Astronomy and Astrophysics, 4th edition

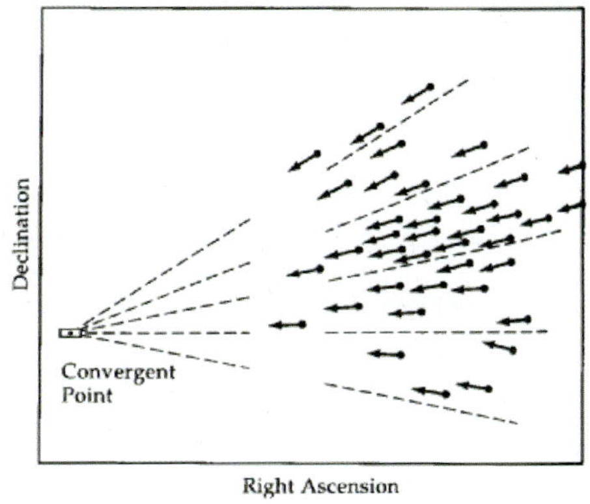

그림 18-3 히아데스성단의 운동

출처: Introductory Astronomy and Astrophysics, 4th edition

이제 히아데스성단보다 조금 더 먼 곳에 있는 별들, 그렇지만, 그렇다고 태양에서 너무 멀지는 않은, 태양에서 100~300pc 내에 있는 별들을 생각해 보자. 은하의 규모(태양에서 은하 중심까지의 거리가 8.5 *kpc*이라는 것을 상기해 보자)로 볼 때 이 부분은 매우 국지적이라 할 수 있고, 그렇기 때문에 이 부분은 태양과 같은 속도로 우리은하의 중심을 함께 돈다고 가정할 수 있다. 이제 이 인근의 별들의 운동을 설명하기 위해 국부표준정지좌표계(local standard of rest, LSR)라는 개념을 도입하여 보자. LSR은 태양을 중심에 두고 우리은하 중심을 원궤도운동을 하는 좌표계라고 정의한다면, 태양과 그 근방의 별들은 LSR상에서는 운동을 하지 않는 것으로 나타날 것이다(속도가 0). 왜냐하면 중심인 태양과 그 별들이 함께, 같은 속도로 원궤도운동을 하고 있는 것으로 가정을 했기 때문이다. 이렇게 정지해 있을 것으로 생각되는 태양 인근의 천체들을 대상으로 하는 좌표계이기 때문에 '국부'와 '정지'라는 이름을 붙였을 것으로 생각된다.

그러나 이 좌표계에서의 천체들이, 심지어는 잠시 중심으로 삼았던 태양조차, 이 좌표계에서 정지해 있지는 않다(뒷부분에서 확인할 수 있듯이, 별의 원궤도 속도를 Θ, LSR의 원궤도 속도를 Θ_0라 할 때, 태양의 $\Theta - \Theta_0$조차도 0이 아니다).

각각의 별들의 특이운동(peculiar motion)이 있을 수 있기 때문이다. 그리고 태양 인근의 별들의 운동을 종합을 해 봄으로써 태양의 특이 운동도 파악할 수 있다.

태양과 그 인근의 별들의 운동을 LSR에 대해 분석해보면, 태양의 특이운동은 허큘리스자리(Hercules)를 향하고 있음을 알 수 있다. 이와 정반대 방향에는 비둘기자리(Columba)가 있는데, 태양이 향하는 방향인 허큘리스자리 방향을 태양 향점(solar apex), 태양이 멀어지는 방향인 비둘기자리 방향을 태양 배점(solar antapex)이라 한다. 그러나 이것은 LSR이 적용되는 좁은 범위 내에서 이러한 움직임이 있다는 것뿐이지, 좀 더 큰 범위에서 움직임이 거의 없다고 본다.

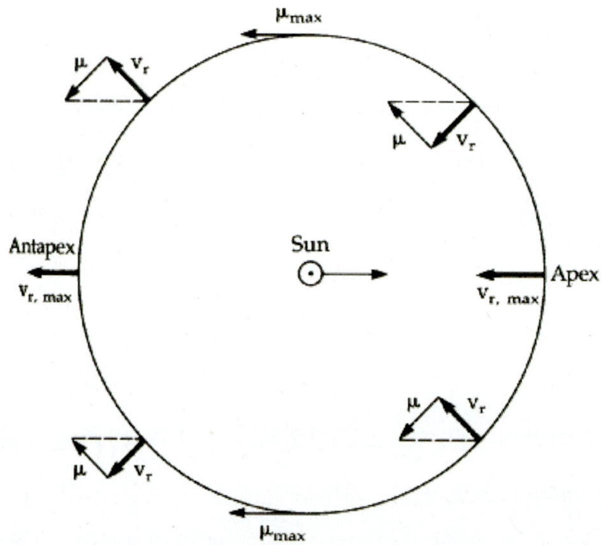

그림 18-4 태양운동

출처: Introductory Astronomy and Astrophysics, 4th edition

이제 좀 더 큰 범위를 보도록 하자. 더 큰 범위를 볼 때 우리는 태양의 운동을 잠깐 멈추고 태양 주변의 1kpc 정도의 범위 내의 운동들로부터 LSR의 운동 속도를 고려하여 우리은하 전체를 바라보도록 하자. 태양의 특이운동을 생각할 때, 우리는 LSR의 중심을 우리가 관측하고 있는 이상적인 관측 지점으로 생각하는 것이 좋을 것 같다(LSR의 중심이 GC를 등속원궤도 운동하는 것으로 보았던 것을 기억하자).

▌그림 18-5▐에 있는 별은 LSR에서 보았을 때 은경 l이고, 은하 중심에 대한 속도는 Θ, 은하 중심으로부터의 거리는 R이다. LSR은 은하 중심에서 R_0의 거리에 있다 할 때, 태양을 포함하는 LSR은 은하 중심에 대하여 속도 Θ_0로 등속원운동을 하고 있다고 하자.

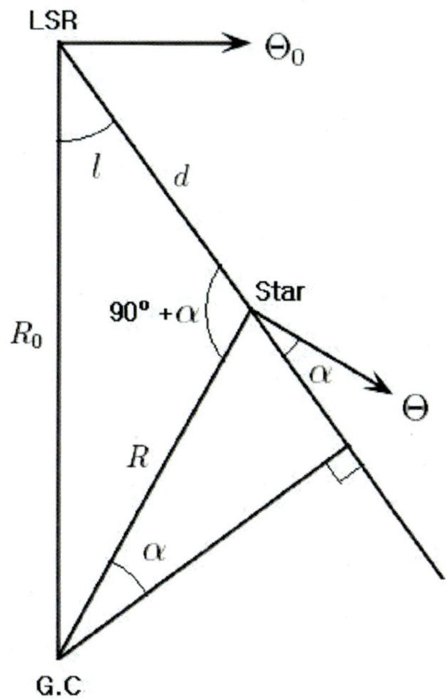

▌그림 18-5▐ 은하 회전에 의한 별의 상대 운동에 대한 기하학적 이해

출처: Introductory Astronomy and Astrophysics, 4th edition

LSR에 대한 별의 속도를 구해 보자. LSR에서 보았을 때 별의 공간운동은 시선방향과 접선방향(이 둘은 직교)인 두 성분으로 분해할 수 있으므로, 별의 운동의 (LSR에서 보는) 시선속도와 접선속도를 구하는 것이 필요한데, LSR과 이 별을 잇는 선(시선방향의 선)에 은하 중심에서 수선의 발을 내리면 그 선분과 선분R이 이루는 각도가 α가 된다. 따라서

$$v_r = \Theta\cos\alpha - \Theta_0\sin l \qquad \text{[식 18-8]}$$

$$v_t = \Theta\sin\alpha - \Theta_0\cos l \qquad \text{[식 18-9]}$$

가 된다. 여기서 우리가 사용할 수 있는 몇 가지 관계들을 생각해 보자.

우선 삼각형들의 관계에서

$$R_0 \sin l = R\cos\alpha \qquad \text{[식 18-10]}$$

$$R_0 \cos l = d + R\sin\alpha \qquad \text{[식 18-11]}$$

라는 것을 쉽게 알 수 있다. 이제 이 별의 시선 속도와 접선 속도를 LSR에서 관측으로 알 수 있는 속도 값으로 정리해 보자. 우선 시선 속도를 보면,

$$\begin{aligned} v_r &= \Theta\cos\alpha - \Theta_0 \sin l = \Theta\frac{R_0}{R}\sin l - \Theta_0 \sin l \\ &= \Omega R_0 \sin l - R_0\Omega_0 \sin l = R_0(\Omega - \Omega_0)\sin l \end{aligned} \qquad \text{[식 18-12]}$$

이라 간략하게 표현할 수 있다.

또, 접선 속도는 위의 삼각형들의 관계(식 8-11)에서 얻은 sinα값을 접선속도의 식에 넣어 구할 수 있다.

$$\begin{aligned} v_t &= \Theta\sin\alpha - \Theta_0 \cos l = \Theta\frac{R_0 \cos l - d}{R} - \Theta_0 \cos l \\ &= \Omega(R_0 \cos l - d) - R_0\Omega_0 \cos l \\ &= R_0(\Omega - \Omega_0)\cos l - \Omega d \end{aligned} \qquad \text{[식 18-13]}$$

여기서 d는 태양 근방에 국한하여($d \ll R_0$) 다룰 것이므로, Ω와 Ω_0는 크게 차이가 나지 않는 값이라고 할 수 있고, 따라서 $\Omega - \Omega_0$의 값을 테일러 전개를 써서 [식 18-14]와 같이 근사적으로 구할 수 있다.

$$\Omega(R) - \Omega(R_0) \approx \left(\frac{d\Omega}{dR}\right)_{R_0}(R - R_0) \qquad \text{[식 18-14]}$$

이제 우리가 구했던 접선속도와 시선속도의 $\Omega-\Omega_0$을 위의 값으로 바꾸어 보면,

$$\begin{aligned} v_r &= R_0(\Omega-\Omega_0)\sin l \\ &\simeq R_0\left(\frac{d\Omega}{dR}\right)_{R_0}(R-R_0)\sin l \end{aligned} \qquad \text{[식 18-15]}$$

이다. 여기서 d의 값이 R_0에 비해 매우 작을 때는 $R_0 \approx R + d\cos l$로 근사할 수 있으므로

$$\begin{aligned} v_r &= R_0(\Omega-\Omega_0)\sin l = R_0\left(\frac{d\Omega}{dR}\right)_{R_0}(R-R_0)\sin l \\ &= -R_0\left(\frac{d\Omega}{dR}\right)_{R_0} d\cos l\sin l = -R_0\left(\frac{d\Omega}{dR}\right)_{R_0} d\frac{\sin 2l}{2} \end{aligned} \qquad \text{[식 18-16]}$$

이 된다. 여기서 $-\frac{R_0}{2}\left(\frac{d\Omega}{dR}\right)_{R_0} \equiv A$로 정의한다면,

$$v_r = Ad\sin 2l \qquad \text{[식 18-17]}$$

이라고 쓸 수 있다.

또, 접선속도의 경우는

$$\begin{aligned} v_t &= \Theta\sin\alpha - \Theta_0\cos l = \Theta\frac{R_0\cos l - d}{R} - \Theta_0\cos l \\ &= \Omega(R_0\cos l - d) - R_0\Omega_0\cos l \\ &= R_0(\Omega-\Omega_0)\cos l - \Omega d \approx R_0\left(\frac{d\Omega}{dR}\right)_{R_0}(R-R_0)\cos l - \Omega d \end{aligned}$$

$$= -2A(R-R_0)\cos l - \Omega d \approx 2Ad\cos^2 l - \Omega d$$

$$= 2Ad\frac{\cos 2l + 1}{2} - \Omega d$$

$$= Ad\cos 2l + (A-\Omega)d \simeq Ad\cos 2l + (A-\Omega_0)d \qquad [식\ 18-18]$$

여기서 $A-\Omega_0 \equiv B$로 정의한다면,

$$v_t = Ad\cos 2l + Bd = d(A\cos 2l + B) \qquad [식\ 18-19]$$

로 좀 더 간단히 쓸 수 있다.

이제 별의 시선속도와 접선속도의 의미를 생각해 보자. 별의 시선속도는 앞서 이야기했듯이 스펙트럼을 얻을 수 있다면 구할 수 있는 값이다. $v_r = Ad\sin 2l$에서 우리가 쉽게 얻을 수 있는 값은 시선속도와 적경이다. 만약 우리가 태양 근처의 어떤 별의 d를 안다면, 우리는 이 식으로부터 A를 구할 수 있다. 은경에 따라 거의 같은 거리에 위치한 별들의 시선속도분포는 sine곡선을 그릴 것이다. 고유운동을 관측하여 얻은 접선 속도 $v_t = d(A\cos 2l + B)$는 cosine 곡선을 그리지만 Bd만큼 곡선이 양의 방향으로 올라가 관측될 것이다.

관측을 통해 별들의 시선속도 곡선을 그리고, 앞에서 살펴본 시선속도 곡선을 해석할 수 있는 관계들을 이에 적용한다면 우리는 A와 B값을 구할 수 있으며 $\Omega_0 = A - B$이므로 우리는 LSR 근처의 Ω_0의 값을 알게 된다.

만약 은하가 강체 회전을 한다면, Ω는 은하 중심으로부터의 거리와 상관없이 항상 일정하게 되므로, $\frac{d\Omega}{dR} = 0$일 것이다. 여기서 우리는 A와 B의 값이 어떻게

나올지 생각해 보자. $A \equiv -\frac{R_0}{2}\left(\frac{d\Omega}{dR}\right)_{R_0}$ 이므로, 여기서 $A=0, B=-\Omega_0$가 될 것이다.

은하의 회전이 케플러 회전이라면, $P^2 = \left(\frac{4\pi^2}{GM}\right)R^3$의 관계를 가질 것이고 $P=\frac{2\pi R}{\Theta}$이므로, $\frac{4\pi^2 R^2}{\Theta^2} = \left(\frac{4\pi^2}{GM}\right)R^3$이기 때문에, $\Theta = \sqrt{\frac{GM}{R}}$가 될 것이다. 따라서 $\Omega = \frac{\Theta}{R} = \left(\frac{GM}{R^3}\right)^{1/2}$이다. 이제 $\frac{d\Omega}{dR} = -\frac{3}{2}\left(\frac{GM}{R^5}\right)^{1/2} = -\frac{3}{2}\frac{\Omega}{R}$가 된다. 이제 각각 $A = -\frac{R_0}{2}\left(\frac{d\Omega}{dR}\right)_{R_0} = \frac{3}{4}\Omega_0,\ B = A - \Omega_0 = -\frac{1}{4}\Omega_0$이 된다.

R에 무관하게 회전 속도가 일정하다면, $\Omega = \frac{\Theta_0}{R}$이기에 $\frac{d\Omega}{dR} = -\frac{\Theta_0}{R^2}$이므로 각각 $A = -\frac{R_0}{2}\left(\frac{d\Omega}{dR}\right)_{R_0} = \frac{1}{2}\Omega_0,\ B = A - \Omega_0 = -\frac{1}{2}\Omega_0$가 된다.

1 회전 곡선을 통해 알아보는 은하의 특성

지구에서 바라볼 때, 우리은하에서 태양계가 어떤 속도로 움직이고 있는가를 결정하는 것은 매우 어려운 일이다. 우리는 구상성단들의 질량 중심을 이용해 태양에서부터 우리은하까지의 거리(R_0)가 약 8.5kpc이 된다는 것을 알았다. LSR의 근처에서 오오트상수(Oort constant)인 A와 B의 값을 구하면 [식 18−20]과 같다.

$$A = -\frac{R_0}{2}\left(\frac{d\Omega}{dR}\right)_{R_0},\ B = A - \Omega_0 \qquad [식\ 18-20]$$

LSR 근처에서 거리 d만큼 떨어진 천체의 시선 속도는 $v_r = Ad\sin 2l$이 되는데, $d \approx 2kpc$만큼 떨어져 위치한 세페이드 변광성들의 은경에 따른 시선 속도 분포를 통해 A를 구하면 $14km/s/kpc$가 얻어진다. 별들의 고유 운동을 이용해 $v_t = d(A\cos 2l + B)$를 이용하여 B를 구하면 $-12km/s/kpc$이다. 따라서 Ω_0는 $24km/s/kpc$이다. 우리는 R_0와 Ω_0 값을 알고 있으므로, 이를 통해 $v_0 = R_0 w_0$를 구하면 $220km/s$ 정도가 된다.

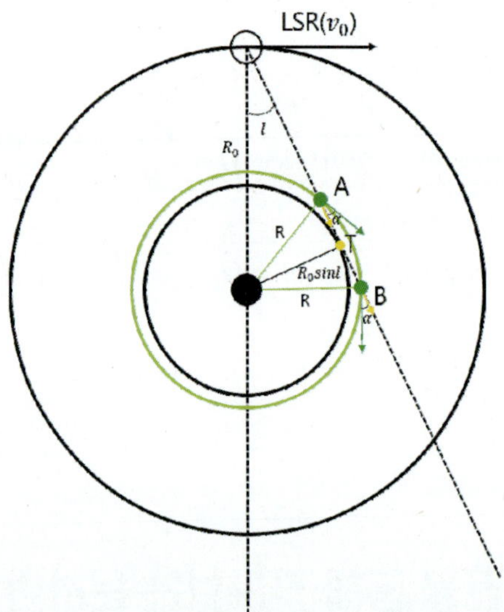

┃그림 18-6┃

┃그림 18-6┃을 보면, 태양계에서 보이는 A 지점과 B 지점의 시선속도 v_r은 다음과 같다.

$$v_{rA} = v_A\cos\alpha - v_o\sin l \qquad [식\ 18-21-1]$$

$$v_{rB} = v_B\cos\alpha - v_0\sin l \qquad [식\ 18-21-2]$$

같은 속도로 원운동을 하고 있으므로 v_A와 v_B는 같으므로 $v_{rA} = v_{rB}$이다. 따라서 천체로부터 지구로 전파가 도달했을 때, 우리는 A지점에서 전파가 왔는지, B지점에서 전파가 왔는지 구별할 수 없다.

하지만 접점(tangential point)의 경우는 다르다. T지점의 시선속도는 $v_{rT} = v_t - v_0 \sin l$이다. v_A, v_B, v_T는 일정하므로 T 지점에서 관측되는 시선속도가 최대가 된다. 시선속도가 최대가 되는 곳이 관측되면, 역으로 접점에서의 속도를 [식 18−22]와 같이 구하여 거리가 은하중심에서 $R_0 \sin l$에 위치한 은하 회전 속도를 구할 수 있다.

$$\text{은하의 회전 속도} = v_{\mathrm{r\,max}} + v_0 \sin l \qquad [\text{식 } 18-22]$$

관측을 통해 속도 성분을 계산하여 은하중심의 거리에 대한 우리은하의 회전 속도 그래프를 그린 것이 **[그림 18-7]**이다.

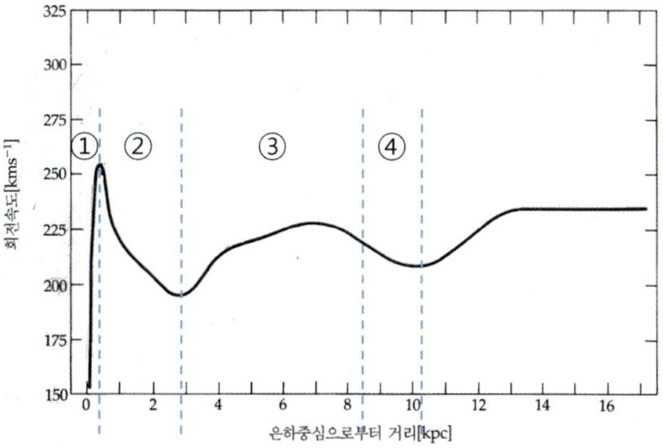

[그림 18-7] 은하의 회전 속도 곡선

출처: 천문학 및 천체물리학 4판

①에서 회전속도는 선형적으로 증가한다. $v = R\Omega$에서 각속도인 Ω가 거의 일

정하므로 $v \propto R$이 되어 레코드판과 같이 회전한다.

②에서는 속도가 감소하는데 $\frac{v^2}{R} \simeq \frac{GM}{R^2}$라는 식에서 $v = \sqrt{\frac{GM}{R}} \propto \frac{1}{\sqrt{R}}$이 되어 케플러 회전을 하는 것으로 보인다. 은하의 중심으로 갈수록 질량이 집중되는 은하라면 은하의 끝부분까지 모두 케플러 회전(Keplerian rotation)을 하여 속도가 감소하겠지만 은하 중심에서 멀어지면서 은하 원반과 헤일로에 있는 질량이 크게 존재하므로 그래프는 오히려 증가하거나 편평해지는 경향이 있다.

③에서는 v의 변화량이 작아서 $\Omega \approx \frac{1}{R}$인 운동을 한다. 따라서 안에서는 빠르게 회전하지만, 밖에서는 느리게 회전하는 운동을 한다.

④의 경우를 알아보기 전, 다음을 생각해보자. 만약 v가 $v = v_0\left(\frac{R_0}{R}\right)^{\alpha}$라고 가정하면,

$v = R\Omega = v_0\left(\frac{R_0}{R}\right)^{\alpha} = R_0\Omega_0\left(\frac{R_0}{R}\right)^{\alpha}$에서

$$\Omega = \Omega_0\left(\frac{R_0}{R}\right)^{\alpha+1} \qquad \text{[식 18-23]}$$

이 된다. 이를 이용하여, 은하 중심에서 거리 R에 따른 각속도 Ω의 변화량을 구하면

$$\frac{d\Omega}{dR} = \Omega_0 R_0^{\alpha+1}(-\alpha-1)R^{-\alpha-2} = -\Omega_0\frac{1}{R}\left(\frac{R_0}{R}\right)^{\alpha+1}(\alpha+1)$$

[식 18-24]

이 된다. 이전에 배웠던 A, B값에 $R=R_0$로 $\dfrac{d\Omega}{dR}$항에 대입하면

$$A = -\frac{R_0}{2}\left(\frac{d\Omega}{dR}\right)_{R_0} = \frac{R_0\Omega_0}{2}\frac{1}{R_0}\left(\frac{R_0}{R_0}\right)^{\alpha+1}(\alpha+1) = \frac{\alpha+1}{2}\Omega_0$$

[식 18−25]

$$B = A - \Omega_0 = \left(\frac{\alpha+1}{2} - 1\right)\Omega_0 = \frac{\alpha-1}{2}\Omega_0$$

[식 18−26]

가 된다. α값에 따라 A와 B의 관계는 변한다. 그리고 속도 그래프의 모양은 α값에 따라 변하는 것으로 이해할 수 있다. $\alpha=0$이면 $|A|=|B|$, $\alpha>0$이면 $|A|>|B|$, $\alpha<0$이면 $|A|<|B|$이다. **❙그림 18-7❙**에서 ④는 속도가 점점 줄어들기에 $\alpha>0$의 경우이다. ③과 같이 그래프가 평평한 모양이라면 $\alpha=0$인 $|A|=|B|$인 것이다. v가 일정하기에 $M=\dfrac{Rv^2}{G}$의 관계에서 은하의 질량이 거리에 따라 증가하게 된다.

❙그림 18-7❙의 회전 곡선을 이용하면 우리은하의 질량을 유추할 수 있다. 유추된 질량은 전파망원경으로 HI이나 분자를 통해 관측하는 질량보다 더 큰 값을 얻는다. 이는 빛을 통해 관측할 수 없는 질량이 존재하기 때문으로 생각된다. 이러한 질량을 가진 물질을 암흑물질(dark matter)이라 부르며, 암흑물질은 은하에만 존재하는 것이 아니라 은하 간에도, 즉 우주 전체에 굉장히 많이 존재한다.

암흑 물질과 비슷한 에너지들이 우주에 분포하는데 이 에너지를 암흑에너지(dark energy)라고 부른다. 암흑에너지는 우주에서 75% 정도를 차지하고, 암흑물질은 20%를 차지한다. 따라서 우리가 직접 볼 수 있는 질량은 약 5% 정도로 우리는 아직도 우주에 대해 약 95%를 모르고 있다고 생각해도 과언이 아니다.

2 고속도 별

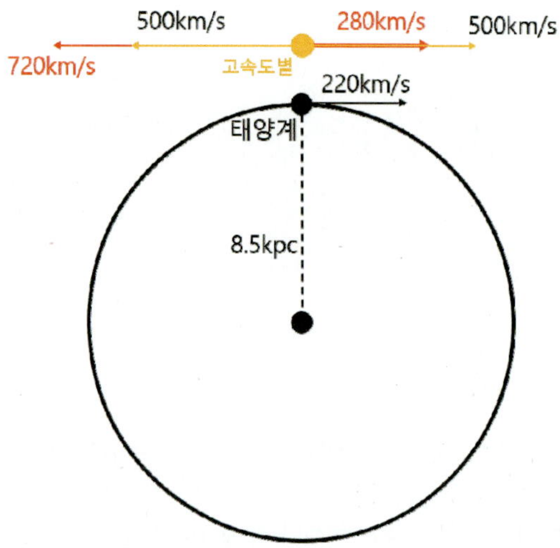

┃그림 18-8┃ 고속도 별

우리은하 내에는 고속도 별(high-velocity stars)이 있다. 고속도 별의 속도는 실제 별이 관측되는 속도만큼 빠르게 움직이는 것이 아니라 태양계의 움직임에 대한 상대적인 속도를 의미한다. ┃그림 18-8┃를 보자. 우리은하 내에서 태양계는 우리은하의 중심으로부터 약 8.5kpc 떨어져 있다. 우리은하와 같은 방향으로 500km/s로 움직이는 별이 있다고 생각하면, 220km/s로 움직이는 태양계에서 보면 상대적으로 280km/s로 움직이는 것처럼 보인다. 반대의 경우 별은 720km/s로 움직이는 것처럼 관측된다. 예를 들어 나이가 많은 K형 별의 경우 은하면상에서 이심률이 큰 타원 운동을 하는데, 이 별 궤도의 원은하점이 LSR 근처가 되면 실제 느리게 운동하기에 LSR에 대해서는 반대방향으로 빠른 속도로 운동하는 것처럼 관측된다. 그러나 A형 별의 경우 LSR의 운동과 그리 크게 다르지 않기에 저속도 별로 관측되는 경향이 있다.

3 우리은하 내의 태양계 운동

우리은하 안에서 태양계는 220km/s로 돌고 있는 것 외에 특이 운동을 하는데, 이 운동은 현재 km/s의 단위를 사용하여 (−10.4, 14.8, 7.3)으로 표현된다. −10.4km/s는 220km/s로 이동하고 있는 것에 대하여 은하중심으로, 14.8km/s는 220km/s로 운동하는 방향 쪽으로, 7.3km/s는 은하면에서 위쪽으로 오르는 방향으로 움직이고 있는 것을 의미한다. 현재 태양계는 현재 은하의 북쪽을 향하여 운동하는데, 이 상태를 유지하는 것이 아니라 일정한 주기를 가지고 진동 운동을 한다. 진동 운동은 성간 매질, 암흑 물질이 가지는 퍼텐셜 에너지에 의해 발생한다.

부 록

항성의 운동

- 시선속도: 스펙트럼선의 도플러 효과 → $v_r = c\dfrac{\Delta\lambda}{\lambda_o}$
- 고유운동: 접선속도에 의해 1년간 천구에서 μ만큼 이동 → $v_t = d\mu$ →

  $v_{t,\,km/s} = 4.74\,d_{pc}\,\mu''/\text{년}$
- $v = \sqrt{v_r^2 + v_t^2}$

국부표준정지좌표(Local Standard of Rest, LSR)

우리은하 중심에서 태양까지의 거리($R = R_o \simeq 8.5\,kpc$)만큼 떨어진 지역이 완전히 은하중심을 중심으로 원궤도를 그린다고 정의하자. 그러면 그 지역에 대하여 모든 별의 속도를 측정할 수 있다. 바로 이 지역을 LSR(Local Standard of Rest)이라 부른다. 따라서 **▎부록 그림 18-1▎**에서 보여주는 속도 좌표계를 써서 LSR의 속도좌표를 표시해 보면 $(\Pi, \Theta, Z) = (0,\ V_\odot, 0)$이 된다. 여기서 $V_\odot$은 LSR의 은하회전 속도이다. 이 LSR에 대하여 별들의 특이 운동 속도는 $(u, v, w) = (\Pi, \Theta - V_\odot, Z)$로 정의할 수 있다. 만약 태양 주변의 별들의 운동을 통계적으로 보면, LSR과 같이 움직인다고 할 수 있다. 이에 대하여 태양은 **▎부록 그림 18-2▎**와 같이 특이 운동을 한다고 볼 수 있다. 태양의 특이 운동 속도는 km/s 단위로 $(u, v, w) = (-10, 5, 7)$, 즉 태양은 실제로는 은하중심을 향하고, LSR보다 빠르며, 은하 북쪽을 향해 운동한다.

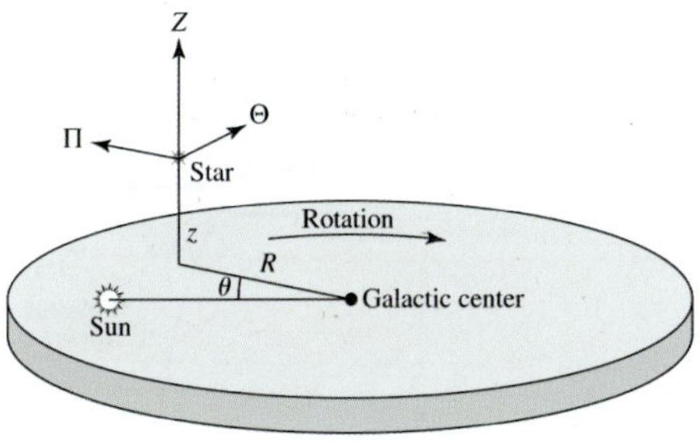

|부록 그림 18-1| 우리은하 속도좌표계

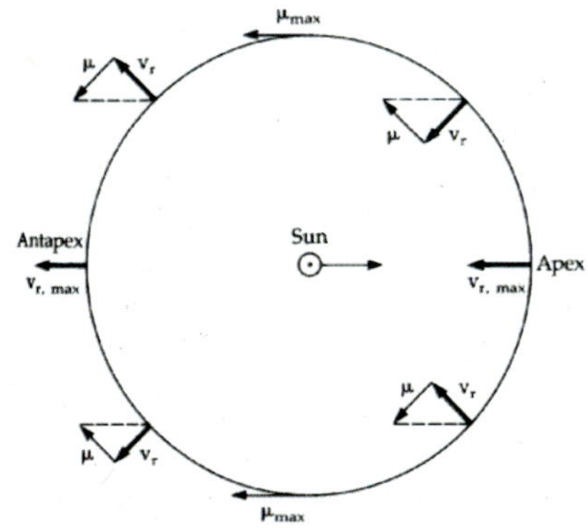

|부록 그림 18-2| 주변별에 대한 태양의 운동

- 태양의 향점과 배점: $v_{r,\max}$, $\mu = 0$관측

  향점: 허큘리스자리 방향 $19.5\,km/s$

  배점: 비둘기자리

- LSR에서의 $\Theta_{\max} = V_{esc} = \sqrt{2}\,V_{\odot}$ 이기에 LSR을 $\Theta_{\max}$속도로 passing 하는 별은 $\Theta_{\max} - V_{\odot} = (\sqrt{2}-1)\,V_{\odot} \simeq 62\,km/s$를 넘지 않는다. 만약 flat 회전속도를 가정한다면 이러한 별들은 $e = 0.17$ 정도의 저이심률 궤도를 가진 것으로 생각되고, (**|부록 그림 18-4|**의 B궤도) $-150\,km/s$로 관측되는 별은 실제 속도가 $70\,km/s$ 되기에 $e = 0.52$ 정도의 고이심률 궤도를 가진 것으로 보인다 (**|부록 그림 18-4|**의 A 궤도). 그런데 A형별들은 저이심률 궤도를 가진 것이 많고, 늙은 종족 II의 별들은 고이심률의 궤도를 가진 것들이 많다.

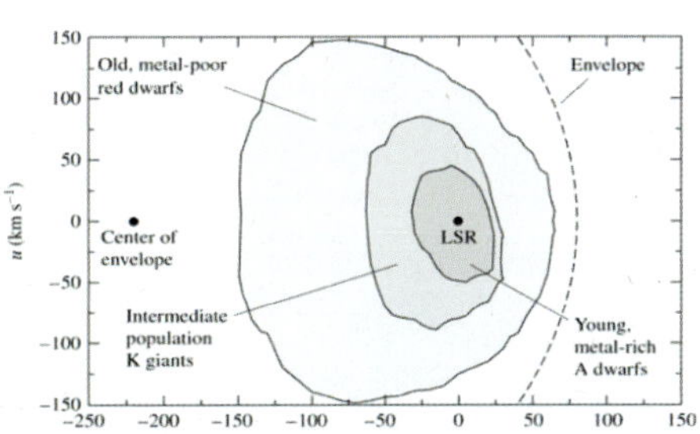

|부록 그림 18-3| 별들의 특이속도 분포

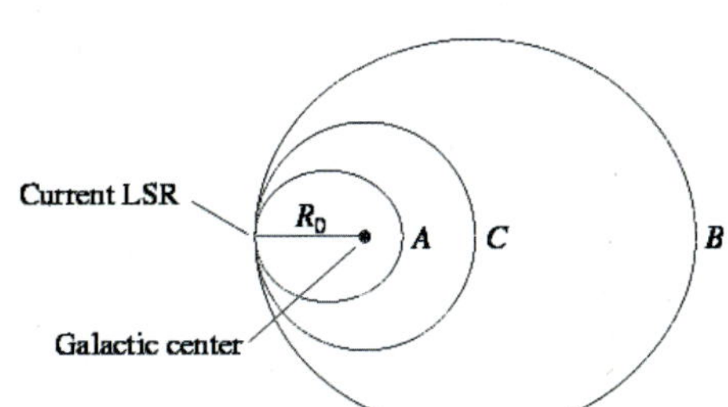

|부록 그림 18-4| 궤도에 따른 속도 분포

운동성단

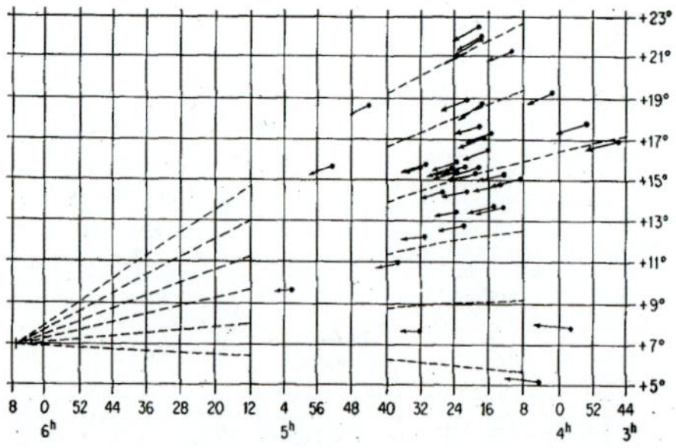

❙부록 그림 18-5❙ 하이데스 성단의 고유운동

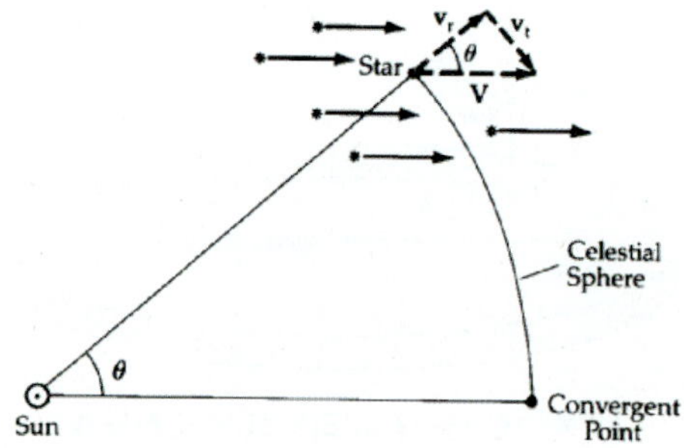

❙부록 그림 18-6❙ 운동성단 모델

$$d_{pc} = \frac{v_t}{4.74\,\mu} \rightarrow v_t = v_r \tan\theta$$

$$\rightarrow d_{pc} = \frac{v_r \tan\theta}{4.74\,\mu}$$

$\cos\theta = \sin\delta\sin\delta_c + \cos\delta\cos\delta_c\cos(\alpha - \alpha_c)$,

$\mu = \sqrt{(\mu_\alpha \cos\delta)^2 + \mu_\delta^2} \rightarrow d \simeq 46\,pc$

→ 성단의 H-R도(절대등급$-\ T_{eff}$ 관계)

→ 주계열 맞추기로 성단까지의 거리 측정

$\rightarrow \Delta m = 5\log\left(\frac{d}{d_{Hy}}\right)$

$\rightarrow \Delta m \simeq 2.3 \rightarrow d_{Ple} \simeq 132.7\ pc$

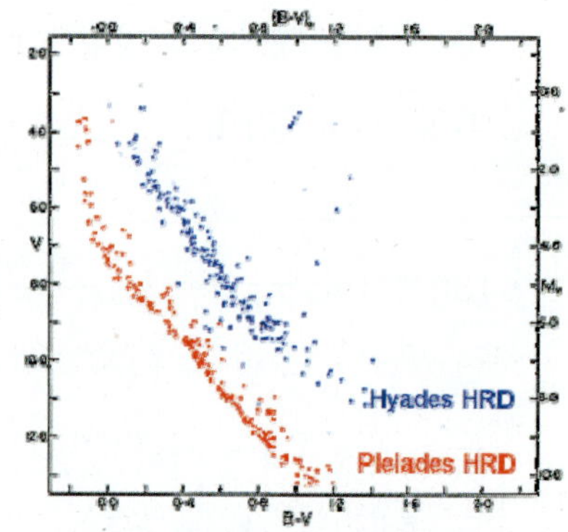

❙부록 그림 18-7❙ 주계열 맞추기

열아홉 번째

우리은하와 관련해서

1 은하수

은하수로 관측되는 우리은하와 머리털자리의 NGC4565를 비교해 보면, 원반의 가운데를 가로지르는 검은 띠가 보이고 원반의 중심은 볼록하고, 원반의 가장자리로 갈수록 얇아진다. 검은 띠가 가운데를 가로지르는 것으로 보아 우리은하 원반에서 지구가 속한 태양계는 은하 원반 가운데에 위치하고($Z=0$), 은하수의 볼록한 곳에서 양쪽으로 가늘어지는 것으로 보아 태양계는 은하 중심에서 가장자리에 위치할 것이다. 우리은하에서 가장 가까운 은하인 안드로메다 은하와 비교해 보면 우리은하의 원반에도 나선팔이 있을 것이다.

그림 19-1 풍문여고 조용현 선생이 서호주에서 촬영한 은하수

▍그림 19-2▍ 우리은하

▍그림 19-3▍ NGC 4565(머리털자리)

▍그림 19-4▍ 안드로메다은하

중앙 팽대부(bulge)에는 종족 II, 종족 I 별들이, 원반(disk)에는 종족 I, 성간 기체, 성간 먼지, 자기장, 성운(암흑, 반사, 발광), 은하성단들이 있으며, 헤일로(halo)에는 종족 II, 구상성단 천체들이 있다. 우리은하는 **▍그림 19-5▍**와 같은 구조를 가지고 있는데, 관측에 의해 보이는 나선팔에는 젊은 별들, HI 구름, HII 영역들이 있다. **▍그림 19-8▍**은 천문학자들의 관측에 기반하여 미술가가 그린 우리은하의 모습이다.

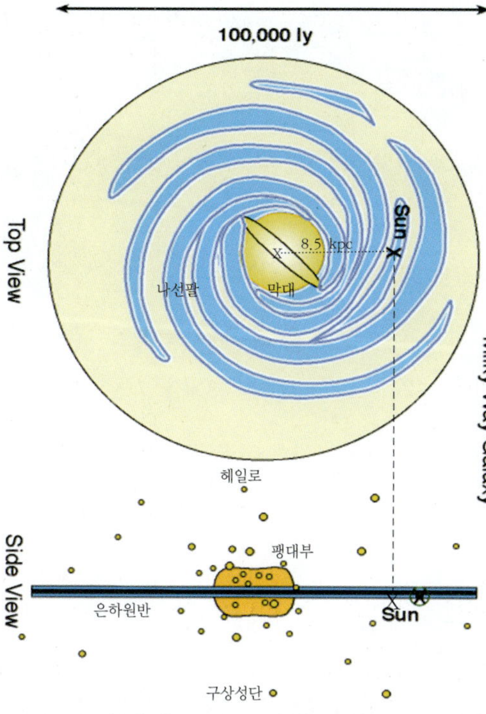

|그림 19-5| 우리은하 모형

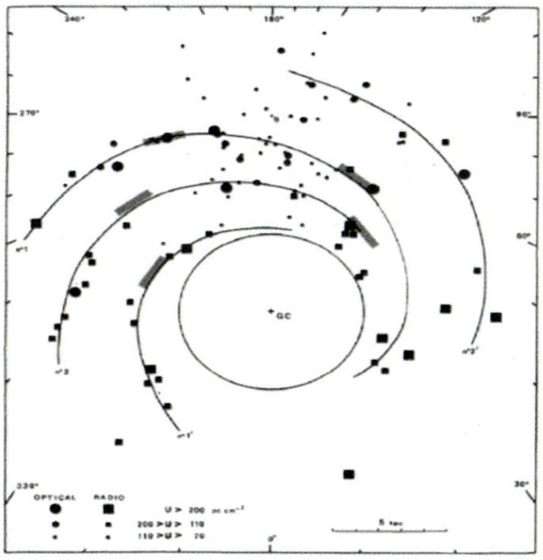

|그림 19-6| 나선팔과 젊은 천체들의 위치
Georgelin and Georgelin(1976)

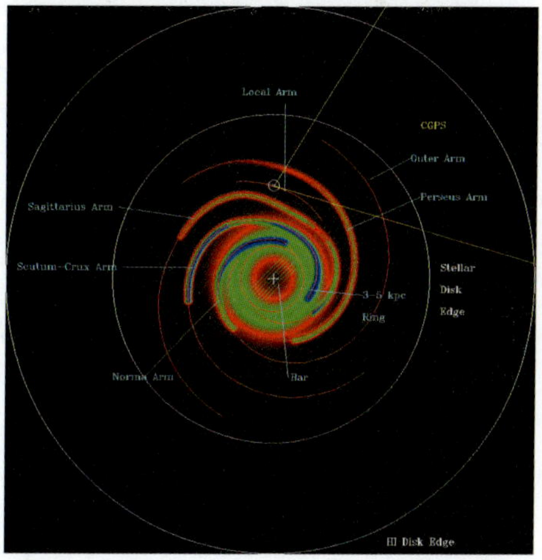

|그림 19-7| Canadian Galactic Plane
Survey에 의한 우리은하 나선팔

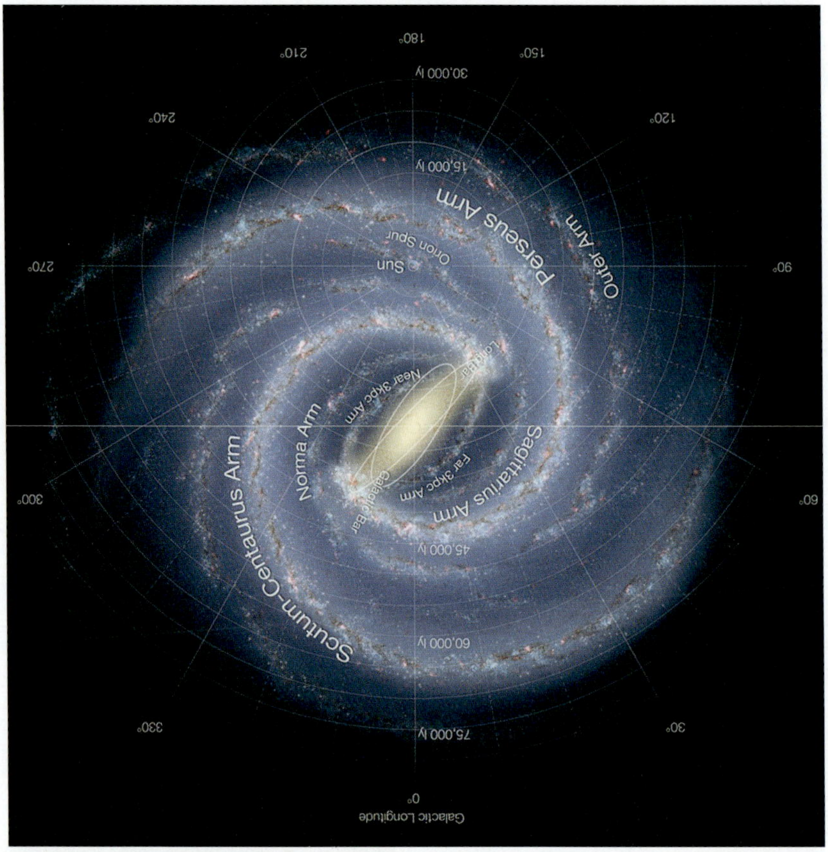

▎그림 19-8▎ 미술가가 그린 우리은하 그림

2 우리은하의 나선팔 구조

우리은하는 막대나선은하로 나선팔을 가지고 있다. HI의 21cm 방출선 전파를 이용하여 우리은하의 나선팔 구조를 파악할 수 있다. 이는 별이 태어나는 장소를 볼 수 있는 HII 영역으로 관측한 구조와 유사하므로 나선팔 근처에서 별이 생성되는 것을 알 수 있다. 나선팔은 우리은하 이외의 다른 은하에도 존재한다.

우리은하가 한 바퀴 회전하는 데 걸리는 시간은 약 2억 5,000만 년으로 회전이 몇 번 이루어지면 물리적으로 나선팔 흔적이 사라져야 하지만 나선팔은 은하가 처음 존재한 이후 지금까지 계속 유지되고 있다. 나선팔은 어떠한 기작에 의해 만들어졌고, 어떻게 유지되는 것일까?

은하 구조의 진화에 대해 가장 유망하게 접근한 것은 밀도파 모형(density wave model)으로, 중력 섭동이 있다고 가정했을 때 방정식을 풀면, 나선팔 구조를 표현할 수 있다. 그러나 이러한 밀도파 모형 역시 중력 섭동에 의한 나선팔의 구조에 대한 정보를 제공할 뿐, 나선팔의 생성 원리를 설명하지는 못한다.

3 우리은하의 천체

우리은하의 천체들을 보면 별들은 대개 성간 구름으로부터 생성된다. 처음에 생성되어 나이가 많은 별들은 금속이 낮은 함량이 적은 기체에서부터 생성되어 금속함량이 낮고, 시간이 지나 생성된 별들은 금속함량이 많은 기체에 의해 생성되기 때문에 금속함량이 많다. 최근에 생성된 금속함량이 많은 종족I별들은 원반에 많이 존재하고, 나이가 많고 금속함량이 적은 종족II별들은 원반 위 혹은 헤일로에 많이 존재한다. 종족I에서 종족II로 갈수록 은하의 중심에 많이 분포하므로 은하 중심 집중도가 크다.

4 우리은하의 중심

우리은하의 중심은 궁수자리(Sagittarius, 약기 Sgr) A가 있는 지역에 위치한다고 생각된다. 궁수자리 A는 Sgr A East, Sgr A West, Sgr A*로 나뉜다. Sgr A East는 비열 전파원으로 싱크로트론 복사가 강한 지역이기 때문에 초신성의 잔해로 해석된다. Sgr A West는 HII영역과 같은 전파 스펙트럼을 가지고 있다. Sgr A West의 경우 내부에 0.1초 이하의 점과 같은 비열적 복사 전파원이 있는데, 우리은하의 핵을 표시하는 것으로 추정된다. Sgr A*는 X선이 강하게 관측되고, 우리은하를 원으로 가정하여 질량을 계산했을 때 0.1pc 내에 굉장히 커다란 $3 \times 10^6 M_\odot$의 질량이 있는 것으로 추정되며, 이는 블랙홀과 관계있는 것으로 생각된다.

5 은하의 과거와 비리얼 온도

원시은하(protogalaxy) 구름이 응축하여 은하를 형성하는 데 비리얼 정리를 이용하면 비리얼 온도(virial temperature)를 구할 수 있다. 정유체역학 평형식 $-\frac{1}{\rho}\frac{dP}{dr} = \frac{GM}{r^2}$과 이상기체상태 방정식 $\frac{P}{\rho} = \frac{kT}{\mu m_H}$을 이용하면 비리얼 온도는 대략 $T_{virial} = \frac{GM\mu m_H}{kR}$이 된다. 이는 천체들이 운동하는 것을 온도의 개념으로 이야기한 것이다. $10^{12} M_\odot$와 50kpc의 단위를 사용하여 비리얼 온도를 계산하면 약 10^6K가 나온다. 실제 우리은하의 온도는 약 100K 정도로 비리얼 온도보다 훨씬 낮다.

이는 응축 과정에서 에너지가 많이 소실되었기 때문이다. 응축시간은 대략 자유낙하시간(free-fall time)으로 계산되어, 약 1억 년 정도 소요된다. 130억 년 전 원시 은하 구름이 처음에 빠르게 움직였을지라도 응축 과정에서 상당한 에너지가 소실되고, 그 에너지 소실에 의해 현재의 상태에 이르게 되었을 것으로 추정한다.

6 우주선과 은하장

은하 내에서 대전 입자가 움직이면 자기장이 형성된다. 대전 입자들은 HII 영역에 많이 존재하므로 나선팔을 따라 은하 원반에 은하장이 강하게 나타난다. 은하의 자기장은 전파에서 들어오는 빛이 패러데이 회전에 의해 편광된 것을 관측하거나 자기장에 의해 제만 효과에 의해 분리되는 것을 관측하여 추정한다.

기체나 티끌 외에 성간매질을 채우는 높은 속도의 광자와 물질이 있는데, 이를 우주선(cosmic rays)이라 부른다. 우주선은 은하자기장에 단단히 묶여 있다. 초신성 또는 다른 은하에서 오는 우주선은 자기장을 통해 우리에게 오는데, 굉장히 많이 교란되므로 어디서부터 오는지 잘 찾기가 힘들다. 지구로 가장 많이 도달하는 우주선은 태양에서 오는 작은 에너지를 가진 우주선이 보통이고, 굉장히 에너지가 큰 우주선은 주로 다른 은하에서부터 오거나 상당히 많은 부분은 초신성에서 온다.

7 21cm 방출선

우리은하 성간매질의 온도가 매우 낮기에 수소원자는 모두 바닥상태에 있는데, 수소원자는 수소 원자핵과 전자의 스핀 상태에 따라 $n=1$ 에너지 준위가 **| 그림 19-9 |** 와 같이 초미세준위를 갖는다.

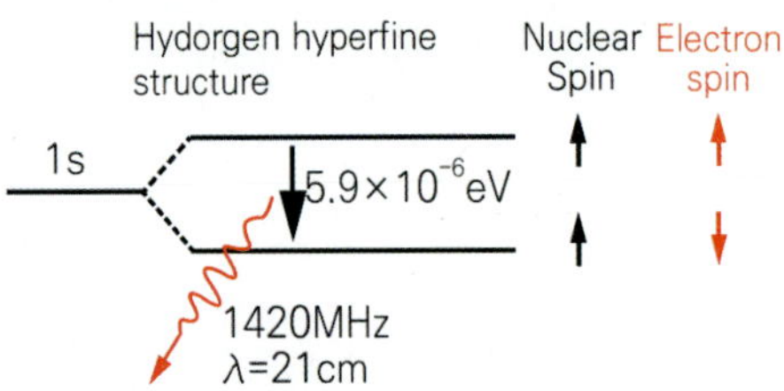

| 그림 19-9 | 수소원자 바닥상태의 초미세에너지 준위

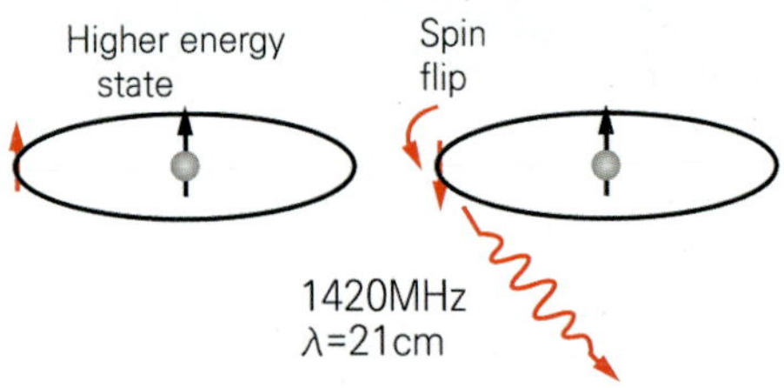

| 그림 19-10 | 핵과 전자의 스핀 상태에 의한 초미세에너지 준위 천이에 의한 21cm 방출선

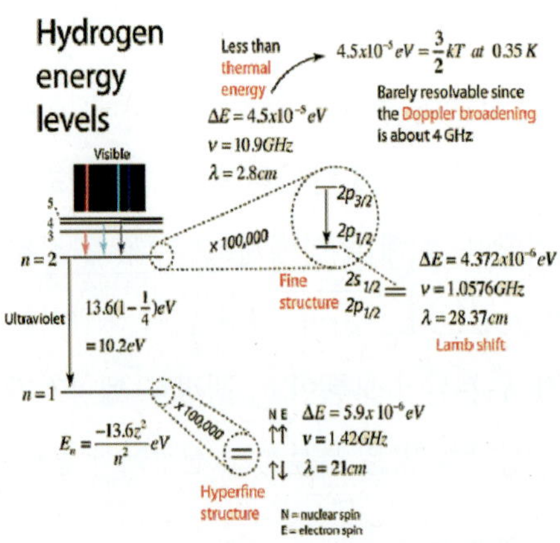

| 그림 19-11 | 수소원자의 중요한 에너지 준위

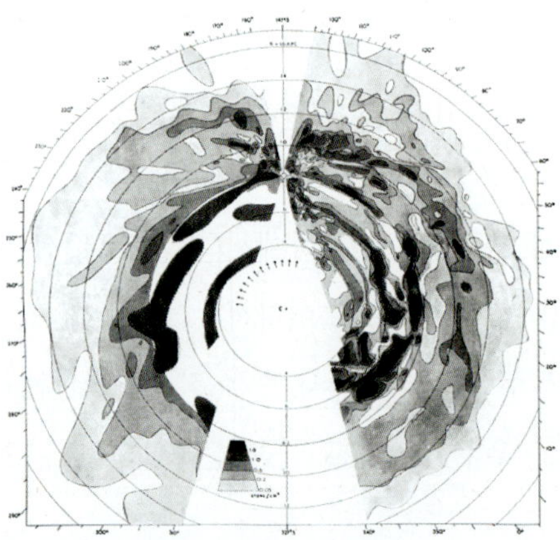

| 그림 19-12 | 21cm 수소선을 이용한 우리은하의 나선팔 구조

우리은하의 성간매질에서는 수소원자의 충돌에 의해 핵과 전자의 스핀이 반평행 상태에서 평행 상태로 충돌여기(collisional excitation)할 수 있는데 이러한 여기

는 400년에 한 번 정도 발생한다. 그런데 up 상태에서 down 상태로의 자발적 천이(spontaneous transition)는 1,100만 년에 한 번 정도 일어나며, 이것은 매우 긴 시간에 한 번 일어나는 것일 뿐이지만, 우리은하에는 막대한 양의 수소원자가 있기에 21cm 방출선 관측이 가능하다.

우리은하에서 은경 l방향으로 21cm 방출선을 관측하면 방출선의 시선속도는 **|그림 19-13|**에 의하여 $V_r = \left(\frac{V}{R} - \frac{V_o}{R_o}\right) R_o \sin l$로 관측된다. 이 식은 $\frac{V}{R} = \frac{V_r}{R_o \sin l} + \frac{V_o}{R_o}$이기에 우리은하의 회전 속도를 flat rotation으로 가정($V = V_o$)하면 $R = \left(\frac{V_r / V_o}{R_o \sin l} + \frac{1}{R_o}\right)^{-1}$를 이용하여 R을 구하고, $R^2 = R_o^2 + r^2 - 2R_o r \cos l$을 이용하여 $r = R_o \cos l \pm \sqrt{R_o^2 \cos^2 l - R_o^2 + R^2}$을 얻는다. 그러면 우리는 21cm 방출선을 방출하는 우리은하 내에서의 수소구름의 위치를 알 수 있다. 이러한 방법으로 **|그림 19-12|**와 같은 우리은하 나선팔 구조를 알 수 있다.

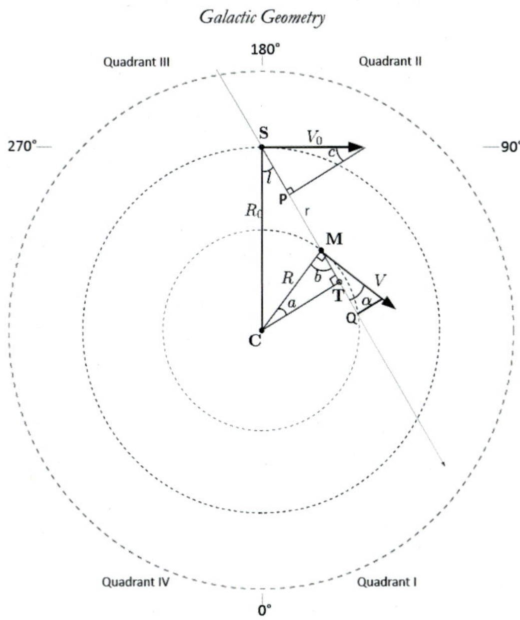

|그림 19-13| 우리은하 회전속도에 의한 관측 시선속도 모형

$\alpha = 0$인 접점(T)의 속도(V)와 은하 중심부터의 거리(R) 관계는 은경 l방향으로 21cm 방출선을 관측하면 방출선의 V_r의 최대 속도 $V_{r,t}$을 관측하여

$$V = V_{r,t} + V_o \sin l \qquad [식\ 19-1]$$

$$R = R_o \sin l \qquad [식\ 19-2]$$

를 이용하여 우리은하의 회전 속도 곡선을 구한다. **┃그림 19-14┃**의 관측을 이용하면 **┃그림 19-15┃**와 같은 우리은하 회전 속도 곡선을 얻을 수 있다.

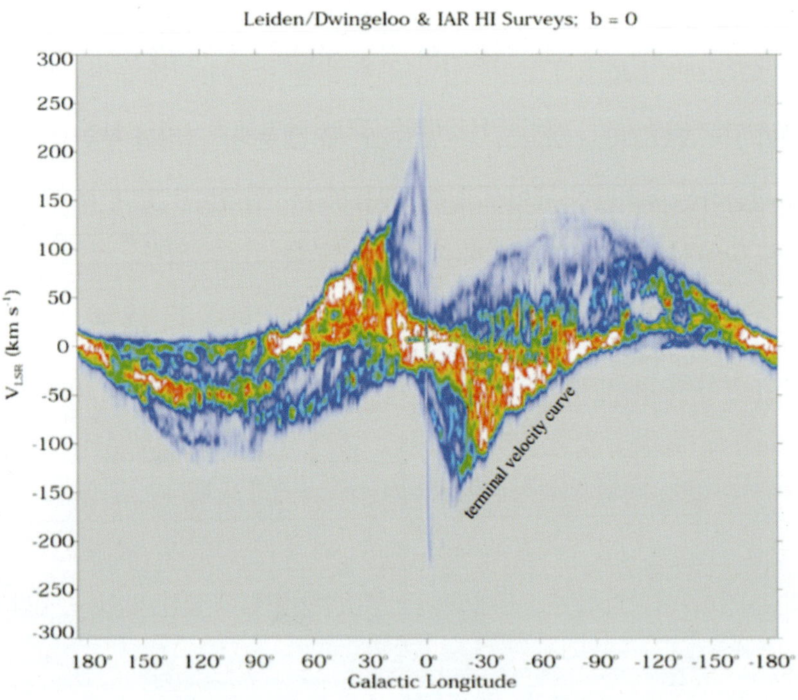

┃그림 19-14┃ 우리은하 21 cm 방출선의 $V_r - l$ contour

출처: https://www.astro.umd.edu/~richard/ASTRO421/MilkyWay_lec10.pdf

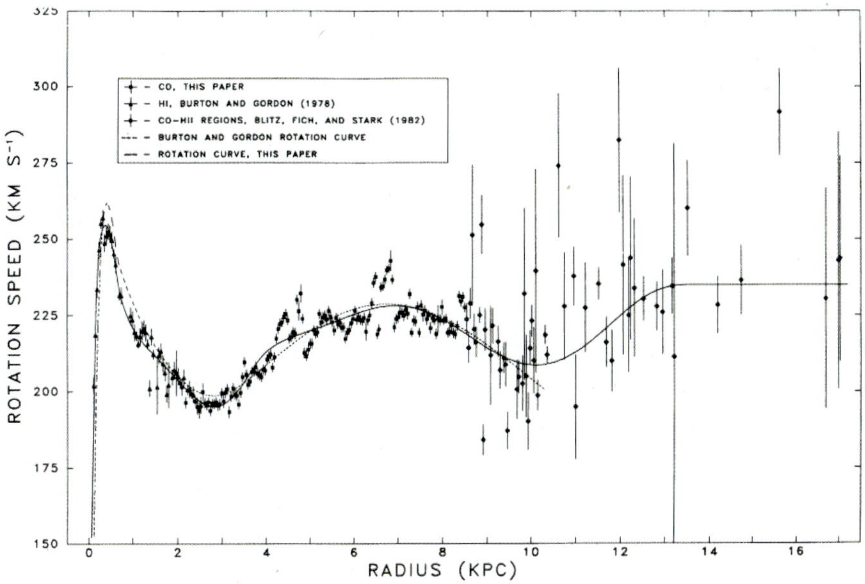

|그림 19-15| **우리은하의 회전속도 곡선**

출처: https://web.njit.edu/~gary/202/Lecture25.html

앞에서 다룬 것을 다시 한번 더 살펴보면, $r \ll R_o$이면 $\Omega - \Omega_o = \left(\frac{d\Omega}{dR}\right)_{R_o}(R - R_o)$, $R = R_o - r\cos l$ 그리고 $A = -\frac{R_o}{2}\left(\frac{d\Omega}{dR}\right)_{R_o}$, $B = A - \Omega_o$이기에 $V_r = Ar\sin 2l$, $V_t = r(A\cos 2l + B)$이 된다. **|그림 19-16|**과 같이 LSR 근처 별을 V_r 혹은 V_t를 관측하면 $A \simeq 15.3\,km/s/kpc$, $B \simeq -11.9\,km/s/kpc$를 얻는다.

따라서 $\Omega_o \simeq 27.2\,km/s/kpc$이고, 구상성단 분포로 관측된 $R_o \simeq 8.5\,kpc$를 이용하면 $V_o \simeq 230\,km/s$가 된다.

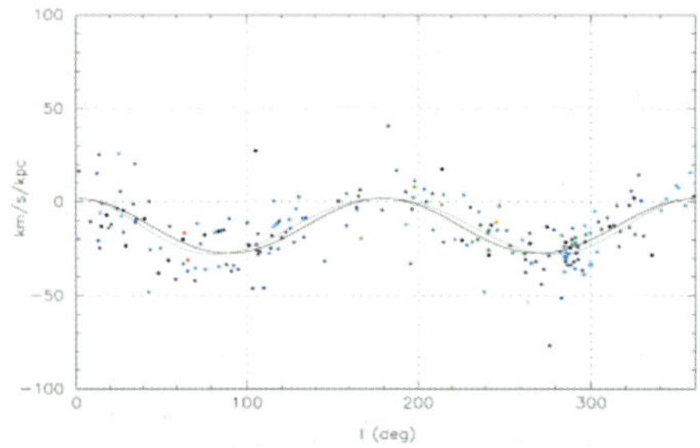

Figure 6.6. The quantity $\kappa\mu_l$, corrected for solar motion, as a function of galactic longitude, showing the effect of galactic rotation. The solid curve shows the fitting of the data for stars within 1 kpc from the Sun, the grey curve shows the same for stars with a projected distance of 5 kpc. Only stars with projected distances beyond 1.2 kpc are shown and used in the solution for the curves shown here

|그림 19-16| 1kpc 부근의 세페이드 변광성의 고유운동에 의한 속도분포

출처: http://people.virginia.edu/~dmw8f/astr5630/Topic06/t6_oort_hipparcos.html

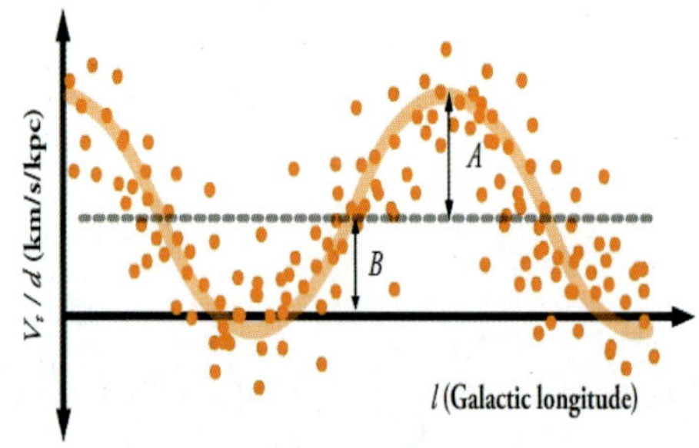

|그림 19-17| 관측된 V_t에서의 오오트 상수 A, B

출처: https://en.wikipedia.org/wiki/Oort_constants

그런데 $R\dfrac{d\Omega}{dR} = R\dfrac{d}{dR}\left(\dfrac{V}{R}\right) = \left(\dfrac{dV}{dR}\right) - \dfrac{V}{R}$이기에 $A = -\dfrac{1}{2}\left(\dfrac{dV}{dR}\right)_{R_o} + \dfrac{1}{2}\dfrac{V_o}{R_o}$, $B = -\dfrac{1}{2}\left(\dfrac{dV}{dR}\right)_{R_o} - \dfrac{1}{2}\dfrac{V_o}{R_o}$ 을 이용하면 $A^2 - B^2 = -\dfrac{V_o}{R_o}\left(\dfrac{dV}{dR}\right)_{R_o} \simeq 2\pi G\rho$이 된다. 마지막 식을 이해하기 위해서 $v = \left(r\dfrac{d\Phi}{dr}\right)^{1/2}$이면 $v^2 = r\dfrac{d\Phi}{dr}$이기에 $\Phi = -\dfrac{GM}{R}$이면 $V = \sqrt{\dfrac{GM}{R}}$이고, $\dfrac{dV}{dR} = -\dfrac{1}{2}\sqrt{\dfrac{GM}{R^3}}$ 이 되어 $-\dfrac{V}{R}\dfrac{dV}{dR} = \dfrac{1}{2}\dfrac{GM}{R^3} = \dfrac{2\pi}{3}G\rho$가 된다. 즉 $A^2 - B^2 \propto G\rho$인 관계가 있다. 이렇게 구한 우리은하의 태양계 근처의 개수 밀도는 대략 $n \sim 0.138\ H/cm^3$ 정도이다.

우리은하의 회전곡선을 해석하기 위해 먼저 강체회전($\Omega = \Omega_o$(일정))을 고려해 보면 $V = \omega_o R$이기에 은하 중심부의 회전 속도 모습을 보인다. 케플러 회전인 $V = \sqrt{\dfrac{GM}{R}} \propto \dfrac{1}{\sqrt{R}}$ 은 $\Omega = \sqrt{\dfrac{GM}{R^3}}$ 이고, 편평한(flat) 회전은 $V = V_o = R\Omega$이기에 $\Omega = \dfrac{V_o}{R}$이다. 모두 $\Omega = \Omega(R)$과 같이 각속도가 거리에 따른 함수로 주어지

는 미분회전(differential rotation)을 한다. 위 세 종류의 회전으로 우리은하 회전곡선을 설명하기는 어렵다. 왜냐하면 원반 물질, 팽대부(bulge)와 헤일로에 있는 물질만으로는 우리은하 회전곡선을 설명하기 어려우므로, 암흑물질이 기여해야 하기 때문이다(**┃그림 19-19┃** 참조).

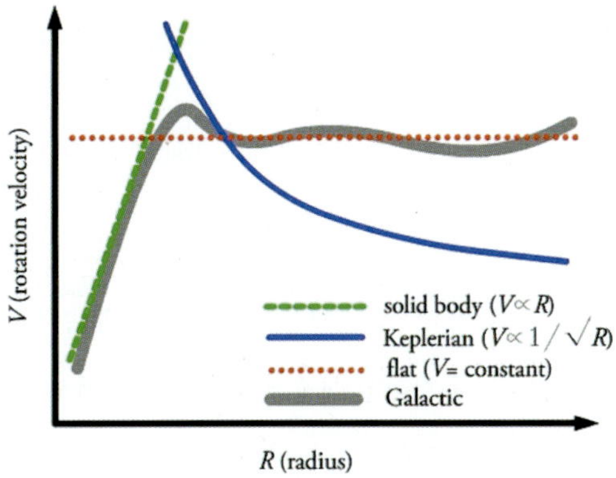

┃그림 19-18┃ 강체회전, 케플러회전, flat 회전

출처: https://en.wikipedia.org/wiki/Oort_constants#/media/File:Rotation_curve_eqs.jpg

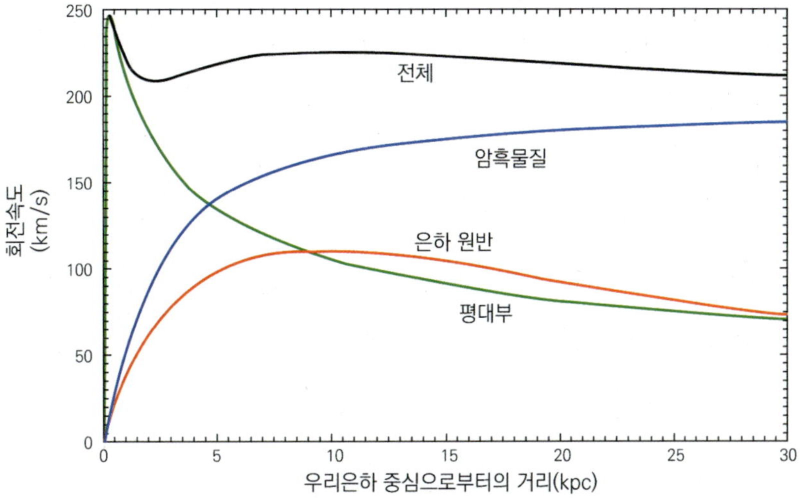

┃그림 19-19┃ 우리은하의 회전곡선

회전곡선에 의한 질량은 $M(r) = \frac{rv(r)^2}{G}$의 식을 이용한다. 편평한 회전속도는 $v(r) = v_o =$일정이기에 $M(r) = \frac{rv_o^2}{G}$ 관계로부터 은하 전체의 질량은 은하 중심에서 멀어지면서 증가한다. 즉 은하 헤일로에 보이지 않는 질량이 존재한다는 의미이다. 이러한 물질을 암흑물질이라 부른다. 그런데 $\frac{dM}{dr} = 4\pi r^2 \rho(r)$이기에 $\rho(r) = \frac{v_o^2}{4\pi G}\frac{1}{r^2}$이다. 즉, 은하 중심에서 거리가 멀어질수록 질량 밀도는 감소한다.

그러나 은하 팽대부(bulge) 중심에 위치한 은하핵 방향으로는 질량이 중심으로 밀집되어 초질량블랙홀의 존재를 의심하게 한다. 관측에 의하여 우리은하 중심에는 $\sim 3\times 10^6\, M_\odot$ 정도의 초질량블랙홀이 존재한다고 알려졌으며, 먼지구름 G2가 이 블랙홀로 들어가는 모습이 발견되었다.

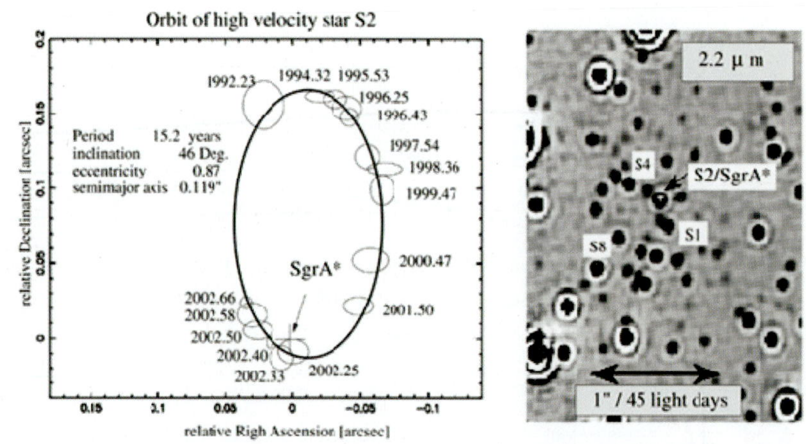

|그림 19-20| 우리은하 초질량 블랙홀 주위 S2 궤도

출처: http://almerja.com/reading.php?idm=72017

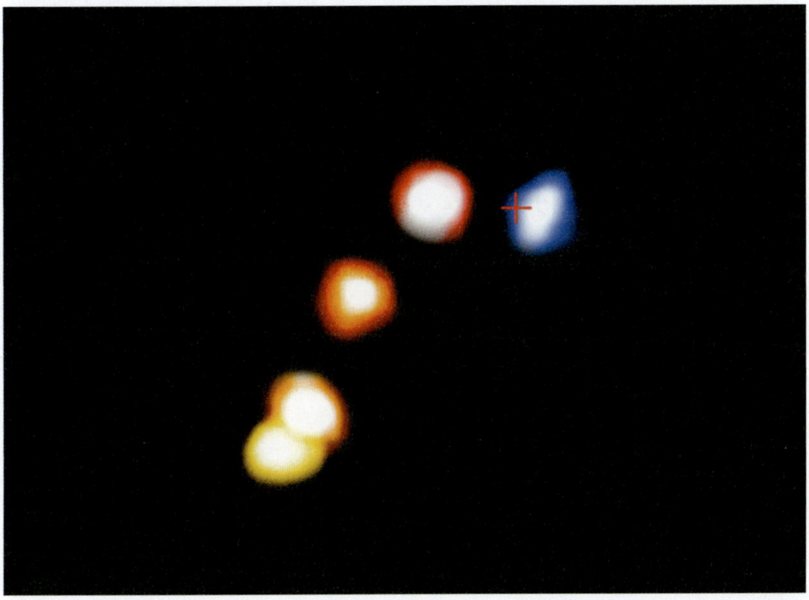

| 그림 19-21 | 먼지 구름 G2의 초질량 블랙홀 근처에서의 위치. 왼쪽부터 2006, 2010, 2012, 2014년에 ESO VLT 관측. +는 블랙홀의 위치. 붉은 색은 지구로부터 후퇴, 청색은 지구로 접근

출처: https://observatori.uv.es/marzo-2015/

스무 번째

외부 은하들

이제 우리은하를 넘어서 외부 은하들에 대해 이야기해보겠다. **|그림 20-1|**의 사진을 보면, 굉장히 많은 은하들이 보인다. 처음에는 이러한 천체들이 우리은하 안에 있는 천체들이라는 생각을 했지만, 결국에는 우리은하 밖에 있는 외부 은하라는 것이 밝혀졌다.

|그림 20-1| 여러 가지 은하들 (ESA/Hubble & NASA)

1 가시광선으로 본 은하

별의 온도는 일반적으로 아주 높으면 20,000K, 아주 낮으면 2,500K 정도이다. 따라서 별에서 나오는 전자기파의 대부분은 가시광선 영역에 해당한다. 태양도 마찬가지이다. 전자기파의 전체 파장대에 비해 가시광선은 굉장히 좁은 영역인데, 이 좁은 영역에서 상당한 양의 정보가 나오는 것이다.

다시 **|그림 20-1|**의 사진을 보면, 은하의 다양한 모양을 확인할 수 있다. 또한 은하와 은하 사이의 거리가 은하의 크기에 비해 상당히 가깝다는 것을 알 수 있다. 별의 크기에 비해 별과 별 사이는 굉장히 멀리 떨어져 있지만, 은하와 은하 사이는 크기에 비해 그렇게 멀리 떨어져 있지 않다. 이로 인해 은하와 은하는 조우하거나 충돌하면서 여러 가지 현상들이 나타난다.

2 은하의 분류

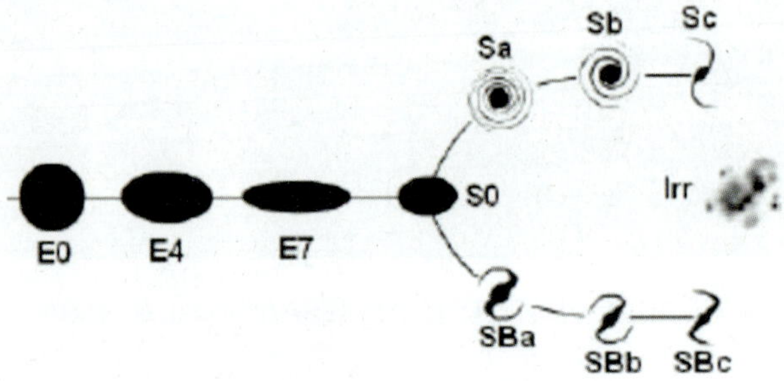

|그림 20-2| 허블의 소리굽쇠형 분류 체계
출처: Aptoula, E., Lefèvre, S., & Collet, C.

|그림 20-2|는 허블의 은하 분류 체계로서, 은하의 형태에 따라 분류한 것이다. 타원은하, 나선은하, 불규칙은하의 분류체계를 보여준다.

타원은하(E)는 편평도에 따라 E0부터 E7까지 세부 분류된다.

나선은하는 막대의 유무에 따라 크게 막대나선은하(SB)와 정상나선은하(S)의 두 가지 형태로 분류할 수 있다. 나선은하의 동역학 구조 연구에 따르면, 나선은하에서 헤일로가 충분히 무겁지 않을 경우 막대구조의 불안정성이 유발되어 막대나선 은하의 형태를 이룬다. 이러한 나선은하는 중앙팽대부의 상대적 크기와 나선팔이 감긴 정도에 따라 다시 세부적으로 분류될 수 있다.

불규칙은하(Irr)는 타원은하나 나선은하와는 다르게 규칙적인 구조를 보이지 않는 은하들에 해당한다. 실제로 불규칙은하가 꽤 많이 관측되는데, 이는 앞서 언급했듯이 은하의 크기에 비해 은하 간 간격이 멀지 않기 때문에 서로 조우하면서 은하의 형태가 상당히 많이 변하는 것으로 설명할 수 있다.

한편, 타원은하의 표면밝기는 중심에서 거리가 멀어질수록 $\log I(r) \propto r^{-1/4}$꼴로 감소한다. 나선은하는 중앙팽대부와 원반의 구조를 갖는데 중앙팽대부는 타원은하의 경우처럼 멱함수꼴로 거리에 따라 표면밝기가 감소하지만, 원반의 경우에는 표면밝기가 거리에 따라 굉장히 빠르게 지수함수적으로 감소한다. 이러한 결과는 은하의 사진건판을 통해 밝혀냈다.

추가적으로 시디은하(cD glaxies)로 분류되는 것들도 있는데, 여기에서 c는 천문학적으로 초거성을 의미하며 D는 확산을 의미한다. 일반적으로 굉장히 큰 타원의 형태로 관측되며, 매우 넓은 헤일로를 갖는다. 별에 비유하면, 마치 초거성처럼 질량이 매우 크고 거대하며 굉장히 확산되어 있는 형태이다. **▌그림 20-1▐**에서 중앙에 굉장히 크게 보이는 은하가 이에 해당한다. 이외에도 왜소은하, 특이은하 등이 존재한다.

|그림 20-3| 특이은하의 예

출처: NASA/The Hubble Heritage Team(STScl/AURA)

관측되는 은하의 형태는 우리 근처에서는 나선은하가 많이 있는 것처럼 보이지만 실은 굉장히 넓은 범위에서 이야기하면, 나선은하가 33%, 타원은하가 13%, 불규칙은하가 54%인 것으로 나타난다. 불규칙은하가 이렇게 많이 보이는 이유는 역시나 은하들이 서로 굉장히 많은 조우를 거쳤다는 것을 반영한다.

3 은하의 측광 특성

|표 20-1|은 타원은하, 나선은하, 불규칙은하의 기본적인 특징을 정리한 것이다. 색지수($B-V$)를 보면, 나선은하나 불규칙은하가 타원은하에 비해 색지수가 낮음을 확인할 수 있다. 이는 나선은하나 불규칙은하가 타원은하에 비해 푸른색의

별들이 굉장히 많다는 것을 의미한다. 즉, 여전히 그 안에서 뜨겁고 새로운 별들이 많이 생성되고 있음을 나타낸다. 한편, 타원은하의 경우에는 충분히 진화된 나이가 많은 별들이 많음을 알 수 있다.

|표 20-1| 은하의 기본적 특징

	타원은하		나선은하		불규칙은하
질량[$M_\odot$]	$10^5 \sim 10^{13}$		$10^9 \sim 4 \times 10^{11}$		$10^8 \sim 3 \times 10^{10}$
절대등급	$-9 \sim -23$		$-15 \sim -21$		$-13 \sim -18$
광도[$L_\odot$]	$3 \times 10^5 \sim 10^{11}$		$10^8 \sim 2 \times 10^{10}$		$10^7 \sim 10^9$
$M/L[M_\odot/L_\odot=1]$	100		$2 \sim 20$		1
지름[kpc]	$1 \sim 200$		$5 \sim 50$		$1 \sim 10$
종족 성분	II와 늙은 I		I(팔), II와 늙은 I(전체)		I, 약간의 II
티끌의 존재	거의 없음		있음		있음
		Sa	Sb	Sc, Sd	
색지수($B-V$)	+1.0	+0.9	$+0.4 \sim 0.8$	$+0.4 \sim 0.6$	$+0.3 \sim 0.4$
M_{HI}/M_T[%]	거의 0	2 ± 2	5 ± 2	10 ± 2	22 ± 4
분광형	K	K	F~K	A~F	A~F

출처: 천문학 및 천체물리학 제4판

기체의 양(M_{HI}/M_T)도 타원은하는 거의 없는 반면, 불규칙은하에는 굉장히 많음을 확인할 수 있다. 기체가 많다는 것은 아직도 풍부하게 별을 생성할 수 있는 원료가 많음을 의미한다.

은하의 분광형 역시 불규칙은하는 A~F의 조기형(early type)의 분광형이지만, 타원은하는 K형태의 만기형(late type) 별들이 있는 것을 볼 수 있다. 물론, 은하의 어떤 부분에 대해 이야기하느냐에 따라 이는 조금 달라진다. 타원은하는 전반적으로 별의 궤도가 아주 불규칙하기 때문에 모든 별들이 잘 섞여있다고 생각할 수 있다. 하지만 나선은하의 경우에는 새로 태어난 별들은 주로 원반에 많이 존재하며, 나이가 많은 별들은 헤일로나 중앙팽대부에 많다. 따라서 나선은하의 원반은 색지수가 작은 반면, 중앙팽대부나 헤일로 영역에서는 색지수가 상대적으로 크다. 실제로 나선은하의 컬러 관측 사진을 보면, 원반은 푸르고 중앙팽대부는 노르스름한 빛을 띠는 것을 볼 수 있다.

은하의 크기를 정하는 것은 가장자리 문제 때문에 쉽지 않은데, 일반적으로 3kpc부터 시작해서 큰 것은 2Mpc에 이른다.

은하의 광도는 거리와 플럭스를 통해 계산할 수 있는데, 여러 가지 보정을 거쳐야 한다.

은하의 질량을 측정하는 방법은 크게 두 가지가 있다. 하나는 광도를 이용하여 질량을 계산하는 것인데, 광도는 방출되는 에너지를 수치화한 것이므로, 우리가 감지할 수 있을 정도의 에너지를 내지 못하는 경우에는 질량에 포함되지 않기 때문에 이렇게 계산한 질량은 최소(minimum) 질량이 된다. 두 번째로는, 동역학적인 방법을 통해 질량을 계산할 수 있다. 동역학적인 질량이라는 것은 운동에너지(KE)와 중력 퍼텐셜에너지(PE)의 비를 이용하여 계산하는 것인데, 이렇게 구한 질량은 최대(maximum) 질량에 해당한다.

굉장히 많은 별들이 모여 은하를 이루기 때문에, 은하는 그 별들이 나타내는 스펙트럼을 종합한 스펙트럼을 보인다. 즉, 어떤 별들이 많이 모여 있느냐에 따라 은하의 스펙트럼이 달라진다. **|그림 20-4|** 에서 (A)는 타원은하의 스펙트럼인데 앞서 **|표 20-1|** 에서 확인한 바와 같이 K형 별들로 주로 구성되기 때문에 K형 별 같은 스펙트럼을 나타낸다. (B)는 만기형 나선은하의 스펙트럼으로서, A형 별 같은 스펙트럼이 많이 관측된다. (C)는 별의 생성이 굉장히 활발한 은하의 스펙트럼으로 Hα, Hβ뿐만 아니라 OIII 선이 관측된다. (D)는 세이퍼트(Sayfert) 은하라고 하는 활동성은하핵의 스펙트럼으로 선폭이 넓은 방출선이 특징적으로 관측된다.

대부분의 타원은하는 **|그림 20-4|** 의 (A), 대부분의 나선은하는 (B)와 같은 형태의 스펙트럼을 나타내며, 별의 형성이 조금 더 활발한 경우에는 (C), 에너지가 굉장히 큰 활동성은하핵에서는 (D) 형태의 스펙트럼을 보인다.

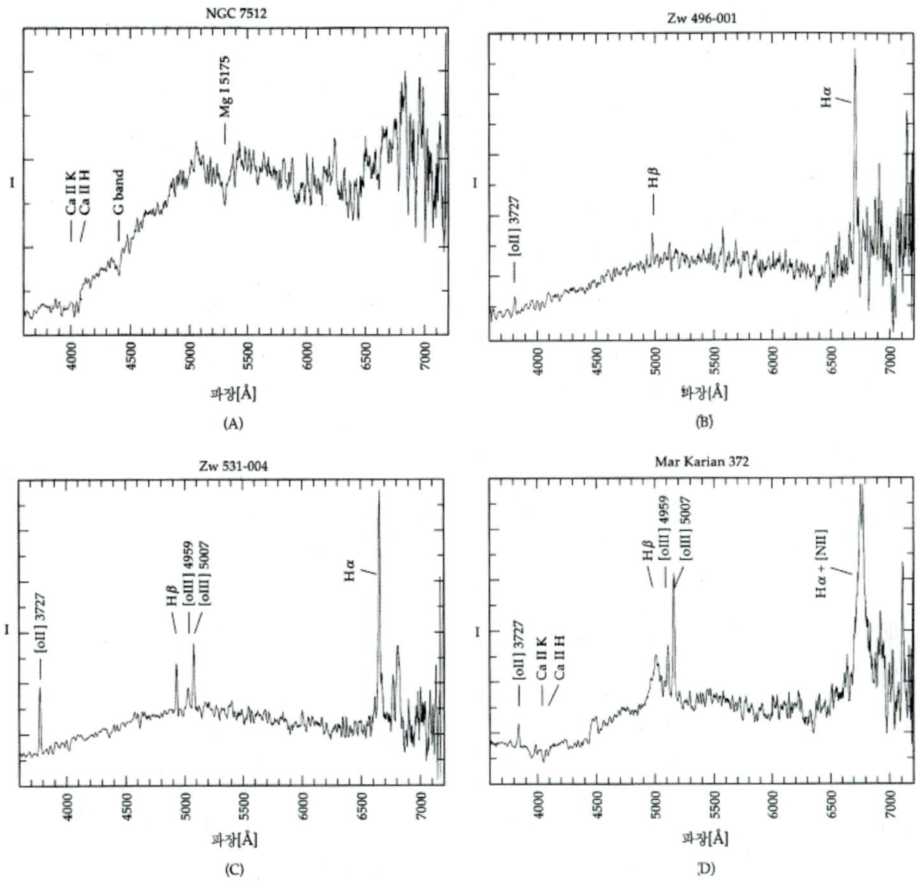

|그림 20-4| 은하 스펙트럼의 예

출처: 천문학 및 천체물리학 제4판

4 전파로 본 은하

전파 관측은 대부분 은하에 존재하는 고속도 전자가 자기장을 따라서 내는 복사인 싱크로트론 복사를 측정하는 것이며, 전파의 세기가 굉장히 강하게 검출되는 은하를 전파은하라고 한다. 보통의 은하들은 싱크로트론 복사를 하더라도 그렇게 전파의 세기가 강하지 않다. 전파의 방출선 중 중성수소에서 방출되는 21cm선이 가장 널리 관측되는데, 이를 통해 중성수소의 함량을 측정할 수 있다.

5 적외선으로 본 은하

적외선 관측은 대부분 먼지 혹은 굉장히 진화된 온도가 낮은 별에서 나오는 것이다. 그런데 **|그림 20-5|**를 보면, 은하의 적외선 광도와 전파 광도의 상관관계를 확인할 수 있다. 여기에서의 적외선 광도는 대개 먼지에서 나오는 적외선이고 전파는 주로 상대론적 전자에 의한 싱크로트론 복사이므로 이 둘 사이의 관계를 설명하기는 쉽지 않다. 아마도 별 생성이 활발한 곳에 질량이 큰 별들이 많이 생성되며, 이 별들이 짧은 시간에 진화하여 상대론적인 입자들을 많이 생성해 전파 세기를 증가시키는 것으로 보이므로, 활발한 별의 생성을 의미하는 것으로 생각된다.

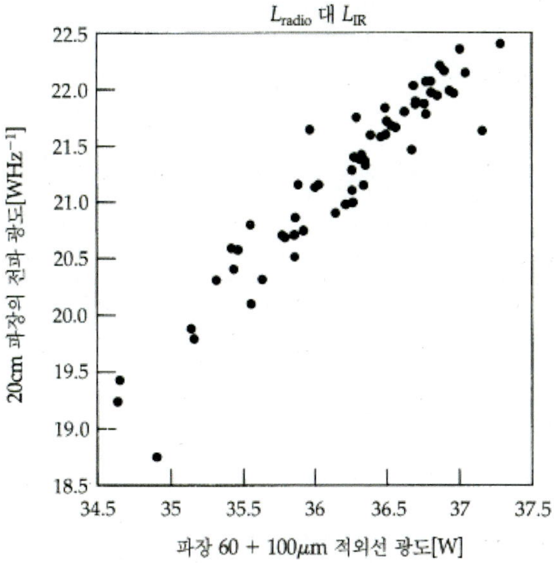

그림 20-5 은하의 전파 광도와 적외선 광도의 상관관계
출처: 천문학 및 천체물리학 제4판

6 우주에서의 먼 거리 측정

세페이드 변광성의 주기－광도 관계를 이용해서 거리를 측정할 수 있는데, 허블은 이를 이용하여 외부 은하까지의 거리를 측정하였고 곧 허블의 법칙을 발견하였다.

$$v = H_0 d \qquad [식\ 20-1]$$

여기에서 H_0는 허블상수[7]이며, 허블상수는 우주모형에 따라 값이 달라진다.

7) 허블상수는 보통 H로 쓰며, 이 값은 시간에 따라 변하는 값이므로 현재의 허블상수를 특별히 H_0라 표기한다.

즉, 허블상수는 시간에 따라 고정된 값이 아니다. 현재의 허블상수는 약 72km/s/Mpc 이며, 우주의 나이는 허블상수의 역수로서 약 138억 년으로 추정된다.

먼 은하까지의 거리를 측정하기는 쉽지 않다. 거리를 재는 방법은 **|그림 20-6|** 과 같이 굉장히 다양하지만 이러한 사다리에서 위에 있는 거리 측정 방법은 그 아래의 거리 측정 방법의 정밀함에 기초한다. 즉 사다리의 위로 갈수록 거리의 측정 오차는 커진다.

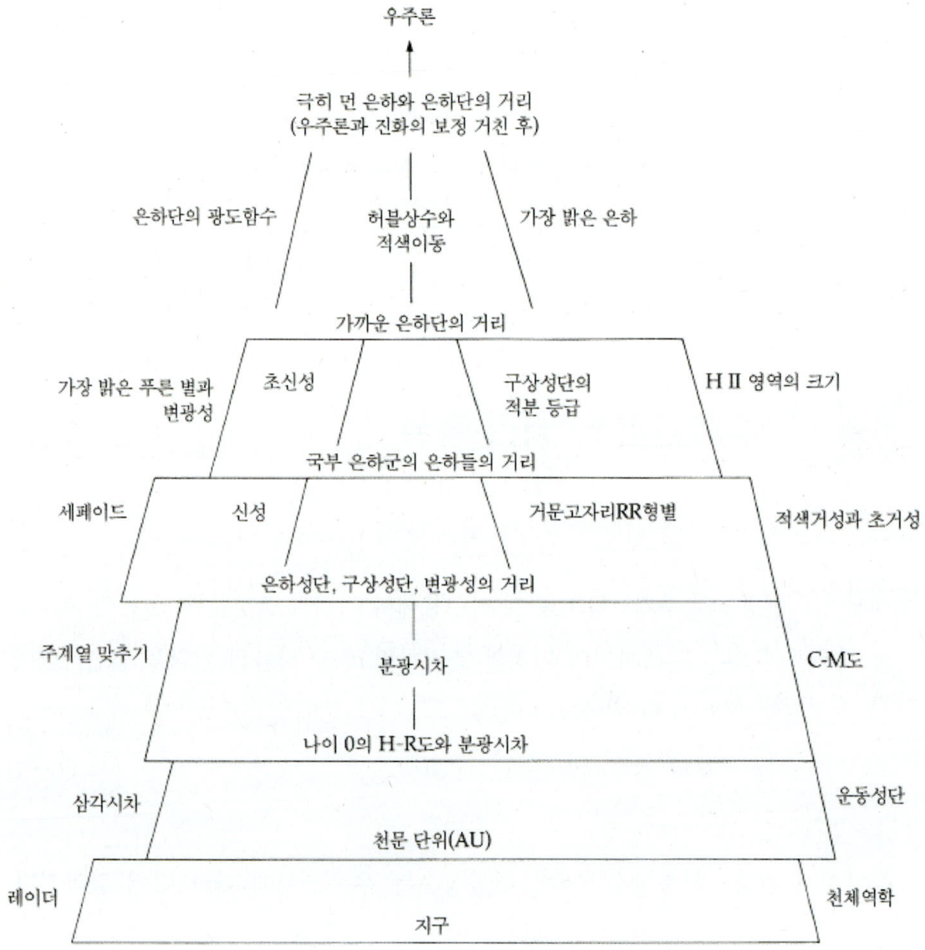

|그림 20-6| 거리 눈금의 사다리(P. W. Hodge)

우선 지구에서 레이더를 이용하여 행성까지의 거리를 측정할 수 있고, 삼각시차와 운동성단을 이용하여 H-R도가 그려질 수 있다. 그리고 H-R도의 절대등급을 이용한 주계열 맞추기를 통해 은하성단, 구상성단, 변광성까지의 거리를 측정할 수 있다. **▌그림 20-6▌**에서 C-M도는 색등급(Color-Magnitude)도, 즉 H-R도를 의미한다. 이어서 세페이드 변광성이나 적색거성, 초거성을 이용하여 은하까지의 거리를 측정하고, 가장 밝은 푸른 별과 변광성, HII영역의 크기를 이용하여 은하단까지의 거리 측정이 가능하다. 나아가 은하단의 광도함수, 허블상수와 적색이동을 이용하여 우주 전체의 크기를 알 수 있다. 이러한 다이어그램을 거리 눈금의 사다리(ladder)라고 한다. 물론 위로 올라갈수록 거리에 대한 모호성은 커지지만 거리의 추정(estimate)이 가능하다. 세페이드 변광성을 이용하는 것이 가장 보편적인 방법이지만 그 외에도 구상성단의 광도함수, 신성, 초신성을 이용하는 방법 등이 있음을 알 수 있다. 초신성을 이용하는 방법은 초신성 Ia형이 폭발했을 때 절대등급이 거의 일정함을 이용하여 굉장히 멀리 있는 은하까지의 거리를 결정할 수 있다. 뿐만 아니라 초신성은 스펙트럼이 관측되기 때문에 속도 또한 결정됨으로써 과거에 우주가 어떻게 팽창하였는지에 대한 정보를 얻을 수 있다. 이러한 방법으로 가속팽창우주를 알아내게 된 것이다. 이 외에도 툴리(Richard B. Tully, 1943~)와 피셔(James R. Fisher, 1943~) 는 HI 스펙트럼의 선폭이 광도와 비례함을 이용하여 거리를 측정하였고, 행성상성운의 광도함수를 이용해서도 거리를 측정할 수 있다.

부 록

은하 충돌

tidal stripping을 고려하면 **▌부록 그림 20-1▌**에서

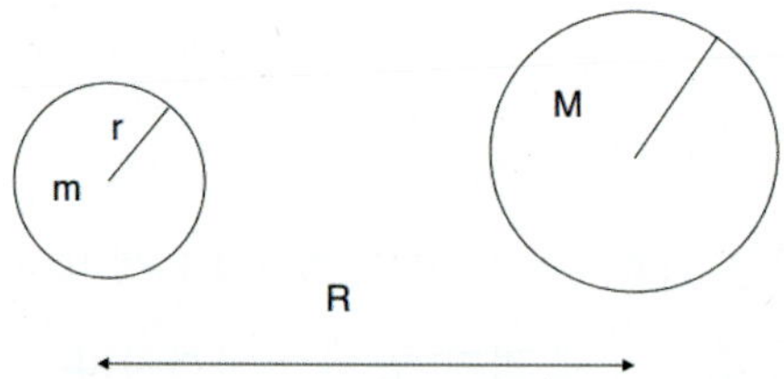

▌부록 그림 20-1▌ R만큼 떨어져 있는 두 은하(M> m)

작은 은하(질량 m)가 큰 은하(질량 M)로부터 받은 기조력은 $df = \frac{2GMr}{R^3}$ 이고, 작은 은하의 자체 중력은 $f_m = \frac{Gm}{r^2}$ 이다. 그런데 $df > f_m$, 즉 $\frac{2GMr}{R^3} > \frac{Gm}{r^2}$ 이면 $R < \left(\frac{2M}{m}\right)^{1/3} r$이 되는데 이때에 기조력에 의하여 작은 은하가 깨지게 된다. 그런데 작은 은하의 질량(은하를 구형이라 가정하고, 반경을 r, 평균 밀도를 ρ_m이라 하면)은 $m = \frac{4\pi}{3} r^3 \rho_m$ 이므로, $R < \left(\frac{3M}{2\pi\rho_m}\right)^{1/3}$ 이 된다. 작은 은하의 바깥쪽은 밀도가 낮기에 큰 은하에서 먼 곳에 있어도 stripping하기 시작하고 작은 은하의 안쪽은 밀도가 높기에 큰 은하에 거의 다가와도 유지하고 있다가 큰 은하에 합병(merging)하기 쉽다.

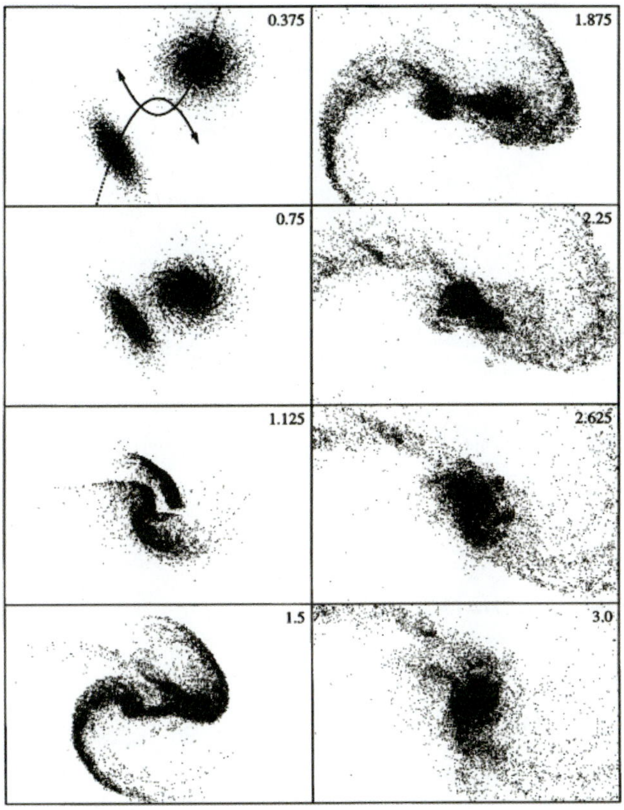

|부록 그림 20-2| 은하 간의 충돌

How large galaxies eat dense cores of victims!

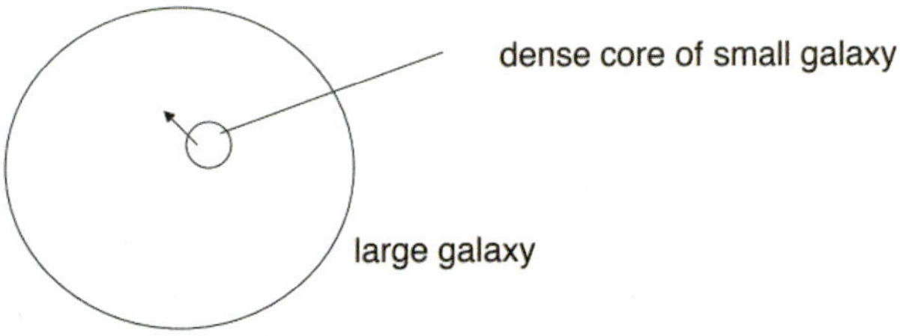

Represent core as point mass m. In its frame, stars are streaming by:

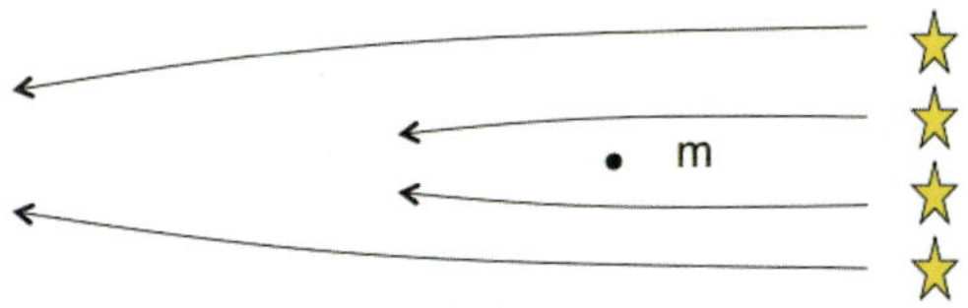

|부록 그림 20-3| 작은 은하의 핵에 작용하는 동역학적 마찰력

이제 큰 은하 속으로 들어간 작은 은하의 핵은 동역학적 마찰력(dynamical friction force)을 받게 되는데 이 힘의 크기는 대략

$$f_d = C\frac{G^2m^2\rho}{v_m^2}$$

이다. 이러한 힘에 의하여 작은 은하의 핵은 큰 은하 안으로 합병된다.

이러한 관계를 우리은하(Milky Way)와 대마젤란은하(Large Magellanic Cloud) 사이에서 생각해 보자.

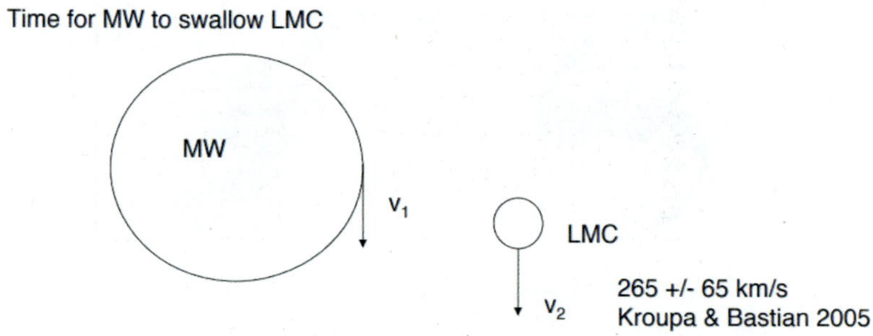

|부록 그림 20-4| 우리은하(MW)와 대마젤란은하(LMC) 사이의 관계

우리은하의 회전속도를 편평하다고 가정하자. 그러면 $\rho(r) = \dfrac{3v^2}{4\pi G r^2}$ 이 되고, 마찰력은 $f_d = C\dfrac{3Gm^2}{4\pi r^2}$ 가 된다. 각운동량은 $L = mvr$ 이기에 $\dfrac{dL}{dt} = mv\dfrac{dr}{dt} = -rf_d = -\dfrac{3C}{4\pi}\dfrac{Gm^2}{r}$ 이 된다. 그런데 $r\,dr = -\dfrac{3C}{4\pi}\dfrac{Gm}{v}dt$ 이고, $\displaystyle\int_{r_i}^{0} r\,dr = -\frac{3C}{4\pi}\frac{Gm}{v}\int_0^{t_f} dt$ 인 관계가 있기에 $t_f = \dfrac{2\pi}{3C}\dfrac{vr_i^2}{Gm}$ 이 된다. $v = 220\,km/s$, $r_i = 50\,kpc$, $M = 2\times 10^{10}\,M_\odot$, $C = 23$ 이면 $t_f = 180$억 년이 계산된다. 이 시간은 우주의 나이보다 크기

에 대마젤란은하는 우리은하에 합병되지 않는다. 그러나 질량이 크거나 속도가 작거나 거리가 가까우면 길지 않은 시간에 쉽게 합병되게 된다.

스물한 번째

우주의 거대구조

1 국부은하군

우리은하는 안드로메다은하(M31)와 함께 여러 왜소은하와 불규칙은하들을 거느리고 국부은하군(Local Group)을 형성한다.

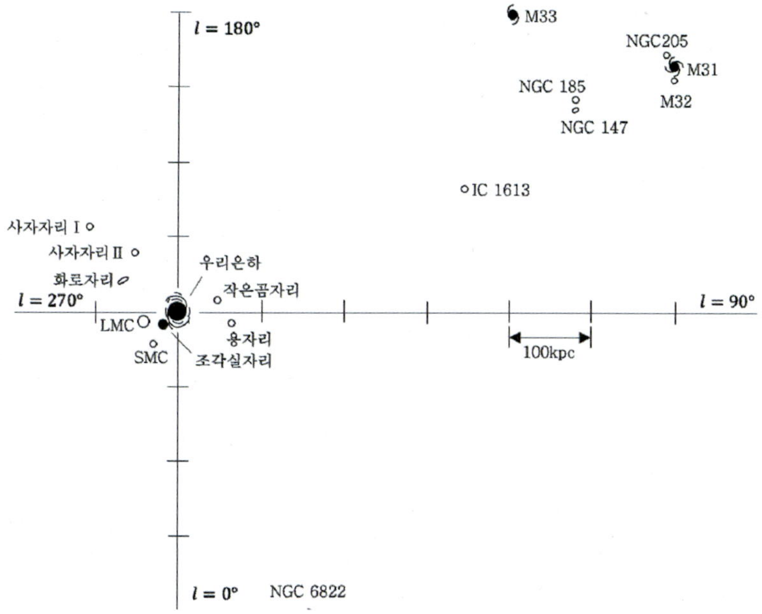

그림 21-1-1 국부은하군 평면도

출처: 천문학 및 천체물리학 4판

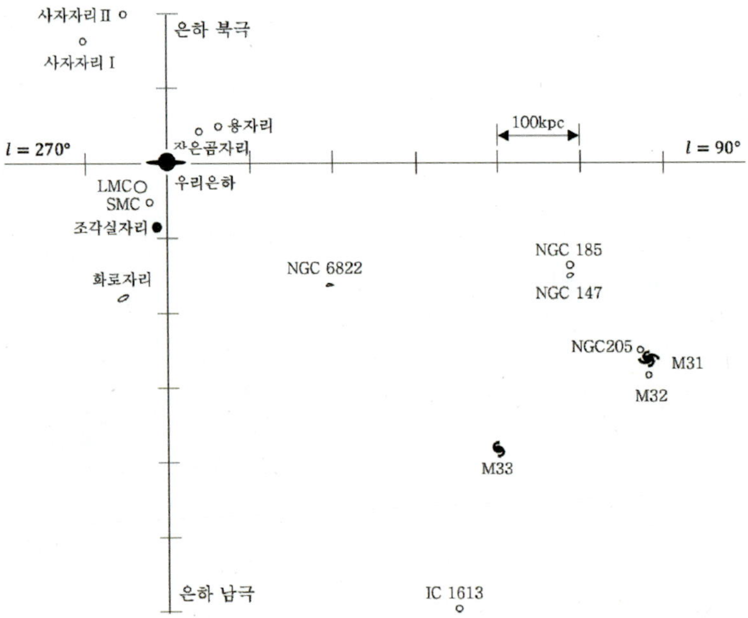

|그림 21-1-2| 국부은하군 측면도

출처: 천문학 및 천체물리학 4판

국부은하군의 최대 길이는 약 1Mpc인데, **|그림 21-1|**에서 보이는 바와 같이 우리은하와 M31에 다른 은하들이 집중되어 있다는 것을 알 수 있다.

2 은하단

에이벨(George Ogden Abell, 1927~1983)은 팔로마 전천 성도(Palomar Sky Survey)를 조사하여 2,712개의 은하단을 발견하여 번호를 붙였다(Abell catalog). 은하단은 다양한 모습을 가지고 있는데, 은하들의 수가 많은 규칙은하단은 중심에 위치한 cD은하들이 많은 질량을 차지하고 있다. cD은하란 넓게 퍼진 헤일로를 가진 초거대 타원은하를 말하는데, 은하 조석력에 의한 은하 잡아먹기(cannibalism)와 관련되어 있다고 여겨진다.

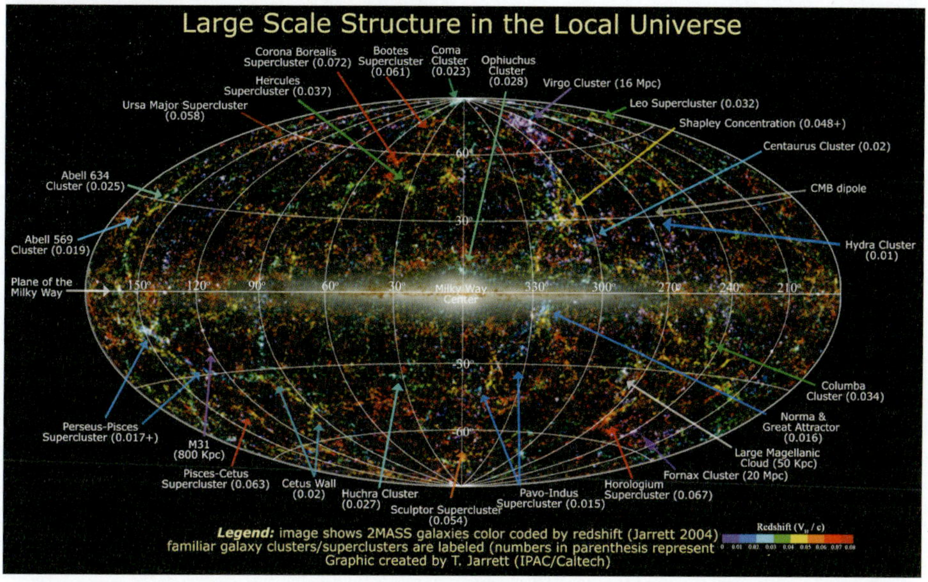

|그림 21-2| 은하단의 위치

출처: http://wise2.ipac.caltech.edu/staff/jarrett/papers/LSS/

3 은하단과 은하 광도함수

별들의 밝기에 따른 개수 분포를 광도함수로 나타낼 수 있다. 별들의 광도함수에서 볼 수 있는 특징은 광도가 큰 O, B형 별들이 광도가 낮은 M, V형 별들보다 그 개수가 적다는 것이다. 국부은하군에서도 가장 밝은 은하는 우리은하와 M31, M33과 같은 3개에 불과하고 대다수는 왜소한 광도가 낮은 은하들이다. 따라서 은하단의 은하들도 별들과 어느 정도는 비슷한 광도함수 분포를 가진다.

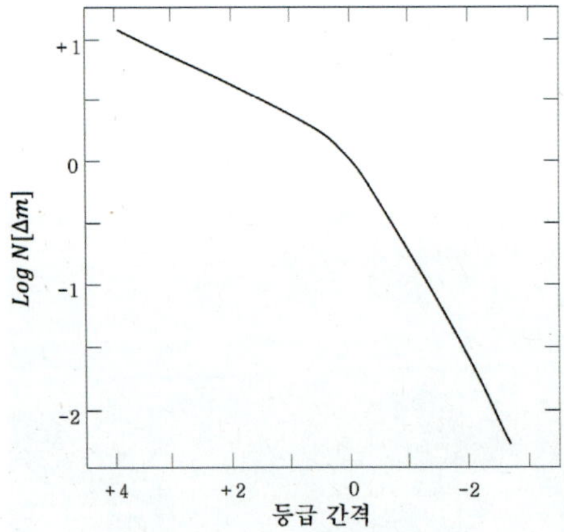

|그림 21-3| 은하단의 광도함수

|그림 21-4| 서로 조석력을 미치는 은하들

출처; NGC4038과 NGC4039, 출처: NASA

은하단의 광도함수를 통해 우리는 은하단 내에 관측되지 않은 왜소은하는 얼마나 있으며, 그 내부의 질량 분포는 어떠한지를 알 수 있게 되며, 또한 은하단까지의 거리도 구해낼 수 있다.

광도함수의 정확한 함수형은 여러 형태로 나타낼 수 있는데, 그중 하나가 다음과 같이 섹터(Paul Schechter, 1948～)가 제안한 은하의 광도함수이다.

$$\Phi(L)dL = \Phi^*\left(\frac{L}{L^*}\right)^{\alpha}\exp\left(-\frac{L}{L^*}\right)d\left(\frac{L}{L^*}\right)$$

많은 학자들이 은하의 광도함수를 연구하는 이유는 은하들이 어떻게 생성되었으며, 진화하고 있는가를 연구할 수 있는 시초가 되기 때문이다.

4 은하 잡아먹기

은하 잡아먹기(galactic cannibalism)는 큰 은하가 작은 은하를 탐식하는 것을 말하는데, 큰 은하들이 조석력으로 작은 은하들을 깨뜨려서 그 조각을 끌어 삼킬 수 있기 때문이다. 관측을 통해 초거대 타원은하(cD은하)가 은하 잡아먹기로 생겨났다는 것을 밝혀냈는데, 이는 cD은하가 지름 1Mpc에 이르는 광범위한 헤일로를 가지고, 몇몇은 다중 은하핵을 보유하고 있으며, 또한 은하단 중심부에 위치하고 있다는 독특한 특성에서 기인한다.

태양계 내에서 행성들은 그들이 가진 지름의 약 10^5배 거리를 두고 서로 떨어져 있으며, 우리은하 내부의 별들도 그들 지름의 10^6배 정도 떨어져 있어서 서로 조석력을 미치는 것에 어려움이 있다. 하지만 은하단에서는 은하의 평균 지름의 불과 100배 정도 서로 떨어져 있어서 매우 가깝다고 할 수 있다. 즉 은하들이 움직이면서 서로 조우할 수 있는 확률이 매우 크다는 것이다.

서로 가까운 은하들이 상호작용하고 있는 예는 **|그림 21-4|**의 NGC4083과 NGC4039가 서로 조석력을 미치고 있는 모습에서 볼 수 있다. 여기에서 두 은하는 서로 조석력을 미치고 있으면서 반대 방향으로 조석에 의한 꼬리를 밖으로 뻗어 보이고 있다.

5 초은하단

초은하단(supercluster)은 은하단의 집합으로 100Mpc 정도의 긴 줄기로 이루어져 있다. 초은하단들 사이에는 빛나는 물질이 존재하지 않는 거대한 빈터(void)가 존재한다. 1950년대에 들어 팔로마 천문대의 슈미트 망원경과 같은 망원경에 의해 넓은 시야의 탐사가 새로 시작되었고, 이를 통해 은하들의 2차원 분포의 탐사가 확대되었다. 에이벨(George O. Abell)과 츠비키(Fritz Zwicky, 1898~1974), 셰인(Donald Shane, 1895~1983), 비르타넨(Carl Wirtanen, 1910~1990) 등의 학자들이 12년에 걸쳐 조사를 진행하여 북반구 하늘의 19등급보다 밝은 은하 100만 개를 헤아려 **|그림 21-5|**와 같은 지도를 완성했는데 여기에서 그들은 은하단들이 사슬처럼 엉킨 모습을 밝혀냈다.

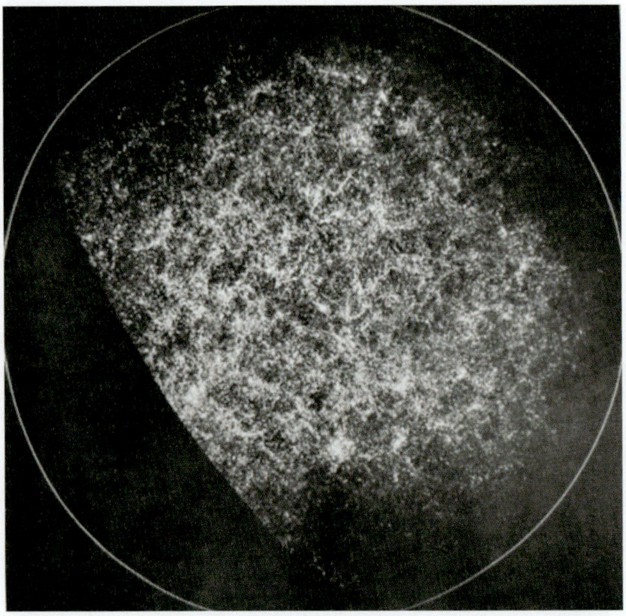

|그림 21-5-1| 은하들의 집단
출처: 천문학 및 천체물리학

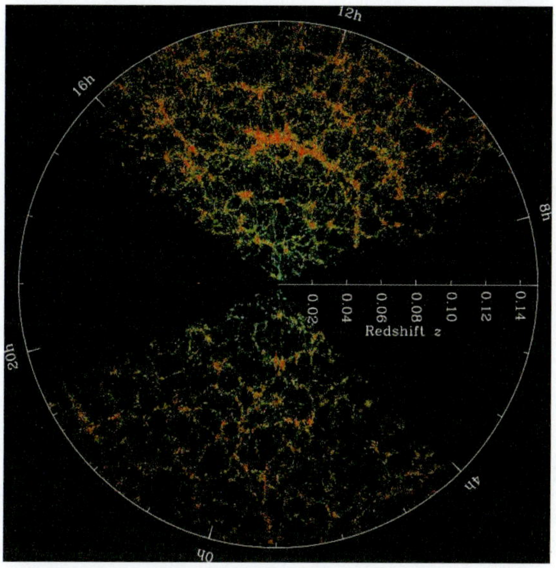

|그림 21-5-2| SDSS(Sloan Digital Sky Survey)의 최근 답사에 의하여 은하들의 분포가 그려졌다. 지구는 이 그림의 중앙에 위치한다. 가장 먼 곳까지의 거리는 20억 광년(대략 600 Mpc)에 해당한다. (Illustration: M Blanton/ SDSS)

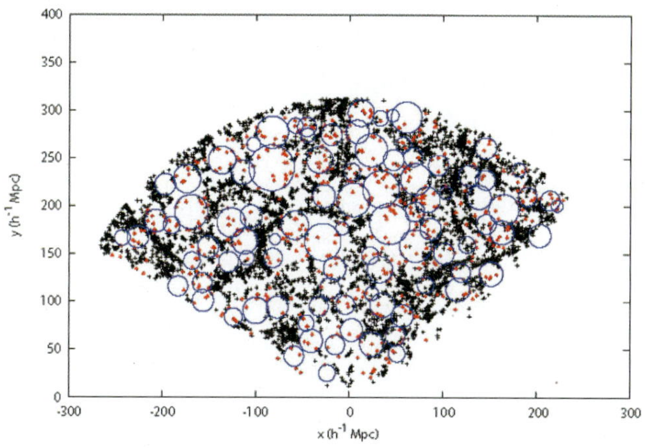

|그림 21-5-3| SDSS 답사에 의해서 관측된 빈터(Void)와 벽을 이루는 은하들(검은색). 빈터에 위치한 은하들은 붉은색으로 표시하였다(Pan et al. 2011).

이 분포에서 눈여겨볼 것은, 암흑물질(dark matter)의 분포는 어떤 모습인지 아직 알지 못하지만, 은하들과 같이 빛을 내는 천체의 분포는 그물구조의 모양을 하고 있다는 것이다. 또한 **|그림 21-5|**는 평면상에 2차원으로 투영하여 표현되었

지만 실제로는 3차원 구조를 하고 있음에 주의해야 한다. 이 구조를 전체적으로 살펴보면 우주는 대체로 등방하고 균질하다는 것을 알 수 있다.

머리털자리 구역의 은하들의 쐐기 그림을 나타낸 **[그림 21-6]** 을 살펴보자. 이 그림은 적색이동을 거리의 축으로 쓰고, 빈터와 초은하단은 이 적색이동 공간에서 각각 빈 구역과 밀집된 구역으로 나타난다.

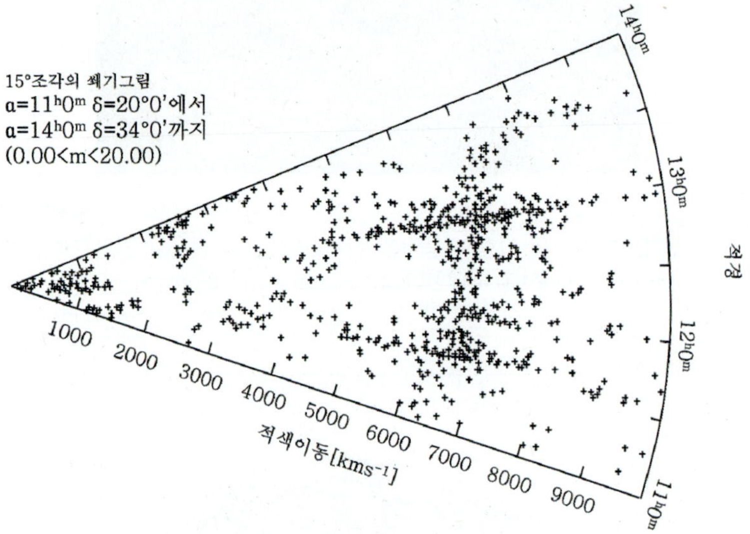

[그림 21-6] 머리털자리초은하단

출처: 천문학 및 천체물리학 4판

여기에서 정점 부근의 은하 밀집 부분에는 국부초은하단이 분포되어 있고, 적색이동 약 7,000kms^{-1} 부근에는 머리털자리초은하단이 보인다. 그런데 적경 13^{h} 근방에서 적색이동이 약 5,000kms^{-1}부터 약 9,000kms^{-1}까지 길쭉하게 나타난 것은 어떤 이유 때문일까? 우리는 흔히 이것을 초은하단의 모양이라고 생각할 수 있지만, 거리의 축이 적색이동으로 되어 있다는 것에 유의하여 접근할 필요가 있다. 적색이동이 약 7,000kms^{-1}라면,

$$7{,}000kms^{-1} = H_o d$$

에서 허블상수 $H \approx 70$km/s/Mpc이라고 한다면, 우리은하로부터 머리털자리초은하단까지 떨어진 거리는 대략 $d \approx 100Mpc$ 정도임을 알 수 있다. 앞선 질문으로 돌아가 쐐기 그림 속에 길쭉한 모양이 나타난 이유는 **|그림 21-7|**과 같이 이를 관측한 망원경으로부터 약 100Mpc 떨어진 거리에 있는 직경 약 10Mpc의 부유(rich) 은하단 내부에서 약 2,000kms^{-1}의 높은 속도분산을 가지고 운동을 하고 있기 때문으로 생각할 수 있다. 이를 이용하여 은하단의 질량을 추정할 수 있다.

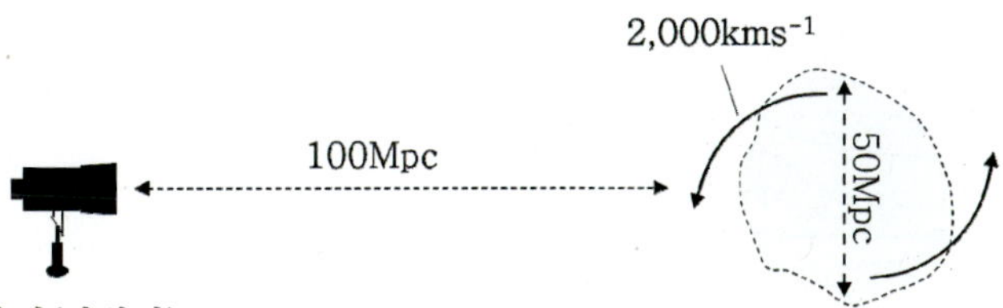

|그림 21-7| 부유 은하단 내부의 속도분산

거대구조의 통계를 연구하는 데 쓰이는 한 방법은 n점 상관함수를 이용하는 것이다. 실제로 2점 상관함수보다 높은 차수의 것이 쓰이는 일은 드물다. 그 정의는

$$\delta P = n[1 + \zeta(r)]\delta V$$

인데, 여기에서 n은 은하들의 체적당 평균 개수를, $\zeta(r)$은 은하가 체적 δV 속에 있을 초과 확률을 나타낸다. 일반적으로 $\zeta(r)$는

$$\zeta(r) = 4.7h^{-1}r^{-1.8}$$

의 형태를 가진다. 이 식은 2~25Mpc 범위에서 일반적으로 성립한다. 이 상관함수

의 매끈한 함수형은 특정한 길이의 척도가 없음을 의미하고, 거리의 큰 범위는 은하단보다 훨씬 더 큰 규모에서 무작위가 아닌 분포가 있음을 알려준다.

6 거대끌개

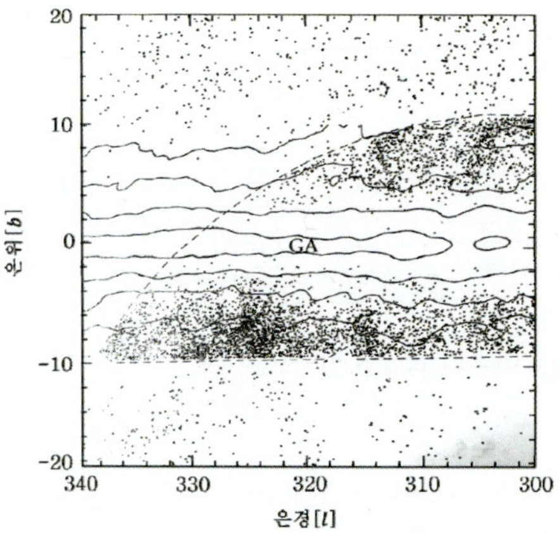

┃그림 21-8┃ 제안된 거대끌개(GA)

출처: 천문학 및 천체물리학

초은하단이 허블흐름에 어떤 영향을 주는지에 대한 탐구의 결과, 수백에 이르는 은하들의 거리가 은하의 적색이동과는 무관하게 측정되었다. 이에 대한 가장 합리적인 설명은 무더기 운동(bulk motion)이다. 우리은하가 속한 국부은하군은 국부초은하단의 중심을 향해 약 250km/s로 떨어지고 있는 듯하다. 또 국부초은하단 전체는 은경 307°, 은위 9°를 향해 약 570km/s로 떨어지고 있다. 이러한 운동이 가능하기 위해서는 질량이 극히 큰 무언가(덩어리)에 의한 작용이 필요하다. 현재 그것은 거대끌개(Great Attractor, GA)로 여겨지는데, 사실 불행히도 우리은하면의 방향에 있기 때문에 찾아내기가 굉장히 어렵다.

┃그림 21-8┃은 거대끌개의 예측된 위치를 표시한 것이다. 그림 내에 점선으로 표시된 구역이 아마도 GA를 형성하는 초은하단 중심부의 은하단일 것으로 추측되지만 아직 확실하지는 않다.

7 회피대 뒤에는 무엇이 있을까?

회피대(Zone of Avoidance)는 은하수 면에 의해 형성되는 것으로, 우리는 그 너머에 어떤 천체들이 있는지를 잘 알지 못한다. 이러한 회피대는 하늘의 대략 20%를 차지하고 있다. 사실 간편하게는 가려진 천체가 일반적으로 가려지지 않은 영역의 천체와 같은 성질일 것으로 가정할 수도 있다. 하지만 어떤 경우에는 가려진 천체의 특성이 중요할 수도 있는데, 우리가 앞서 살펴보았던 무더기 운동을 알아볼 때 그러하다. 회피대는 가시광선 영역에서는 가려져 있어서 조사하기가 쉽지 않지만, 전파 영역의 21cm 방출선은 가시광선과 다르게 은하면에서 성간소광의 영향을 거의 받지 않기 때문에 아주 적절한 관측수단이 될 수 있다.

8 행방불명의 질량

은하단이 팽창이나 수축이 없는 정상 상태에 있다고 가정하고 은하들의 적색이동의 높은 속도분산을 활용하여 운동에너지를 추정해 비리얼정리에 대입하면 은하단의 질량이 예상치 못한 큰 값으로 얻어진다.

은하 각각의 경우 M/L=50(여기서 M, L은 태양 단위)까지 되고, 이중 은하에서는 M/L=100이다. 이를 은하단에 적용하면 M/L은 300~500에 이르게 된다. 이것은 은하단 내에 관측되지 않은 질량이 매우 많음을 의미하며, 이러한 행방불명의 질량이 바로 암흑물질에 의한 것으로 생각된다. 은하단에 분포하는 기체 질량을 별들의 질량에 더해 보아도 비리얼 질량의 약 20%에 불과하기 때문에 은하단 내의 암흑물질은 매우 큰 질량을 차지하고 있을 것으로 보인다.

부 록

은하단의 질량

정유체역학적 비리얼 정리에 의하여 $K=-W/2$이기에

$$\frac{1}{2}M\langle v^2\rangle=\frac{\alpha}{2}\frac{GM^2}{r_h}$$

이 된다. 여기서 $\alpha \approx 0.4$이고, r_h는 은하단의 질량이 $1/2$에 해당하는 반경으로 정의한다.

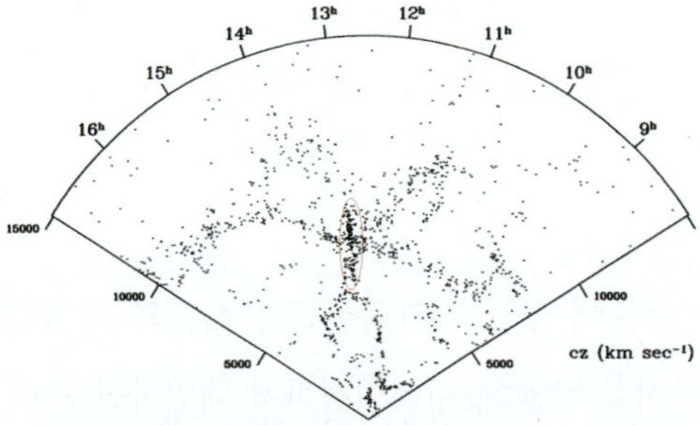

|부록 그림 21-1| CfA 관측에 의한 코마은하단 시선속도 분포

출처: Smithsonian Astrophysical Observatory

|부록 그림 21-2| 코마은하단. 크기는 1Mpc 정도이다.

출처: https://apod.nasa.gov/apod/ap180326.html

코마 은하단[8]의 경우 $\langle z\rangle=0.0232$에 위치해 있기에 $\langle v_r\rangle=c\langle z\rangle=6{,}960\ km/s$

8) 코마은하단은 우리말로는 머리털자리은하단이라 한다. coma라는 것이 머리털을 뜻한다는 것은 이 책의 1권에서 혜성(comet)의 어원을 설명하며 이야기한 바 있다.

가 된다. 따라서 거리는 $d_{Coma} = (s/H_o)\langle z \rangle = 99\ Mpc$이다. 시선 방향으로의 속도 분산은

$$\sigma_r = \left\langle \left(v_r - \langle v_r \rangle^2\right) \right\rangle^{1/2} = 880\ km/s$$

이다. 이러한 속도분산이 세 방향으로 동일하다고 가정하면 $\langle v_r \rangle^2 = 3\sigma_r^2 = 2.32 \times 10^{12}\ m^2/s^2$이 된다. r_h를 결정하기 위해서 관측으로는 은하단의 표면 광도가 반으로 감소하는 반경으로 정한다. 이 값은 대략 $r_h \approx 1.5\ Mpc \approx 4.6 \times 10^{22}\ m$이다. 따라서

$$M_{Coma} = \frac{\langle v_r \rangle^2 r_h}{\alpha G} \approx 4 \times 10^{45}\ kg \simeq 2 \times 10^{15}\ M_\odot$$

이 된다. 그런데 별과 뜨거운 은하 간 기체에 의한 질량은 각각 역학 질량 M_{Coma}의 1.5%인 $M_{Coma,*} \approx 3 \times 10^{13}\ M_\odot$ 그리고 역학 질량 M_{Coma}의 10%인 $M_{Coma,\text{기체}} \approx 2 \times 10^{14}\ M_\odot$이다. 광도는 $L_{Coma,B} \approx 8 \times 10^{12}\ L_{\odot,B}$이다. 따라서 질량-광도비는 $\left\langle \frac{M}{L_B} \right\rangle_{Coma} \approx 250 \frac{M_\odot}{L_{\odot,B}}$이 된다. 이 비는 우리은하의 비 값보다 크다.

코마은하단의 암흑물질의 존재를 알기 위해서 은하단의 뜨거운 은하 간 기체가 방출하는 X선 분포를 이용한다. 은하단의 암흑물질에 의하여 뜨거운 기체가 잡혀 있기 위해서는 기체가 정유체역학적 평형을 이뤄야 한다. 즉 $\frac{dP}{dr} = -\frac{GM(r)\rho(r)}{r^2}$이다. 그리고 $P = \frac{\rho k T}{\mu m_p}$이다. 따라서

$$M(r) = \frac{kr\,T(r)}{G\mu m_p}\left[-\frac{d\ln\rho}{d\ln r} - \frac{d\ln T}{d\ln r}\right]$$

이 된다. **|부록 그림 21-4|**의 X선 관측 결과를 이용하면, 0.7Mpc 이내에서는 $3 \sim 4 \times 10^{14}\ M_{\odot}$ 이고, 3.6Mpc 이내에서는 $2 \times 10^{15}\ M_{\odot}$ 가 되어 위의 역학 질량과 비슷하다.

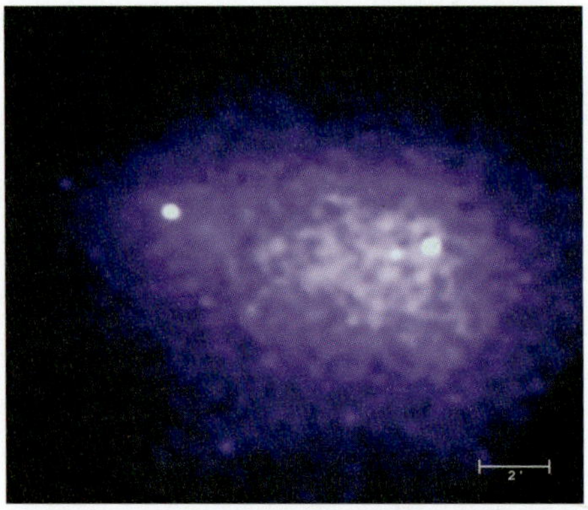

|부록 그림 21-3| 코마은하단의 중심부의 X선 방출

출처: NASA/CXC/SAO/A.Vikhlinin et al.

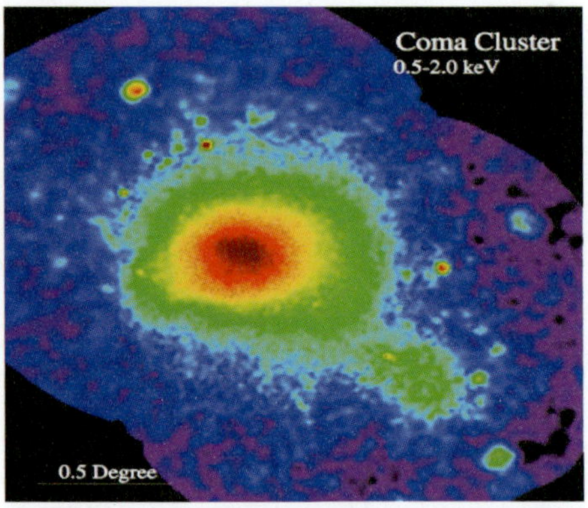

|부록 그림 21-4| 코마은하단의 X선 방출

출처: https://heasarc.gsfc.nasa.gov/docs/rosat/gallery/clus_coma.html

은하단의 중력렌즈효과(gravitational lens effect)에 의하여 은하단의 질량을 구할 수 있다. 거리 d에 위치한 천체가 관측자로부터 xd거리에 위치한 질량 M의 천체의 중력렌즈효과에 의하여 굽은 각 θ_E는 $\theta_E = \left(\frac{4GM}{c^2 d}\frac{1-x}{x}\right)^{1/2}$ 가 된다.

$x \approx 0.5$이기에 $\theta_E \approx 0.5'\left(\frac{M}{10^{14} M_{\odot}}\right)^{1/2}\left(\frac{d}{1,000\, Mpc}\right)^{-1/2}$ 가 된다. Abell 2218은하단의 경우, $z = 0.18$로 은하단까지의 거리는 $\sim 770\ Mpc$ 정도가 되고 구각 이미지로 보이는 은하의 적색편이는 $z > 0.18$에 위치해 있을 것이다. 이렇게 구한 은하단의 질량은 역학질량이나 X선 관측으로 구한 질량과 비슷하다.

|부록 그림 21-5| Abell 2218 은하단의 중력렌즈
출처: https://apod.nasa.gov/apod/ap980111.html

은하 간 기체

퀘이사로부터 우리 지구로 오는 스펙트럼을 관측하면 퀘이사와 지구 사이의 은하 간 구름에 의한 흡수선인 라이먼알파숲(Lyman α forest)이 **|부록 그림 21-6|**과 같이 관측된다. 이는 은하 간 구름의 시선 방향의 운동 때문에 흡수선이 이런 모습을 가진다.

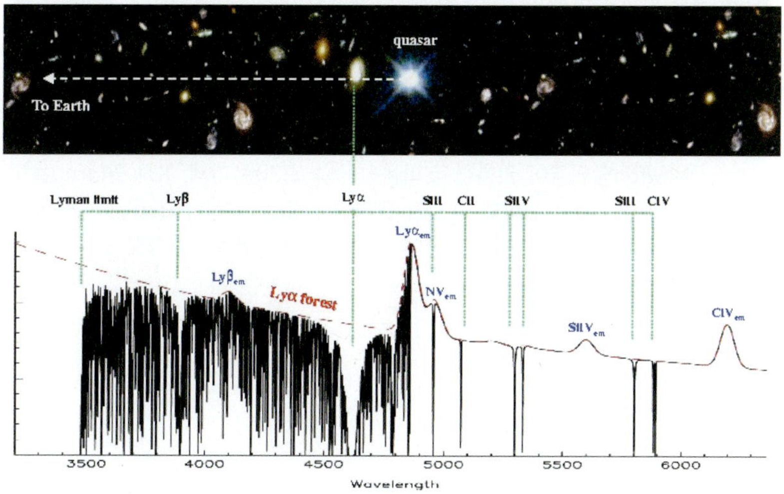

|부록 그림 21-6| 라이먼알파숲 흡수선 기작
출처: http://www.rri.res.in/~biman/exgal_l13.pdf

이뿐만 아니라 은하단을 X선으로 관측하면 **|부록 그림 21-7|** 같이 관측되는데, 은하단에 뜨거운 기체들이 있으며, 조그만 은하단들이 이 안을 움직이면서 기체들이 벗겨져 나가서 생성되는 듯한 X선 팔(arm)들이 관측된다.

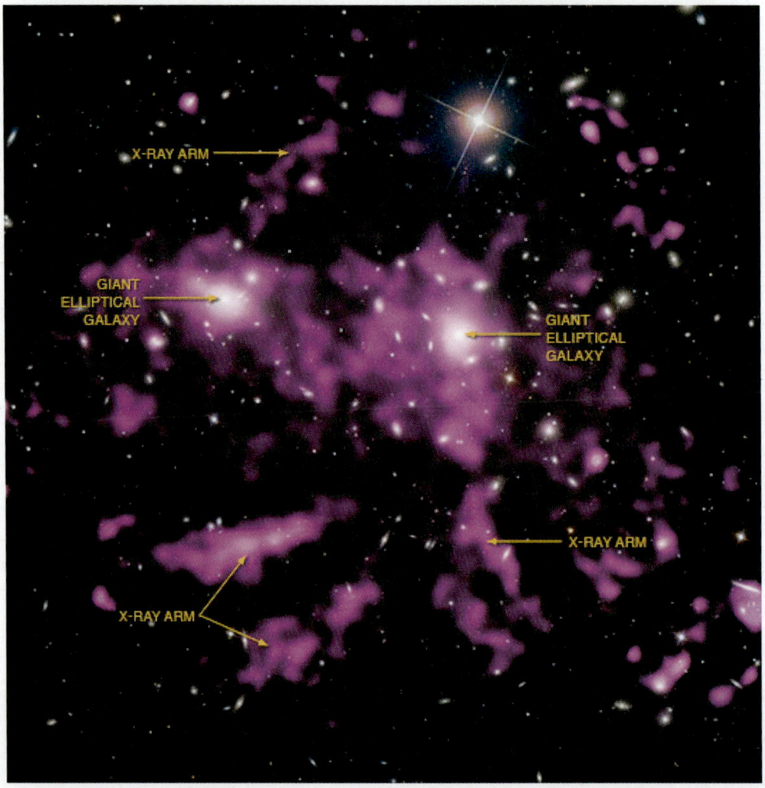

|부록 그림 21-7| NASA의 찬드라 X선 망원경(Chandra X-ray Observatory)와 ESA의 XMM-Newton망원경이 관측한 코마은하단의 뜨거운 기체. X선 팔(arm)들이 관측되는데 이것들은 아마도 조그만 은하단에 있는 기체가 뜨거운 기체 사이를 움직이면서 벗겨진 기체에 의하여 생성된 것이 아닌가 추정한다.

거대 구조 답사

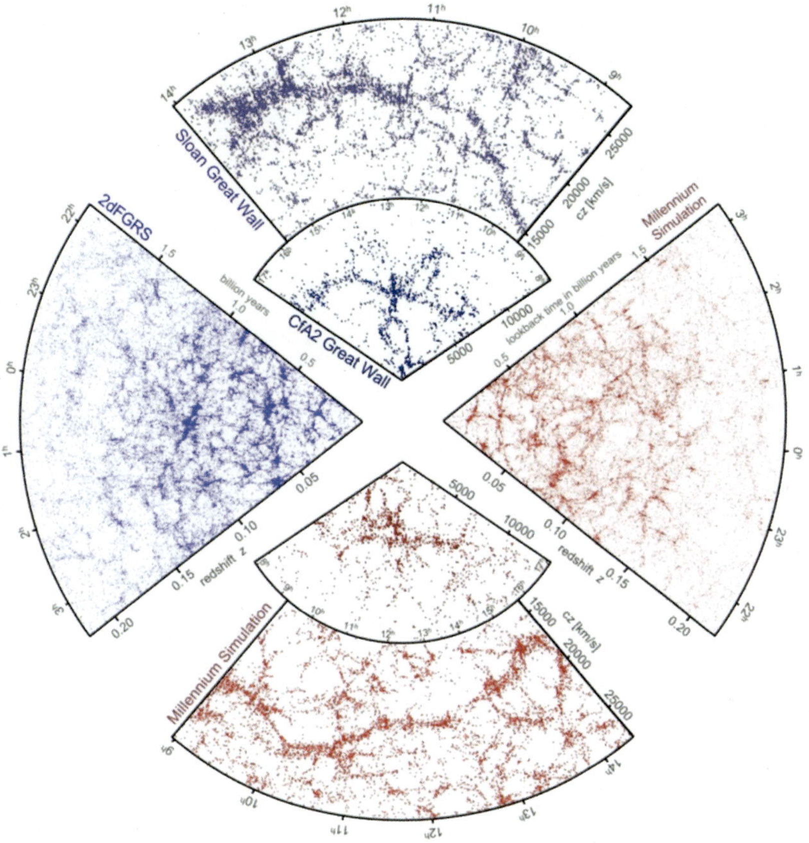

❙부록 그림 21-8❙ 우주 거대 구조

출처: https://www.mrao.cam.ac.uk/research/extragalactic-group-2/

$z=0.15$이면 $\dfrac{v}{c}=\dfrac{(1+z)^2-1}{(1+z)^2+1}\simeq 0.14$이다. $H_o\simeq 70\,km/s/Mpc$일 때에 $d=\dfrac{v}{H_o}\simeq 600\,Mpc$가 된다. 이는 우주 전체의 0.26% 정도이다.

스물두 번째

활동은하

1 비열적 복사기구

활동은하(active galaxy)는 보통의 은하들보다 활동적이라는 말로, 즉 에너지를 많이 방출한다는 것이다. 보통 은하는 복사의 대부분이 열적복사(자유－자유 천이, 흑체 복사 등)나 약한 싱크로트론복사 및 적외선복사의 형태로 나타난다. 그에 반해 활동은하는 분자 메이저나 싱크로트론복사와 같은 비열적복사가 매우 크다. 활동은하는 보통은하와 달리 강한 방출선을 보이는 것이 특징이다. 활동은하를 이해하는 데 있어서 가장 큰 수수께끼는 수축된 밀집천체, 즉 은하핵에 의한 전자의 가속 기구를 은하 중심부의 상황에서 어떻게 마련할 수 있느냐이다.

일반적으로 비열적 방출에 의한 플럭스 F는,

$$F(\nu) = F_0 \nu^{-\alpha} \qquad \text{[식 22－1]}$$

와 같이 표시된다. 따라서

$$\log F(\nu) = -\alpha \log \nu + \text{상수} \qquad \text{[식 22－2]}$$

이다. 그러므로 이 식을 로그－로그 그래프로 그리면 기울기로부터 α를 구할 수 있다. 밀집 방출원에서는 $\alpha = 0.4$로 편평해지는데, 주파수에 따라 강도가 천천히 감소하기 때문에 밀집 방출원은 고주파수 탐사에서 쉽게 발견된다.

2 온건한 활동은하

은하핵에서는 Hα나 [OIII] 372.7nm 방출선이 종종 발견되는데, 좀 더 활동적인 부류의 은하에서는 HII 영역의 아주 강한 스펙트럼선들이 별빛의 스펙트럼을 압도한다. HII 영역은 별들이 새로 태어난 지역이기 때문에, 이러한 종류의 은하는 활발한 별 탄생(starburst)을 경험하는 중에 있을 것으로 생각된다. 겉보기에 HII 영역과 비슷하게 보이는 또 다른 형태의 강한 방출선이 인지되었는데, 헤크먼(Timothy Heckman)은 이러한 것들을 LINER(Low Ionization Nuclear Emission Region, 저전리 핵 방출선 지역)라고 명명했다.

3 활동은하핵(AGNs)

관측을 통해 알아낸 대부분의 활동은하가 가진 특징들은 다음과 같다.

(1) 10^{37}W 이상의 높은 광도
(2) 정상은하에 비해 많은 양의 자외선, 적외선, 전파, 엑스선 플럭스를 비열적으로 방출
(3) 밝기가 급격히 변하는 작은 영역
(4) 핵 영역과 거대 규모 구조 간에 뚜렷하게 나타나는 밝기의 대조
(5) 폭발적 외형 혹은 제트 형태의 분출
(6) 때때로 나타나는 넓은 방출선

이러한 특징을 가지는 활동성 핵을 가진 은하를 활동은하핵(Active Galaxy Nuclei, AGNs)이라고 부른다. 우리은하의 핵도 위와 같은 특징을 가지고 있지만 방출하는 에너지 양이 10^{35}W로 활동은하의 핵과 같은 높은 에너지를 내지는 못한다.

세이퍼트은하

세이퍼트은하는 세이퍼트(Carl Seyfert, 1911~1960)에 의해 구분된 넓은 방출선을 가진 은하이며, 가시광선 영역으로 볼 때 이상하게 밝은 핵을 가지고 있다. **|그림 22-1|**에서 세이퍼트은하 마카리안 79는 하나의 넓은 허용 천이선(Hβ, 4861 Å)과 두 개의 좁은 금지선([OIII], 4959 Å과 5007 Å)을 가지고 있다. 왜 이러한 결과가 얻어지게 될까?

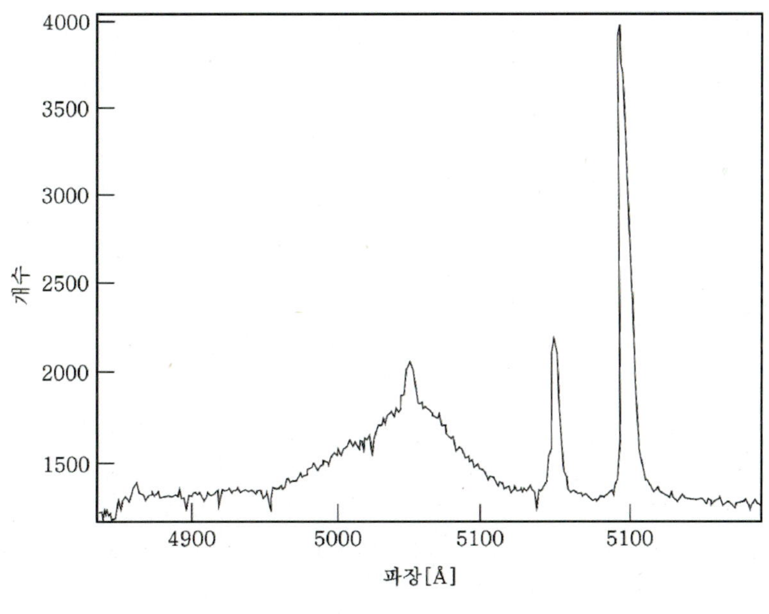

|그림 22-1| 1.5형 세이퍼트은하 마카리안 79의 스펙트럼

세이퍼트은하의 표준 모형에서는 은하핵 영역에서 나오는 광자가 밖으로 나갈 때 두 가지의 다른 가스 영역과 만나게 된다. 은하 중심과 가까운 좁은 기체 영역을 넓은 선폭 영역(Broad Line Region, BLR)이라고 한다. 넓은 금지선이 나타나지 않는 것으로 보아 BLR은 틀림없이 어떤 임계 밀도보다 큰 밀도를 가지고 있으며, 관측된 도플러이동으로 미루어보아, 굉장히 빠르게 움직이고 있을 것이다. BLR 밖에는 넓은 영역에 걸쳐 좁은 선폭 영역(Narrow Line Region, NLR)이 존재한다. NLR 안에는 허용된 천이선을 만드는 광자의 생성을 방해하는 것이 없기 때문에 좁은 금지선과 좁은 허용 천이선을 가진다.

BL Lac 천체

활동은하의 다른 하나의 형태는 도마뱀자리(Lacerta, Lac) BL의 이름을 따서 BL Lac 천체라고 불린다. BL Lac 천체는 빠른 변광, 방출선의 부재, 적외선 영역에서 대부분의 에너지가 방출되는 비열적 연속 복사 등의 특징을 가지고 있다. BL Lac 천체들은 방출선이 거의 없는 특징을 보이는 부류이기 때문에 적색이동으로 거리를 결정하기가 쉽지 않아서 대부분 거리를 결정할 수 있는 방법이 없다.

전파은하

전파은하(radio galaxy)는 보통의 은하들보다 방출되는 전파의 세기가 매우 크다. 대표적인 전파은하는 M87이다. 가시 영역에서는 **|그림 22-2|**와 같이 왼쪽 아래의 핵으로부터 제트가 나오고 있는데 10^{34}W 정도의 광도를 가진 편광된 빛이 방출되고 있다. **|그림 22-3|**은 M87 천체의 전파 구조를 보여준다. 가시 영역과 전파 영역의 M87 천체를 보면 은하핵으로부터 나오는 제트(jet) 구조를 보인다. 엑스선 영역에서는 가시 영역의 방출보다 약 50배의 방출을 보여준다.

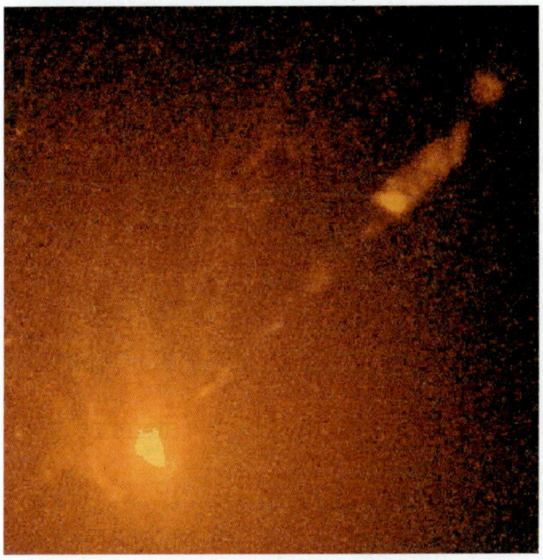

|그림 22-2| M87의 제트

출처: NASA

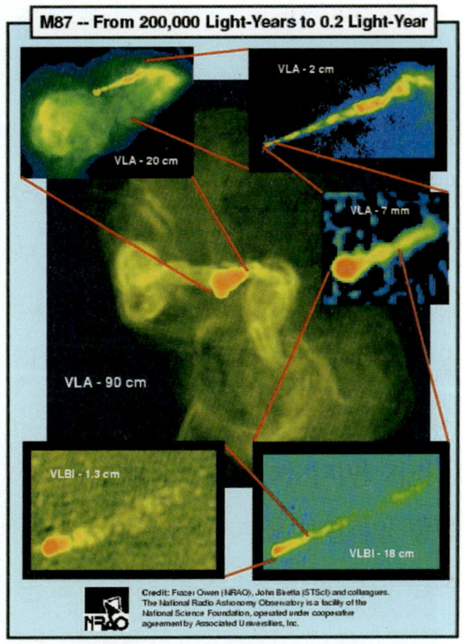

|그림 22-3| M87 전파 구조

출처: https://apod.nasa.gov/apod/ap990216.html

퍼진 전파은하는 일반적으로 은하의 중심과 일직선인 이중 돌출부(lobe)를 보인다. 이런 전파구름은 지름이 50~1,000kpc 정도로 매우 큰데, 구조에 따라서 크게 세 종류로 나눌 수 있다.

(1) 고전적 이중구조(예: 백조자리 A): 가장 높은 광도를 가지며, 은하의 중심을 따라 정렬되어 있고 끝에는 밝은 열점(hot spot)이 있는 돌출부가 있다.

(2) 넓은 각도의 꼬리, 또는 휘어진 꼬리(예: 센타우루스 A): 중간 정도의 광도를 가지며, 핵을 경계로 휘어진 꼬리 모양의 돌출부가 있다.

(3) 좁은 꼬리 전파원(예: NGC 1265): 가장 낮은 광도를 내며, U자형의 모양이다. 대부분의 퍼진 전파원이 여기에 속하며 은하단 내에서 빠른 움직임을 보인다.

|그림 22-4| 전파은하 허큘리스 A로부터의 제트 방출

출처: http://hubblesite.org/image/3110/news_release/2012-47

퍼진 전파은하는 고전적 선형 이중구조에서부터 핵방출이 꼬리의 한끝에 모인 구조까지 다양한 모습을 보여주고 있다. 대표적인 예로 **|그림 22-5|**의 NGC 1265를 살펴보자. 전파은하의 꼬리가 이와 같은 모양을 하고 있는 이유는 무엇일까?

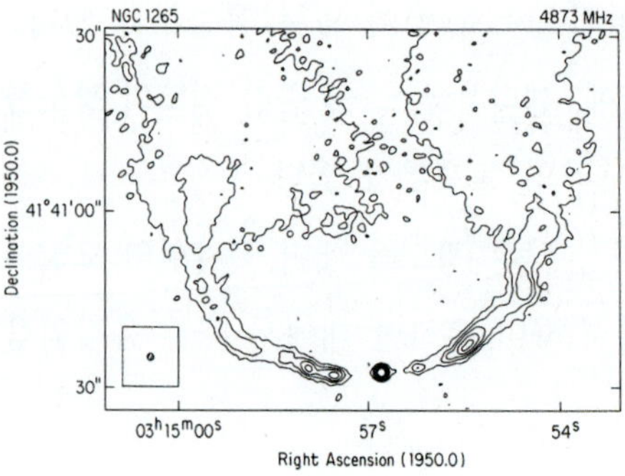

|그림 22-5| NGC 1265의 VLA 전파 지도

출처: https://ned.ipac.caltech.edu

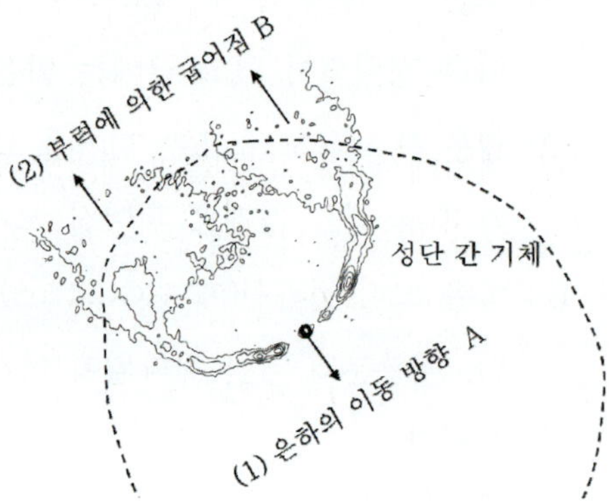

|그림 22-6| 전파은하의 굽어짐에 대한 설명

바깥쪽으로 갈수록 밀도가 낮아지는 성단 간 기체 외곽부에서 **┃그림 22-4┃**와 같이 전파은하가 일자로 양방향으로 제트를 방출하고 있다고 가정해 보자. 이에 대해 꼬리가 굽어진 모양을 하는 이유를 다음 두 가지로 제안해 볼 수 있다.

(1) 은하가 은하단 기체 내로 움직일 때에 움직임의 수직 방향으로 은하 밖으로 방출되는 제트 물질은 성단 간 기체(매질)에 의해 감속되고, 은하 움직임의 반대 방향으로 이동한다. 즉 은하가 움직임에 따라 전파영역의 흔적은 뒤에 남겨지게 된다.

(2) 성단 간 기체 영역의 밀도는 외곽부로 갈수록 낮아지므로, 전파은하로부터 방출된 물질은 부력에 의해 밀도가 낮은 바깥 방향으로 이동한다. 제트를 방출하는 은하의 움직임이 없어도, 부력에 의해 은하로부터 방출된 제트 물질이 이동할 수 없다.

이제부터 특이한 은하 중에 퀘이사와 관련하여 나타나는 몇 가지 중요한 천문학적 현상들에 대해 다루게 될 것이다. 이 이야기를 마치고 나면 우주에 대하여 이야기할 것이다. 이 내용들은 생각보다 최근에(그래도 40년 이상 된 것들이 많지만) 발견된 것들이기 때문에, 우리가 천문학 영역에서 다루는 부분 가운데 상당히 흥미로운 내용이라고 할 수 있다. 이 내용들은 수식을 이용해서도 이야기를 하겠지만, 그 전반적인 내용을 파악하는 것 역시 필요하므로, 이런 점에 주의를 기울이기 바란다.

제2차 세계대전 이전에는 가시광선 영역의 관측이 많았다면, 전후인 1950년대 후반부터 1970년대 초반에는 전파 영역의 관측이 많아졌다. 그리고 1970년대 중반부터 계속 그 외 다른 파장에 의한 천체 관측이 증가하면서, 천문학에서 굉장히 많은 업적들이 이 시기에 이루어졌다. 평균적으로 3~4년에 한 번씩 노벨 물리학상을 천문학 영역에서 받고 있는데, 최근인 2017년에는 중력파가 천문 분야로 노벨 물리학상을 수상하게 되었다. 이 2017년 노벨 물리학 수상자 중 킵 손(Kip S.

Thorne, 1940~)이 있는데, 킵 손이 찰스 마이스너(Charles Misner, 1932~), 존 윌러(John Wheeler, 1911~2008)와 공동 저술한 명저인 중력(Gravitation)이라는 책도 바로 이러한 천문학의 발전 시기인 1970년대 초반에 쓰인 것이다. 이 책은 블랙홀에 관한 내용, 우주에 관한 내용의 2권으로 되어 있는데, 블랙홀에 대한 내용은 특이점에서 나타나는 현상을, 그리고 우주에 대한 내용은 로버트슨-워커 계량(Robertson-Walker metric)을 이용하여 아인슈타인의 장 방정식(field equation)을 풀고, 이를 통해 우주 안에서의 다이내믹스가 어떻게 되는지를 이야기하고 있다. 이 부분에 대한 자세한 계산은 우주론을 좀 더 깊게 공부하게 되면 배우게 될 것이지만, 전반적인 내용은 공부를 하게 될 것이다.

어렵다고 생각될 수도 있겠지만, 모든 학문이 어느 정도의 어려움은 수반하기 때문에, 쉽게 해결되지 않는 것은 어쩌면 너무도 당연한 일일 것이다. 그러나 사람마다 차이는 있겠지만, 시간을 들여 노력한다면 어느 정도 이해를 할 수 있으리라 믿으면서 여러분들이 이 내용들을 천천히 음미해 나갔으면 한다. 모두가 천문학자가 될 것은 아니겠지만, 이렇게 학문을 해 나가는 과정에서 몇몇은 천문학자가 되리라 생각한다. 우리나라 인구 대비 천문학자 수가 과학 선진국에 비해 부족하다는 것은, 비단 천문학 분야의 문제뿐 아니라, 우리나라의 전반적인 사회 발전과 관련해서도 생각해 볼 거리이다. 과거 수십 년 전에 제기되었던 많은 문제들이 여전히 현재 우리 사회의 문제인 것을 보면서, 우리 사회의 문제가 좀 더 합리적으로 해결될 수도 있었지 않았을까 하는 생각을 하게 된다. 과학자들이 우리 사회를 위해 목소리를 낼 수 있을 정도로 어느 정도 층을 이루어 사회의 문제들에 대해서 편협하지 않은 논리적인 해결책을 논의해 나갈 수 있다면, 앞으로의 사회는 현재 우리가 가진 문제들을 해결해 나가는 사회가 되지 않을까 생각한다. 지구과학을 하는 우리들 중에 몇몇은 천문학자가 되어, 우리 사회 발전을 위한 과학지식인으로서의 목소리를 낼 수 있게 되기를 기대해 본다.

4 퀘이사

퀘이사(quasar)를 보도록 하자. 앞서 잠깐 이야기를 하였듯이, 제2차 세계대전 이후 천문학은 가시광선 영역을 넘어 전파 영역의 관측이 많이 이루어졌던 시기였다. 매튜스(Thomas Matthews)와 샌디지(Allen Sandage, 1926~2010)는 이때 관측되었던 전파원들을 연구하던 중 3C 48 전파원의 위치에 16등급의 어두운 별과 비슷한 천체가 있음을 발견하였다고 한다(1960년). 이 별과 비슷한 천체는 별(star)과 비슷하다(quasi-) 하여 퀘이사(quasar)라 불리게 되었는데, 퀘이사는 넓은 방출선을 가지고 있고, 보통의 주계열성보다 많은 자외선을 방출하는 것이 특징이었다.

1963년에 발견된 3C 273이라는 전파원도 이러한 특징을 가지며, 퀘이사라고 알려져 있는데, **그림 22-7**을 보면, 이 퀘이사에서 강한 제트가 나오는 것을 볼 수 있다. 또, **그림 22-8**의 스펙트럼 사진을 보면, 퀘이사의 특징인 넓은 방출선을 볼 수 있다. **그림 22-8**의 위쪽은 퀘이사의 스펙트럼이고 아래쪽은 비교를 위한 표준 파장 스펙트럼인데, Hβ, Hγ, Hδ 방출선이 강한 적색편이(red shift)를 나타내는 것을 볼 수 있다($z = 0.06 \sim 4.0$). 이 선들은 당시의 천문학자들에게 굉장한 수수께끼 중 하나였다가, 굉장히 적색편이가 강한 방출선이라는 것이 나중에 밝혀졌다. 이렇게 큰 적색편이는 우주의 평창에 의한 적색편이라고 생각을 할 수 있는데, 적색편이가 2 정도만 되어도 퀘이사의 속도가 빛의 속도의 거의 0.8배나 되므로,[9] 굉장히 멀리 떨어져 있는 천체임을 알 수 있다.

---

9) 고전적 도플러 이동에서 $z = \Delta\lambda/\lambda_0 = v/c$의 식을 사용하지만, 적색이동이 1보다 클 경우에는 상대론적 도플러 이동식을 사용한다. $z = \dfrac{\Delta\lambda}{\lambda_0} = \left(\dfrac{1+v/c}{1-v/c}\right)^{1/2} - 1$이므로, z가 2인 경우의 속도를 알아보기 위해, 이 식에 $z = 2$를 넣어 계산해보면, 이 천체의 속도(v)가 $0.8c$가 됨을 알 수 있을 것이다.

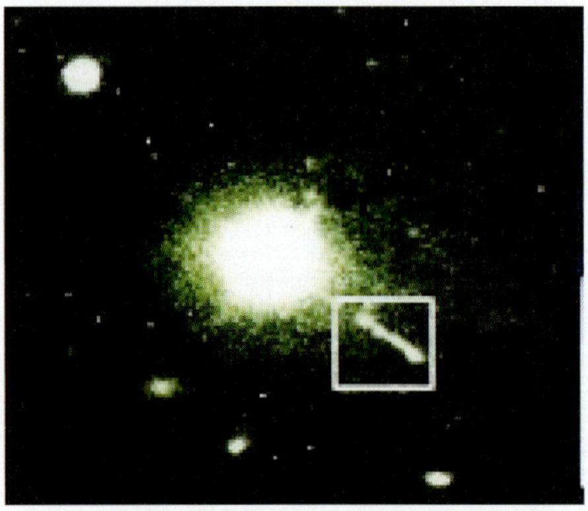

|그림 22-7| 퀘이사 3C 273

출처: http://hubblesite.org/image/121/news/56-hubble-telescope

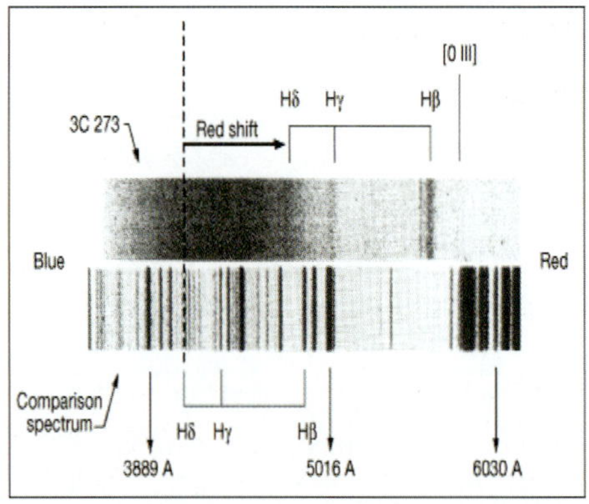

|그림 22-8| 3C 273의 스펙트럼(음화)

출처: http://people.virginia.edu/~dmw8f/astr5630/Topic01/t1_schmidt.html

퀘이사가 처음 발견되었을 당시 주목을 받았던 것은 퀘이사의 방출선에서 나타나는 특징이었지만, 흡수선에서도 퀘이사의 독특한 특성을 확인할 수 있다. **|그림 22-9|**를 보면 z=1.6211, 1.7610, 1.7825, 1.8306 등의 부분에 특별히 표시를 해 놓은 것을 볼 수 있는데, 이들이 퀘이사와 관계된 주변의 성간운에 의해 흡수되어 나타난 흡수선이다. 웨이만(Ray J. Weymann, 1934~)은 퀘이사에서 흡수선 구조를 분류하는 방법을 4가지로 고안했는데, 우리는 **|그림 22-9|**에서 그중 3가지를 볼 수 있다.

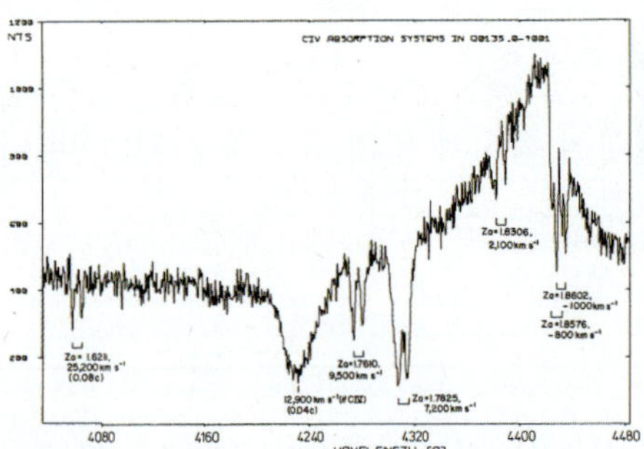

|그림 22-9| 퀘이사 0135.0~4001의 CIV 흡수

출처: R. Weymann

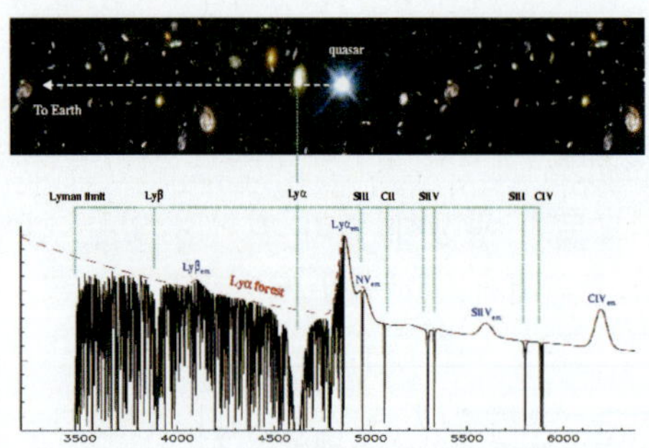

|그림 22-10| 퀘이사의 흡수 스펙트럼인 라이먼 알파숲

출처: http://www.rri.res.in/~biman/exgal_l13.pdf

- A형: 관측된 파장 4,230Å에서 보인다. 넓은 흡수선(BAL)이다. 퀘이사 이 스펙트럼에는 굉장히 넓은 골짜기 모양의 흡수선이 나타난다. 추정되는 분출 속도는 $0.1c$에 달한다.
- B형: z≈1.86에서 좁은 간격의 쌍흡수선으로 보인다. 낮은 속도의 예리한 선인데, 이 스펙트럼에는 흡수 영역과 방출 영역 간에 $3{,}000\,km/s$에 달하는 속도 차이가 나타난다. CIV[10] 선에서 가장 흔히 발견된다.
- C형: z=1.62, 1.76, 1.78, 1.83dp 4개의 C 형이 존재한다. 예리한 금속선으로, 이 종류는 퀘이사와 물리적으로 관련성이 없다.
- D형: 라이먼알파숲(Lyman-α forest)(**▌그림 22-10▐**). 날카로운 라이먼 α선이 다수 모여 있는 것으로, **▌그림 22-9▐**에서 나타내는 퀘이사는 적색이동이 되어 있기 때문에, 라이먼 α선보다 짧은 파장에서만 보이는 라이먼알파숲은 확인할 수 없다. 퀘이사에서 나오는 빛이 관측자에게 오기까지 중간중간에 성간운이 있다고 생각해보자. 그렇다면 그 성간운들에서 흡수가 생길 수 있을 것이다. 그런데 이 성간운들의 운동은 각각 다를 것이기 때문에, 이러한 흡수선이 굉장히 많이(연속적으로) 나타나게 될 것이다.

중요한 것은, 퀘이사 주변에 있는 성간운들 때문에 생기는 흡수선이 있는가 하면, 은하 간 성운 때문에 생기는 흡수선도 있다는 것이다.

퀘이사의 경우, 광학적 변광이 잘 관측되는데, 수개월 동안 1~2등급이 변화하는 것이 확인되었다. 방출원이 연속적으로 빛을 내보내는 게 아니라, 방출원에서 빛이 나오는 부분이 달라지면 시간 지연이 생길 수 있다. 이러한 변화가 일어난다는 것은 이 방출원의 크기를 짐작할 수 있게 해준다. 물론, 이 천체 자체의 변광이 있을 수도 있지만 수일이나 수개월보다는 짧거나 길 수도 있기 때문에, 이러한 변광으로부터 그 크기를 추정할 수 있는 것이다. 광학적 변광의 관측을 통해서

10) CIV는 앞서 HI, HII에서 보았던 것처럼, 탄소(C)의 전자가 제거된 상태를 표시한 것이다. CI은 중성 탄소, CII는 전자가 하나 제거된 탄소이며, CIV는 전자가 세 개 제거된 상태인 C^{3+}를 말한다.

얻은 퀘이사 크기를 어림해본 결과, 퀘이사의 크기가 굉장히 작다는 것(수 광월 정도의 크기)을 알게 되었다.

이렇게 굉장히 작은 광원이 우리은하 안에 있다면 우리에게 관측되는 에너지 정도의 현상이 일어나는 것을 쉽게 설명할 수 있을 것이다. 그러나 이 천체는 굉장히 강한 적색편이를 나타내고 있으므로, 굉장히 멀리 있는 천체(우리은하에 속하지 않는)이다. 따라서 이렇게 멀리 있으면서도 우리에게 관측될 수 있을 정도의 에너지를 내는 것이니, 매우 큰 에너지를 낸다는 것이다. 즉, 좁은 영역에서 매우 큰 에너지를 생성해 내어야 한다고 생각되는데, 이 정도 강한 에너지라면 블랙홀이 관여할 것이다. 즉 퀘이사가 블랙홀과 관련된 현상이 아닐까 추정할 수 있게 하여 주며, 초거대질량(약 $10^9 M_\odot$ 정도)이 퀘이사 안에 있어서 중력에너지가 복사에너지로 변환된다는 모형은 관측된 결과를 설명하는 한 설명 체계가 될 수 있다. 무한히 멀리 떨어진 곳에 있던 질량 m을 슈바르츠실트 반지름으로 가져왔을 때의 퍼텐셜 에너지는 $PE = -GMm/R$이므로, 만약 매년 $1M_\odot$의 물질이 $10^9 M_\odot$의 블랙홀로 빨려 들어가게 된다면, $8 \times 10^{46}\,J$이라는 에너지를 얻을 수 있게 된다. 이것을 와트(W)로 환산하면, $8 \times 10^{46}\,J/(365 \times 24 \times 60 \times 60)s \approx 2.5 \times 10^{39}\,W$라는 값을 얻을 수 있다. 태양의 광도($L_\odot$)는 $3.9 \times 10^{26}\,W$이므로, 이렇게 얻은 값이 $6 \times 10^{12} L_\odot$라는 것을 알 수 있는데, 이 값은 퀘이사에서 내는 광도와 거의 비슷하다. 물론, 중력 퍼텐셜이 모두 에너지로 전환되는 것은 아니지만, 우리는 이런 개략적인 계산을 통해서 대강의 에너지 규모에 대해 생각해 볼 수 있다.

지금까지 살펴보았듯이 퀘이사의 스펙트럼에서는 굉장히 넓은 방출선, 예리한 흡수선, 은하간 성운에 의해서 생기는 흡수선 등이 나타났다. 퀘이사 이외의 다른 특이한 은하인 세이퍼트 은하의 스펙트럼에서도 굉장히 넓은 방출선, 좁은 금지선, 아주 얇은 흡수선이 나타났었다. 또, BL Lac 천체 같은 경우는 복사 방출이 심하게 변화하는 것이 특징이라는 것을 이야기했었다. 이들 천체들이 다 별개의 이름을 갖고 있기는 하고 또 각각의 특징적인 현상이 나타나는 것처럼 보이기는 하지만, 이들에게서 나타나는 현상들은 각각 다른 것이 아니라 하나의 이론으로 설명할 수 있다는 주장이 있는데, 이는 활동은하핵의 통합 모형이다.

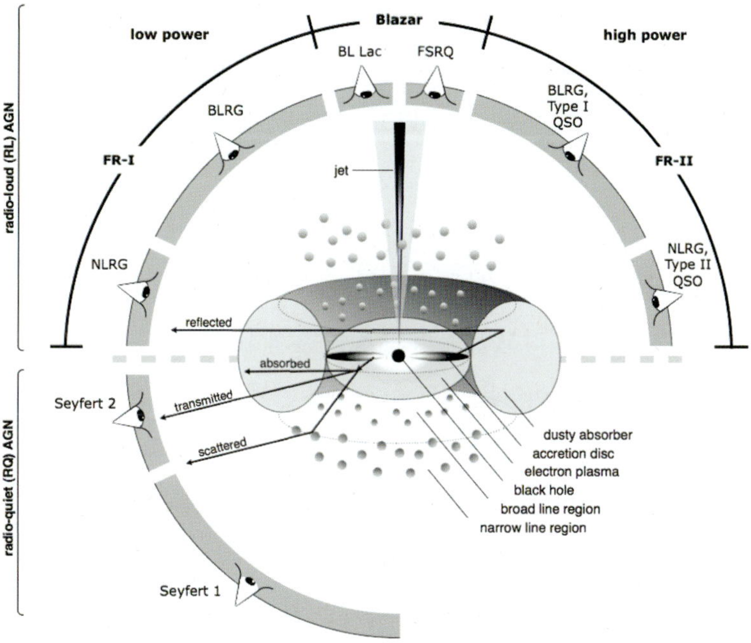

|그림 22-11| 활동은하핵(AGN) 모형

출처: https://aasnova.org/2016/09/13/making-of-an-active-galactic-nucleus/

|그림 22-11|은 AGN 모형으로, 중심에 블랙홀이 있고, 그 주변에 강착 원반(accretion disk)이 있고, torus도 볼 수 있으며, 강착 원반에 수직한 방향으로 제트가 나타나는 것도 볼 수 있다. 이 그림은, 비록 스케일은 실제와는 다르지만, 이러한 구조들로 인해 어떤 현상을 우리가 관측할 수 있게 되는지를 설명해 주고 있다. 안쪽에 들어갈수록 밀도가 높으며, 활발한 활동이 일어나는데, 블랙홀에 가까울수록 빠른 회전이, 그리고 바깥으로 갈수록 천천히 움직인다. 이렇게 모형을 만들면, 위에서 언급한 특이한 은하들을 설명하기 쉬워진다. 예를 들어, **|그림 22-11|**의 BLRG라고 쓰여 있는 눈 부분에서 관측자가 보고 있다고 하자. 그렇다면 관측자는

활발한 운동이 일어나고 있는 부분에서 오는 빛을 관측할 수 있을 것이다. 우리에게 관측된 세이퍼트 은하의 수소 발머선은 선폭이 극도로 넓은데 이를 설명하려면 굉장히 빠른 속력의 운동(이 선폭 증가가 도플러 효과 때문이라면 5,000 ~ 10,000 km/s 의 속력)이 필요하다. BLRG라고 쓰인 부분에서 AGN 모형과 같은 천체를 관측하였다면, 중심부의 거대 질량으로 인해 빠르게 그 주변을 궤도 운동하는 넓은 선폭 영역(BLR)을 보게 될 것이라는 것이다.

또, 같은 AGN을 보더라도 LNRG라고 쓰인 곳에 관측자가 있다면 무엇을 볼 수 있을까? 관측자는 겉부분의 느린 운동을 하는 밀도가 낮은 부분이 가려서 안쪽은 볼 수 없겠지만, 낮은 밀도 부분의 흡수에 의한 금지선이 나타날 것이다. 우리는 지구상에서는 그러한 극도의 진공을 만들 수 없기 때문에 거의 볼 수 없는 빛을 금지선(forbidden line)이라고 부른다는 것을 앞에서 이야기한 적이 있는데, 우주에서는 우리가 상상하기 어려울 정도의 진공에 가까운 낮은 밀도도 가능하기 때문에 그러한 빛을 관측할 수 있다는 것도 앞서 이야기하였다. 우리가 제2형 세이퍼트 은하에서 관측할 수 있었던 금지선은 바로 LNRG의 관점에서 본 AGN은 아닐까? 낮은 밀도, 그리고 적당한 속도로의 움직임은, 제2형 세이퍼트 은하에서 볼 수 있었던 적당한 넓이의 금지선(이 선폭 증가도 도플러 효과 때문이라면, 약 200 ~ 400 km/s 정도의 속도로 회전하고 있는, 빛을 흡수하는 영역을 생각할 수 있는)을 설명할 수 있다. 만약 제트가 나오는 쪽에 관측자가 있다면, 굉장히 변광이 강한 빛을 관측하게 될 것이다. 그렇게 생각해 보면, 우리가 BL Lac 천체라고 부르는 것은 AGN을 제트의 방향에서 본 것일 수도 있다. 즉, 이 한 가지의 모형으로 우리가 특이한 은하라고 부르는 여러 가지 천체들을 한꺼번에 설명할 수 있는 것 같다. 요즈음은 AGN 모형으로 이런 천체들을 모두 다 설명하고 있다.

5 초광속운동

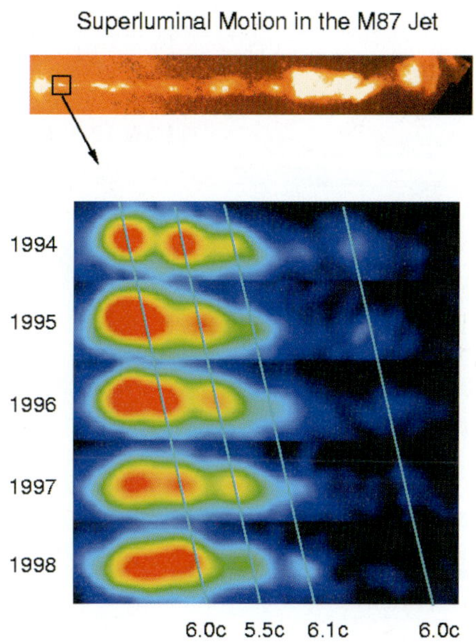

┃그림 22-12┃ M87 제트의 초광속 운동
출처: John Biretta, Space Telescope Science Institute

특이한 천체들의 제트를 관측한 결과, 아주 이상한 현상이 발견되었다. **┃그림 22-12┃**의 M87을 예로 하여 이야기해 보자. M87을 다년간의 연속 관측 결과, 전파원의 중심 봉우리에서부터 일정하게 멀어지는 덩어리를 확인할 수 있었는데, M87까지의 거리를 알고 있기 때문에 이 덩어리들의 간격(각거리)으로부터 분출 속도를 계산할 수 있었다. 이렇게 계산한 속도는, 놀랍게도, 빛의 속도의 거의 6배 정도 되었기 때문에, 처음에 발견되었을 때 이 현상은 초광속 운동(superluminal motion)이라고 불렸다.

활동은하핵 A에서 B 방향으로 v의 속도를 가지고 제트가 뿜어져 나온다고 하자(**┃그림 22-13┃**). 그리고 이 제트가 A에서 뿜어지는 시점의 시각을 t_1, B에 도달하는 시간을 t_2라 하면, A에서 B에 도달하는 데 걸리는 시간은 $\delta t = t_2 - t_1$가 된다. 이를 이용하면 $AB = v\,\delta t$, $AC = v\,\delta t \cos\theta$, $BC = v\,\delta t \sin\theta$라 쓸 수 있다.

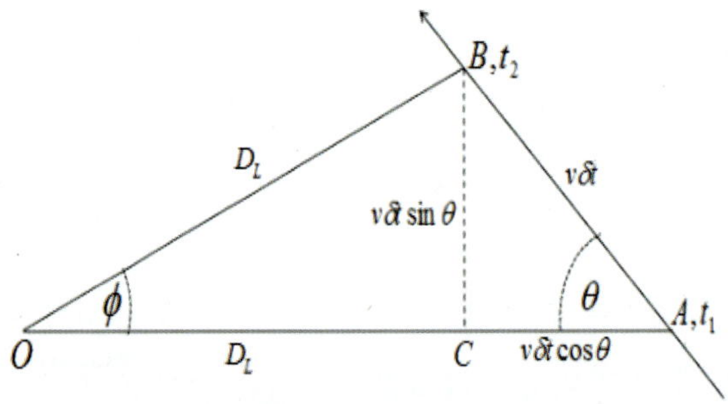

|그림 22-13| 초광속 운동 설명 모형

그런데 B에 위치한 제트가 관측자 O에 도달하는 때, t_2'는 $t_2' = t_2 + \frac{D_L}{c}$이다. 그런데 t_1 때에 A에서 출발한 제트로부터 나온 빛은 관측자 O에게는 $t_1' = t_1 + \frac{D_L + v\,\delta t\cos\theta}{c}$에 도착한다. 따라서 $\delta t' = t_2' - t_1'$는 $\delta t' = \delta t\left(1 - \frac{v}{c}cos\theta\right)$이다. 이제 관측자는 제트가 관측자의 수직인 면을 가로지르는 속도를 $v_{app} = \frac{BC}{\delta t'}$로 관측한다. 따라서

$$v_{app} = \frac{v\,\delta t\sin\theta}{\delta t'} = \frac{v\sin\theta}{1 - \frac{v}{c}\cos\theta} \qquad \text{[식 22-3]}$$

이 된다. $\beta = \frac{v}{c}$이기에, [식 22-3]은

$$\beta_{app} = \frac{\beta\sin\theta}{1 - \beta\cos\theta} \qquad \text{[식 22-4]}$$

가 된다. 이를 그래프로 그리면 **|그림 22-14|**와 같다. β_{app}의 최댓값은 $\frac{\partial\beta_{app}}{\partial\theta} = 0$으로부터, $\cos\theta = \beta$, $\sin\theta = \sqrt{1-\beta^2}$이다. 따라서

$$\beta_{app,\max} = \frac{\beta}{\sqrt{1-\beta^2}} \qquad [식\ 22-5]$$

이 된다. 이를 M87에 적용해 보면, $\beta_{app} \simeq 6$이기에 $\beta = \frac{6}{\sqrt{37}} = 0.9864$일 때에 $\theta = 9.46°$가 된다. 그러나 $\beta = 1$인 경우는 $\theta \simeq 18.924°$가 된다. 즉 제트의 방향은 관측자의 수직면과 이루는 각이 대략 $9.5° \sim 19°$ 사이가 될 것이다.

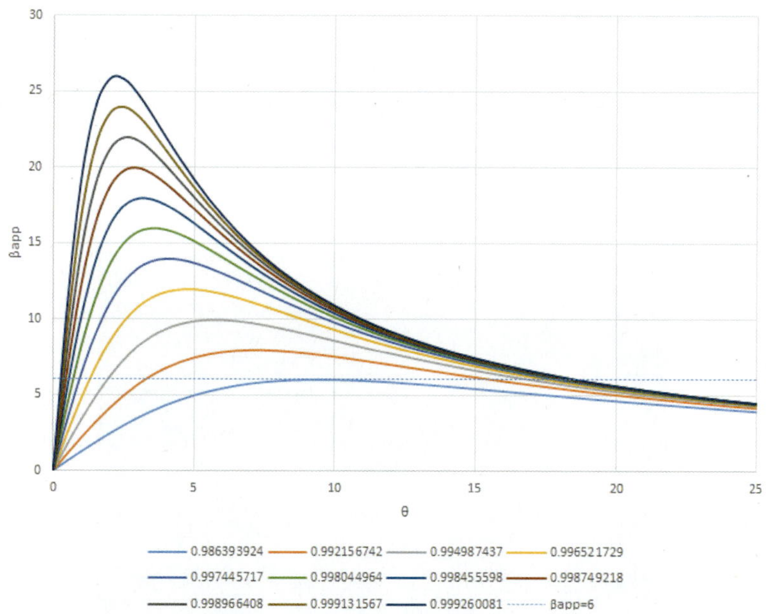

┃그림 22-14┃ 제트의 속도 β와 θ에 따른 초광속운동 속도 β_{app}

6 중력렌즈

퀘이사와 같은 특이한 천체들에는 중력렌즈 효과도 나타난다. 퀘이사와 같은 천체가 쌍둥이처럼 나타나는 경우가 있는데, 이것은 실제로 이러한 천체가 쌍으로 존재해서가 아니라, 우리에게 그렇게 보일 뿐이다. 즉, 퀘이사와 우리 사이에 질량이 큰 천체가 존재하면 강한 중력에 의하여 빛이 휘게 된다. 마치 렌즈에 의해 빛이 굴절하는 것처럼, 중력에 의해 빛이 굽어서 들어오게 되기 때문에 중력렌즈효과(gravitational lens effect)라고 부른다. 퀘이사가 중력렌즈의 바로 뒤에 있다면 마치 링처럼 관측되고, 비껴져 있으면 두 개의 천체가 있는 것처럼 관측된다.

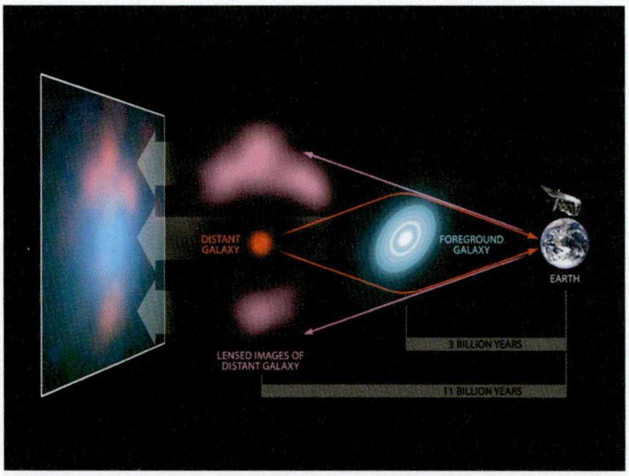

|그림 22-15| 먼 은하의 중력렌즈 효과

출처: http://herschel.cf.ac.uk/results/herschel-atlas-gravitational-lenses

중력렌즈 효과를 통해서 렌즈 역할을 하는 천체의 질량을 알 수 있기 때문에 다양하게 활용된다. 예를 들어 미세 중력렌즈 효과(microlensing)를 이용해서는 암흑물질(dark matter)의 질량도 찾아내고, 외계 행성을 찾아내는 데 중력렌즈 효과를 활용하기도 한다.

질량을 가진 중력체 주위로 빛이 지나가면, 그 빛의 경로가 휘어진다는 것이 아인슈타인의 일반상대성 이론에 의하여 밝혀졌다. 이러한 빛의 휘어짐은 에딩턴과 그의 동료들이 1919년 5월 29일 개기일식을 관측하여 태양의 코로나 주변의 어두운 별들의 별빛의 위치가 비껴지는 것을 관측하여 확인하였다. 이러한 빛의 휘어지는 각도 $\hat{\alpha}$는 질점의 질량이 M이고 이 질점에서 ξ만큼 떨어져 있을 때에 $\hat{\alpha}=\dfrac{4GM}{c^2\xi}$로 계산된다. 이 각은 태양 주위에서는 대략 1.7″ 정도이다. 이러한 중력렌즈 효과는 은하단을 관측해도 잘 보인다(**그림 22-16** 참조).[11]

그림 22-16 은하단에 의한 중력렌즈 효과를 허블 망원경이 관측

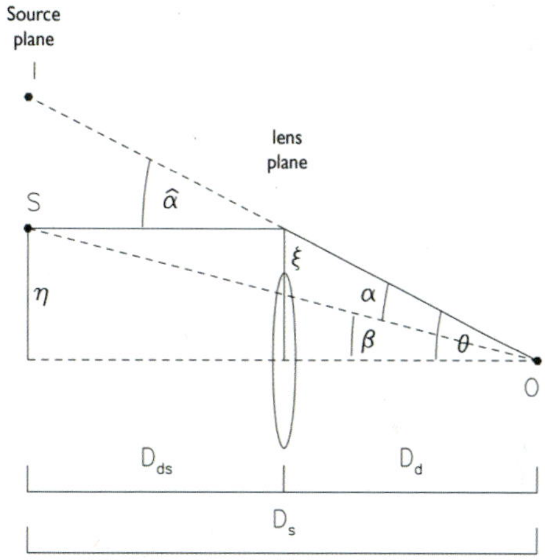

그림 22-17 중력렌즈 모델

이제 이러한 중력렌즈 효과를 **그림 22-17**의 중력렌즈 모델로부터 유도된 렌즈 방정식을 이용하여 알아보자. **그림 22-17**에서 관측자 O에서 D_d만큼 떨어져 중력렌즈 역할을 하는 중력체의 질량을 M이라 하면, $\hat{\alpha}=\dfrac{4GM}{c^2\xi}$이다. 그리고 $\xi = D_L\theta$, $D_s\alpha = D_{Ls}\hat{\alpha}$이다. 그런데

11) **그림 22-16**은 http://heritage.stsci.edu/2012/08/images/i1208bw.jpg로부터 가져온 것이다.

$$\beta = \theta - \alpha = \theta - \frac{D_{Ls}}{D_s}\hat{\alpha} = \theta - \frac{D_{Ls}}{D_s}\frac{4GM}{c^2\xi}$$

$$= \theta - \frac{D_{Ls}}{D_s D_L}\frac{4GM}{c^2\theta} \qquad \text{[식 22-6]}$$

이 된다. 이는 질량이 M인 질점의 렌즈방정식이다. 만약 천체 s가 관측자와 중력렌즈의 중력체 방향으로 위치해 있다면, 즉 $\beta = 0$이면 중력렌즈에 의한 이미지는

$$\theta_E = \sqrt{\frac{4GM}{c^2}\frac{D_{Ls}}{D_s D_L}} \qquad \text{[식 22-7]}$$

의 각 크기를 가지는 고리(ring)로 나타난다. 이를 아인슈타인 고리(Einstein ring)라 한다. 따라서 렌즈방정식은 간단히

$$\beta = \theta - \frac{\theta_E^2}{\theta} \qquad \text{[식 22-8]}$$

로 쓸 수 있다. 이 방정식은

$$\theta_{\pm} = \frac{1}{2}\left(\beta \pm \sqrt{\beta^2 + 4\theta_E^2}\right) \qquad \text{[식 22-9]}$$

의 두 근을 갖는다. 따라서 $\beta \neq 0$인 경우는 이미지가 두 개가 하나는 렌즈 중력체에서 조금 멀리, 다른 하나는 정반대쪽으로 조금 가까이 위치한다.

중력렌즈는 표면 밝기를 유지하지만, 이미지의 겉보기 입체각을 변화하기에 이미지가 확대된다. 따라서 중력렌즈의 배율은

$$\text{배율} = \frac{\text{이미지의 면적}}{\text{천체 자체의 변적}} \qquad \text{[식 22-10]}$$

이다. 렌즈방정식에 의해서 계산된 배율 μ는 $\mu = \frac{\theta}{\beta}\frac{\partial\beta}{\partial\theta}$ 로부터,

$$\mu_{\pm} = \left[1 - \left(\frac{\theta_E}{\theta_{\pm}}\right)^4\right]^{-1} = \frac{u^2+2}{2u\sqrt{u^2+4}} \pm \frac{1}{2} \qquad [식\ 22-11]$$

이 된다. 여기서 $u = \frac{\beta}{\theta_E}$ 이다. $u=1$인 경우는 $\mu = 1.17+0.17 = 1.34$ 이는 $\Delta m = 0.32$ 만큼의 등급을 변화시킨다. 따라서 $u < 1$이면 $\Delta m > 0.32$보다 커진다. **|그림 22-19|**는 렌즈중력체로부터 떨어진 u값에 따라 Δm의 값이 달라짐을 보여준다. 렌즈중력체에 가까울수록 등급의 변화가 심하다. 이러한 중력렌즈의 효과는 은하단의 질량, 암흑물질의 존재, 외계행성계 탐사 등에 이용되고 있다.

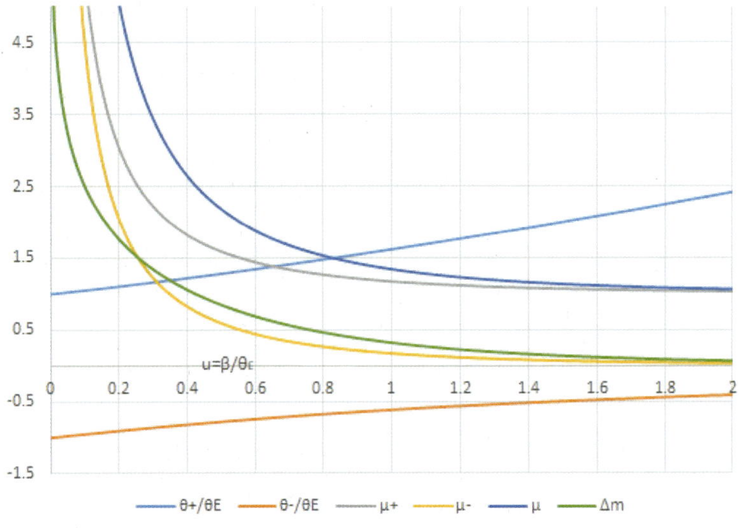

|그림 22-18| $u = \beta/\theta_E$에 따른 θ, μ, Δm 값의 변화

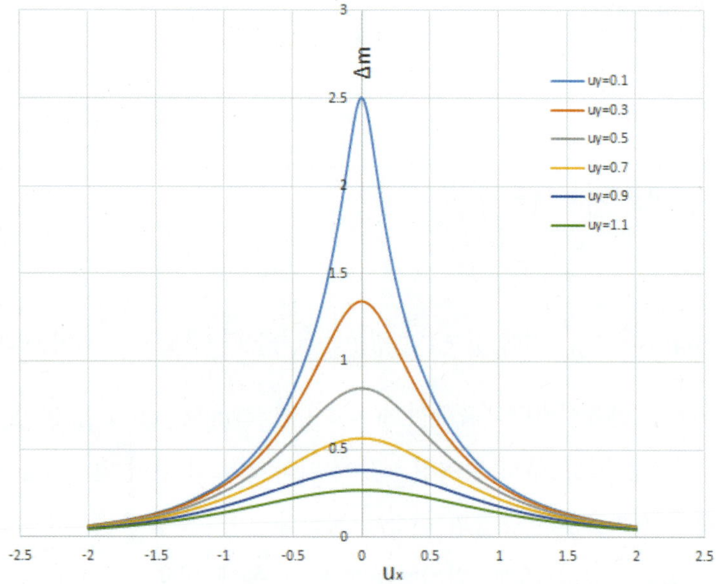

|그림 22-19| 렌즈 중력체로부터 떨어진 정도에 따라 나타나는 등급의 변화

부 록

중력 에너지원

$\frac{1}{2}mv_{ff}^2 - \frac{GMm}{R} = 0$ → 중력에너지가 운동에너지로 그리고 열에너지로 전환 그리고 그 열에너지는 모두 열 복사로. $E_g = -\frac{GMm}{R} \rightarrow L = -\frac{dE_g}{dt} = \frac{GM}{R}\frac{dm}{dt}$ $\rightarrow L = \frac{GM}{Rc^2}\frac{dm}{dt}c^2 \rightarrow \eta = \frac{GM}{Rc^2}$ 이라 놓으면, $L = \eta\frac{dm}{dt}c^2 \rightarrow \eta$는 정지질량에너지가 복사로 전환되는 에너지 효율. 그런데 블랙홀의 경우에는 $R_{sch} = \frac{2GM}{c^2}$, $\eta = \frac{1}{2}\frac{R_{sch}}{R} \rightarrow L = \frac{1}{2}\frac{R_{sch}}{R}\dot{m}c^2 = \eta\dot{m}c^2$ 블랙홀의 경우 $R = R_{sch} \rightarrow \eta = 0.5$ 매우 효율적인 에너지원(비교: 수소핵융합반응 $\eta \simeq 0.007$) $\rightarrow \dot{m} = 1\,M_\odot/yc$이면, $L \simeq 2.85\times10^{39}\ W = 7.15\times10^{12}\ L_\odot$ →AGN 복사에너지원 설명

- AGN의 $life\ time$ =(은하의 평균 연령~10^{10}년)×(은하 중 1% 정도의 AGN) $\rightarrow \Delta t \simeq 10^8$ 년 $\rightarrow m = \dot{m}\Delta t \simeq 10^8\ M_\odot$ 정도의 블랙홀

  그런데 $L_{edd} = \frac{4\pi GMm_pc}{\sigma_T} \simeq 1.26\times10^{31}\left(\frac{M}{M_\odot}\right)W = 3.2\times10^4\left(\frac{M}{M_\odot}\right)L_\odot \rightarrow$

  $L_{edd} \simeq \eta\dot{m}c^2 \rightarrow \frac{1}{(M/M_\odot)}\frac{d(M/M_\odot)}{d(t/1\,yr)} = 4.42\times10^{-9} \rightarrow M = M_o\,e^{\frac{t}{2.6\times10^8}} \rightarrow$

  블랙홀의 질량은 exponentially 증가한다. $\rightarrow \frac{M}{\left(\frac{dM}{dt}\right)} \simeq 2.6\times10^8$ 년 →

$10^8 M_\odot$ 까지 자라는 데 $\sim 10^9$년 정도가 되고, 현재의 $\dfrac{dM}{dt} \simeq 0.442 \dfrac{M_\odot}{yr}$ 이다.

- $L_{edd} = \dfrac{4\pi GMm_p c}{\sigma_T} \simeq 1.26 \times 10^{31} \left(\dfrac{M}{M_\odot}\right) W = 4\pi R_{sch}^2 \sigma T^4 = 4\pi \left(\dfrac{2GM}{c^2}\right)^2 \sigma T^4$

$\rightarrow T = 3.766 \times 10^7 \left(\dfrac{M}{M_\odot}\right)^{-1/4} \rightarrow 10^8 M_\odot$ 일 때, $T \simeq 3.766 \times 10^5 K$

스물세 번째

빅뱅 우주론

이제 우주론에 대해 이야기를 해보도록 하자. 우주론(cosmology)이라는 것은 우주가 어떻게 생성되었으며, 어떤 다이내믹을 거쳐 왔을까를 이야기하는 것으로, 과학적인 설명뿐 아니라 철학적인 내용을 다루기도 한다. 다른 부분의 설명에서도 그랬던 것처럼, 우주론을 이야기할 때도 우리는 기초적인 이야기에서 시작해서 상세한 설명으로 들어가게 될 것이며, 그 상세한 설명을 하는 과정 중에 그러한 우주의 역사 속에서 은하가 어떻게 생성되었을까에 대한 이야기도 다루게 될 것이다. 우주론과 관련해서는 흥미로운 여러 가지 에피소드들이 있지만, 그런 에피소드들은 시중에 나와 있는 책에 많이 나와 있으니, 그것을 읽고 참고하기 바라며, 여기서는 그런 에피소드보다는 천문학과 관련된 이야기에 집중해서 이야기해보자.

우주는 어떨까에 대한 생각은 고대에서부터 있었겠지만, 과학이 발전하기 이전에는 막연히 상상의 나래를 편 공상에 불과한 것이 많았다. 우주에 대해 많은 것이 알려지거나 밝혀진 것은 우리가 근대 과학의 시작이라고 생각하는 뉴턴으로부터도 꽤 많은 시간이 흐른 후였다. 허블(Edwin Hubble, 1889~1953) 이전에는 우주는 정적이라고 생각하여 절대로 변화가 없고, 굉장히 고요한 우주를 묘사했었다. 그러나 아인슈타인(A, Einstein, 1879~1955), 르메트르(Georges Lemaître, 1894~1966), 프리드만(Alexander Friedmann, 1888~1925), 디락(Paul Dirac, 1902~1984) 등의 연구로, 우주가 정적이라기보다는 다이내믹하다는 생각을 하게 되었다. 아인슈타인의 장 방정식(field equation)이 발표되면서 질량 혹은 에너지가 있는 곳에서의 계량(metric)이 어떻게 되느냐 하는 것에 대해 계산해 냈고, 블랙홀 근처나 우주를 다루게 되었다. 이 방정식들을 아주 유능하게 다룬 사람이 초기에 프리드만과 르메트르였는데, 이 방정식의 근본을 만든 사람이었긴 하지만 정작 아인슈타인은 그 방정식을 아주 자유롭게 다루지는 못한 것 같다. 프리드만과 르메트르 이후에는 로버트슨과 워커 등이 더 정교화하여 현재 우리가 사용하는 우주론의 기초가 마련되었다. 여러분들이 앞으로도 우주론을 다루면 이 학자들의 이름을 계속 접하게 될 것이다.

아인슈타인의 상대론에 대해서 간단히 이야기해보도록 하자. 아인슈타인은 1905년 특수상대론(SR, Special relativity)을, 그리고 1915년 일반상대론(GR, General relativity)을 발표한다. 특수상대론은 관성계라는 '특수한' 상황에 한해서 적용되는 것이지만, 비관성계까지 포함할 수 있도록 확장한 것이 일반상대론이다. 아인슈타인은 특수상대론에서 시간과 공간을 통합한 4차원 시공간 연속체를 써서 비관성계의 모든 물체의 운동 이론을 유도하였으나, 비관성계, 즉, 가속되지 않는 물체라는 제한은 상대론이 적용될 수 있는 범위를 한정할 수밖에 없다. 따라서 일반상대론을 통해 모든 공간에서의 운동을 기술할 수 있게 되었고, 우주론에 활용할 수 있게 되었다.

일반상대론의 가장 기본이 되는 것은, 중력에 의한 가속도와 실제 가속을 했을 때의 가속도가 서로 같다는 것이다. 아인슈타인은 뉴턴 제2법칙과 중력 법칙이라는 2개의 다른 방식으로 질량이 정의된 것에 주목하였는데, 뉴턴 제2법칙에서는 힘과 가속도가 알려진 경우 그 물질의 질량이 결정되며, 이를 관성질량이라 한다. 이 물체의 무게를 잰다면, 무게는 중력에 해당하는 힘이 물체에 작용했기 때문이며, 이렇게 해서 결정된 질량은 중력 질량이라고 한다. 뉴턴은 관성질량과 중력 질량이 같다고 믿었으며, 그 이후의 여러 학자들에 의해 중력 질량과 관성 질량이 $1/10^{12}$의 정밀도로 동일함을 알아냈다. 아인슈타인은 중력 질량과 관성 질량이 같음은 우연이 아니라고 생각하였으며, 이를 우주의 근본적 사실이라고 보았다. 이를 등가의 원리(principle of equivalence)라 부르며, 일반상대론에서 중요한 위치를 점한다. 아인슈타인은 이 원리를 다음과 같은 예시로 설명하였는데, 지상에서의 우주선과 우주 공간에서 일정한 가속도로 움직이는 우주선 안에서의 가속도가 바로 그것이다. 지상에 있는 우주선에서 물체를 떨어뜨리면 지구 중력에 의한 가속도가 9.8 m/s^2이므로, 이 가속도로 낙하할 것이다. 이 우주선을, 그것을 탄 사람이 모르게 우주 공간으로 옮겨 놓고, 9.8m/s^2의 가속도로 올라가게 한다면, 우주선 안에서 물체를 떨어뜨렸을 때, 이 물체 역시 9.8m/s^2으로 낙하할 것이다. 만약 우주선 밖을 볼 수 없다면, 우주선 안의 관찰자는 자신이 지상에 있는지 우주 공간에 있는지를 확인할 수 있는 방법이 없으며, 실험만으로는 중력 질량과 관성 질량을 구별할 수 없다는 것이다.

아인슈타인의 일반상대론에 의하면 질량(에너지)의 분포로 인해 시공간이 구부러진다고 한다. 즉, 질량-에너지 밀도에 비례하여 시공간의 곡률이 나타난다는 것이며, 이 곡률로 인해 가속 운동이 나타나게 된다. 따라서 우주에서의 운동을 통해 우주를 이루는 물질의 양을 추정할 수 있으며, 이를 통해 우주에 대한 모형을 만들어 낼 수 있을 것으로 본다.

우주의 역학에 대하여 살펴보도록 하자. 특수상대론에서는 4차원 공간에서 두 점 사이의 간격 dl을 다음과 같이 표현한다.

$$dl^2 = c^2dt^2 - dx^2 - dy^2 - dz^2 \qquad \text{[식 23-1]}$$

특수상대성 이론은 임의의 두 사건에 대한 dl^2이 관성계 안에서 움직이는 모든 관측자에게 동일함을 가정하는데, 가속되는 시스템(비관성계)에까지 이를 확장한 식이 바로 [식 23-2]이다.

$$dl^2 = \sum_{\mu=1}^{4}\sum_{\nu=1}^{4} g_{\mu\nu}dx^\mu dx^\nu \qquad \text{[식 23-2]}$$

이것은 시공간의 계량(metric)이라는 $g_{\mu\nu}$의 행렬에 대한 텐서 방정식이다. 계량 텐서는 시공간의 곡률을 기술하는 것이다(앞서 이야기했듯이, 곡률은 가속 운동을 야기한다). 여기서 우주가 등방하며(isotropic), 균질하다(homogeneous)고 가정한다. 이를 우주 원리(cosmological principle)라 부른다. 광속이 유한하고 일정함을 가정하면 로버트슨-워커(Robertson-Walker) 계량을 쓸 수 있는데, 로버트슨-워커 계량의 일반적인 표현은

$$dl^2 = c^2dt^2 - R(t)^2\left[\frac{dr^2}{1-kr^2} + r^2(d\theta^2 + \sin^2\theta d\phi^2)\right] \qquad [식\ 23-3]$$

이다. 이 식에서 r은 동행좌표(comoving coordinate)로 은하들에 고정되고 차원이 없다. k는 형식적으로는 자유인자인데, 공간곡률이 －일 때는 $k=+1$이며, 공간곡률이 ＋일 때는 $k=-1$이다. $R(t)$는 길이의 차원을 가진 스케일의 크기인데 시간에 따라 변할 때 동적인 우주를 나타낸다.

[식 23-3]의 r은 두 점 사이의 측정 가능한 거리가 아니며, 거리는 dl을 적분해서 얻을 수 있다. 즉

$$\ell = R(t)\int_0^r \frac{dr}{\sqrt{1-\kappa r^2}} = \begin{cases} R\sin^{-1}r, & \kappa=+1 \\ Rr, & \kappa=0 \\ R\sinh^{-1}r, & \kappa=-1 \end{cases} \qquad [식\ 23-4]$$

시공간에서의 입자들은 측지선(geodesics)을 따라 움직이기에 이를 식으로 표현하면 다음과 같다.

$$\int_0^r \frac{dr}{\sqrt{1-\kappa r^2}} = c\int_{t_e}^{t_o} \frac{dt}{R(t)} = \begin{cases} \sin^{-1}r, & \kappa=+1 \\ r, & \kappa=0 \\ \sinh^{-1}r, & \kappa=-1 \end{cases} \qquad [식\ 23-5]$$

그런데 $\int_{t_e}^{t_o}\frac{dt}{R(t)} = \int_{t_e+\lambda_e/c}^{t_o+\lambda_o/c}\frac{dt}{R(t)}$ 인데, 양변에서 $\int_{t_e+\lambda_e/c}^{t_o}\frac{dt}{R(t)}$ 을 빼주면,

$$\int_{t_e}^{t_e+\lambda_e/c}\frac{dt}{R(t)} = \int_{t_o}^{t_o+\lambda_o/c}\frac{dt}{R(t)} \qquad [식\ 23-6]$$

이 된다. $\frac{\lambda_e}{R(t_e)} = \frac{\lambda_o}{R(t_o)}$ 이므로, $z = \frac{\lambda_o - \lambda_e}{\lambda_e} = \frac{\lambda_o}{\lambda_e} - 1 = \frac{R(t_o)}{R(t_e)}$ 이며, $R(t_o) = 1$ 이면, $R = \frac{1}{1+z}$ 이다. 즉

$$1 + z = \frac{R(t_0)}{R(t_1)} \qquad \text{[식 23-7]}$$

은 르메트르 방정식으로 알려져 있다.

또, [식 23-4]의 우변은 $r \ll 1$일 때, 모두 Rr와 근사하므로, $l = R(t)r$, 즉, 측정 가능한 거리는 우주의 스케일인자에 좌표 거리를 곱한 것과 같다. 그런데 속도는 거리의 시간적 도함수이므로, $v = \dot{\ell} = \dot{R}(t)r$ 이다. 그런데, $\dot{R}r = \frac{\dot{R}}{R}l$ 이므로, $v = \frac{\dot{R}}{R}l$ 이다. 척도인자 $R(t)$는 길이의 차원을 가진 스케일의 크기였다는 것을 상기해보면, $\frac{\dot{R}}{R} = H(t)$ 이 허블 상수이며, $v = H(t)l$ 인 허블 법칙은 등방성과 균질성만을 가정해서 유도해낸 결과라는 것을 알 수 있다.

아인슈타인의 장 방정식이라고 하는 것은 질량 에너지가 있는 곳에 시공간이 영향을 받아서 왜곡되어 있는 모습을 표현하는 방정식으로 다음과 같이 표현한다.

$$R_{\mu\nu} - \frac{g_{\mu\nu}R}{2} = -\kappa T_{\mu\nu} + 2\Lambda \qquad \text{[식 23-8]}$$

여기서 R은 계량 텐서이고, T는 에너지 텐서이다. 이는 물질과 에너지 모두를 포함하는 에너지 텐서와 시공간을 나타내는 계량 텐서를 서로 관련지어 놓은 것으로 질량-에너지의 존재와 시공간의 곡률이 서로 관련된다.

계량은 질량이 특이점에 모여 있는 상태인 블랙홀일 때와 우주같이 모든 물질이 균질하고 등방적으로 분포할 때와는 다르다. 우주에서의 계량은 우주가 균질하고 등방적이기에 우주를 거시적으로 보았을 때 어느 시점에 밀도는 어디서나 어느 방향에서나 그 값이 일정한 상수라고 할 수 있다.

우리가 앞에서 보았던 척도인자라는 것은, 지금 현재 우주를 1이라고 놨을 때, 과거의 우주는 지금 우주의 축소판일 것이므로 $R(t)$가 작으면 작을수록 과거 우주를 나타낸다. k는 곡률을 나타내는 것으로, k가 +1면 닫힌 공간, k가 −1이면 열린 공간, 0이 되면 평평한 공간을 뜻한다. 앞서 살펴본 장방정식([식 23−8])과 로버트슨−워커 계량([식 23−3])으로부터 시간−시간 방정식과 공간−공간 방정식을 다음과 같이 구할 수 있다.

$$T_{00} \Rightarrow \frac{8\pi GU(t)}{c^2} = \frac{3k}{R_0^2}\left(\frac{R_0}{R}\right)^2 + \frac{3}{c^2}\left(\frac{\dot{R}}{R}\right)^2 - \Lambda \qquad \text{[식 23−9]}$$

$$T_{ii} \Rightarrow \frac{8\pi G}{c^4}P(t) = -\frac{k}{R_0^2}\left(\frac{R_0}{R}\right)^2 - \frac{2}{c^2}\frac{\ddot{R}}{R} - \frac{1}{c^2}\left(\frac{\dot{R}}{R}\right)^2 + \Lambda$$

[식 23−10]

여기서 $P(t)$와 $U(t)$는 스트레스−에너지 텐서의 물리적으로 측정 가능한 우주의 압력과 내부에너지이다. R_0는 R의 현재 값, Λ는 우주상수(cosmological constant)인데, 형식적으로는 적분해서 나오는 적분상수이다. 아인슈타인은 일반상대론을 도입할 때 허블 법칙을 몰랐기 때문에 정지한 모형을 얻기 위해 Λ를 도입하였는데, 그 이후 오랫동안 우주상수는 0이라고 생각되었다.

[식 23−9]와 [식 23−10]에서

$$\frac{\ddot{R}}{R} = -\frac{4\pi G}{c^2}\left(P + \frac{U}{3}\right) + \Lambda\frac{c^2}{3} \qquad \text{[식 23−11]}$$

과

$$\frac{d}{dt}(UR^3) = -P\frac{d(R^3)}{dt}$$ [식 23-12]

을 얻을 수 있다. $\Lambda = 0$, $P = 0, U = \rho c^2$이라고 가정하면, [식 23-11]과 [식 23-12]는 각각

$$\frac{\ddot{R}}{R} = -\frac{4\pi G\rho}{3}$$ [식 23-13]

와

$$\frac{d}{dt}(\rho c^2 R^3) = 0 \Rightarrow \rho_0 R_0^3 = \rho R^3$$ [식 23-14]

이 된다. [식 23-13]은 밀도에 의해 팽창이 느려짐을, [식 23-14]는 우주 전체로 볼 때 질량이 보존됨을 보여준다.

위의 식을 유도할 때 나온 르메트르는, 여러분에게 생소한 과학자인지 모르겠지만, 우주론에서 매우 중요한 과학자 중 한 사람이므로, 잠깐 르메트르와 관련된 이야기를 하고 넘어가겠다. 가톨릭 사제이기도 했던 르메트르는 1927년, 아인슈타인의 장방정식을 이용해서 이론적으로 허블의 법칙을 구해냈고, 그것을 발표를 했지만 사람들은 벨기에 천문학자이고 사제인 이 사람을 별로 주목하지 않았다. 아인슈타인도 르메트르를 무시했는데, 르메트르의 업적을 칭찬해준 사람은 에딩턴(Sir Arthur Eddington, 1882~1944)이었다. 에딩턴은 당시 영국 천문학계를 이끌던 사람으로 노벨상은 받지 못했지만, 천문학에서의 중요한 인물들에게 미친 영향만큼은 노벨상을 받기에 충분하지 않을까 하는데, 에딩턴과 아인슈타인의 일화도

잠깐 살펴보도록 하자.

수성은 다른 행성들의 영향으로 인해 궤도 세차 운동을 하게 되는데, 한 5,000초 정도의 궤도 세차운동을 한다. 그런데 관측한 것과 계산한 값은 약 45초 정도의 차이가 났었다. 이 차이에 대해 사람들은 5000초에서 40몇 초 정도는 차이가 날 수 있다고 생각해서 그냥 무시하고 지나갔던 것 같다. 그런데 아인슈타인은 그 40몇 초 되는 것을, 태양의 중력장에서의 왜곡으로 계산해서 45초 정도가 된다고 설명하였다. 아인슈타인의 이 설명에 대해 사람들은 굉장히 놀라게 된다. 뉴턴이 이야기한 중력이, 원심력처럼 실재하는 힘이 아니라 시공간이 왜곡되어서 발생되는 자연스러운 운동이라는 것에 사람들은 매우 놀랐고, 특히, 뉴턴의 조국인 영국에서는 거의 분노하였던 것 같다. 뉴턴은 영국의 자존심인데, 대륙의 젊은 사람인 아인슈타인이 영국의 자존심을 건드린 것이다. 그 당시까지는 뉴턴의 역학으로 모든 물체의 운동을 굉장히 정확하게 다 표현할 수 있었는데, 아인슈타인에 의하면, 뉴턴이 발견한 그 힘이라는 것이 별거 아닌 것이 되므로, 영국이 자존심 상해했던 것은 어쩌면 당연스러운 일이었을 것이다. 그 당시 영국 천문학계를 대표하는 인물 중에 하나가 에딩턴이었는데, 에딩턴은 영국의 과학자들을 설득한다. 아인슈타인은 당시 독일에서 연구를 지원하겠다는 것도 거절하고 어렵게 지내고 있었는데, 아인슈타인은 자신이 계산한 것을 누군가는 검증해야 하므로 이것을 전부 편지에 써서, 에딩턴에게 보낸다. 그리고 에딩턴은, 굉장히 수학에 천재였기 때문에, 그 복잡한 미분방정식을 전부 보고 계산이 정확하다는 걸 계속 얘기를 해 주었고, 그렇게 해서 나온 게 일반상대성 이론이다. 뉴턴의 프레임이 아인슈타인이 이야기한 프레임으로 바뀌는 것이므로, 영국 학계에서는 저항이 있었지만, 아인슈타인의 연구에 대해 알고 있던 에딩턴은 관측을 통해 이를 증명해보자고 영국의 천문학자들을 설득해 낸다. 진짜로 중력장이 있는 곳에서 빛의 궤도가 진짜 휘는지를 증명해 보자는 의견에 의해, 일식 때 태양이 가려질 때 주변의 별들을 관측하게 된다. 만약 아인슈타인의 설명 체계가 맞다면, 주변에 있는 별의 위치가 태양에 의한 시공간의 왜곡으로 인해 벌어질 것이므로, 아인슈타인이 옳은지를 증명할 수 있지 않겠느냐는 것이다. 실제로 관측을 통해 아인슈타인의 이론이 맞다는 것이 증명이 되고, 이 증명을 통해 영국도, 아인슈타인도 자존심을 살리게 된다. 특히, 영국은 이론을 관측을 통해 검증하는 나라로서 자존심을 살릴 수 있었다고 볼 수 있다.

이렇게 이야기하니까 에딩턴이 굉장히 멋있고 인격적으로 수양된 사람처럼 보이지만, 에딩턴도 보통 사람들처럼 실수를 하기도 했다. 그는 아인슈타인은 굉장히 높이 평가를 했지만, 인도에서 온 천문학자인 찬드라세카(Subrahmanyan Chandrasekhar, 1910~1995)는 굉장히 낮게 평가를 했는데, 여러분이 백색왜성이나 중성자별 이야기를 할 때 배웠던 찬드라세카 한계에 대해 에딩턴은 말도 안 되는 이야기라며 무시했다고 한다. 그런데 찬드라세카는 이 연구로 나중에 노벨상을 받게 되었다. 그러나 이런 실수는 에딩턴만 했던 것은 아니다. 아인슈타인은 르메트르를 수학적으로는 옳지만 물리는 잘 모를 것이라고 무시했다고 한다. 한편, 에딩턴은 르메트르의 연구를 인정하였다고 하니, 한 사람의 판단에 모든 것을 맡기는 것은, 비록 그 사람이 대단한 권위자라고 해도 매우 위험한 일이라는 생각을 들게 하는 일화라 하지 않을 수 없다. 만약 여러분의 앞날에, 자신의 연구에 대해 무시를 하는 사람을, 특히 권위자 중에 그런 사람을 만난다면, 여러분들은 이 일화를 한번 떠올려도 좋을 것이다. 물론, 무시를 받는 당시에는 상처가 되겠지만, 그 의견이 절대적인 것은 아니니, 여러분들이 연구를 해 나가면서 그 연구가 중요하다고 생각이 되면 많이 발표를 하고, 이를 더 많은 사람들과 검증해 나가면서 여러분이 성장해 나갈 수 있을 것이다.

아인슈타인 같은 경우는 상대성이론 이후의 삶에 대해 잘 알려져 있으니, 덜 주목받았던 르메트르 이야기를 조금 더 해보자. 앞서 이야기했듯, 르메트르 같은 경우는 문제가, 가톨릭 사제였기 때문에 바티칸에서 그의 연구를 창세기와 연결을 시켜서 얘기하기를 원했던 것 같고, 르메트르는 그것을 선호했던 것 같지는 않다. 사실 누가 어떻게 과학으로 신의 존재를 증명할 수가 있겠는가? 종교라는 것은 과학과 다른 범주이며, 과학적으로 검증하는 것은 불가능한 영역이 존재할 수밖에 없으므로, 과학으로 신을 증명한다는 것은 불가능한 이야기일 것이다. 다만, 자연 과학을 연구할수록, 이렇게 놀랍고 위대한 자연에 대한 경외심을 가지면서 그러한 마음이 종교로 연결될 가능성은 있겠지만 말이다. 어쨌건, 르메트르는 이런 상황에서, 이후에는 우주론 연구는 안 하고, 천체 역학에 대해서만 열심히 연구하다가 주변 사람들에게 과학자로서 그다지 인정받지는 못한 채 1960년대 중반에 타계한다.

그 이후에 이제 다른 사람들에 의해서 우주론이, 1990년에는 알란 구스에 의해서 인플레이션 우주가 얘기가 되고, 그 다음에 관측적으로는 굉장히 중요한 연구가 나타나는데, 1965년에 우주배경복사(cosmic background radiation)의 관측이 바로 그것이다. 그 이후에 1990년도 중후반에 COBE(Cosmic Bakground Explorer) 위성과 그 후에 WMAP의 좀 더 자세한 관측을 하게 되고, 이러한 모든 것들에 의해서 빅뱅 우주론이 정립된다. 1990년대 후반부터 시작해서, 초기 우주에, 빅뱅 이론에서 우리가 얘기 못하던 여러 문제들을 해결할 수 있는 우주 초기의 모습을 이론적으로 설명하는 구스(Alan H. Guth, 1947~)의 초팽창 우주론이 나오고, 우주의 나이에 대한 문제 때문에 Ia형 초신성을 직접 관측해서 우주의 팽창이 가속 팽창하고 있다는 것을 발견하게 되었다. 이제 우리는 우주에 대하여 매우 자세한 부분들까지 많이 알게 되었다. 물론 이렇게 우주에 대하여 설명할 수 있는 것은 미국이나 유럽을 중심으로 한 나라들만 있었던 것이 아니라, 러시아에서도 가모프(George Gamow, 1904~1968)라는 사람이 초기 우주가 매우 뜨거웠기에 핵반응이 일어날 수 있어서 지금 수소와 헬륨이 질량비로 3:1 정도 된다는 것을 증명을 하기도 하였다. 이런 일련의 연구들을 통해 빅뱅 우주론이 설득력을 갖게 되고, 계속 발전해 갈 수 있었다.

앞서 아인슈타인의 일반상대론이 1915년에 뉴턴적 우주관을 바꿨다고 얘기했었지만, 뉴턴적 우주론으로 식을 유도하게 되면 상대론적으로 유도한 것과 유사하며, 이해하기도 좀 더 수월하기 때문에 우주론을 이야기할 때 뉴턴적 우주론을 먼저 이야기하기도 한다. 우리도 한번 이 뉴턴적 우주론을 살펴보기로 하자.

우주를 구로 가정하면, 반경 R 안의 질량을 $M(R)$이라고 할 때, 반경 R에 있는 입자의 운동 방정식을 다음과 같이 표현할 수 있다. 즉

$$\frac{d^2R}{dt^2} = -\frac{GM(R)}{R^2} \qquad \text{[식 23-15]}$$

이다. 질량$M(R)$은 $M(R) = 4\pi\int_0^R \rho(r)r^2 dr$인데, 물질의 분포가 균질하다고 가정하면 밀도는 상수가 되므로, $M(R) = \frac{4}{3}\pi\rho R^3$가 된다. 다시 [식 23-15]로 돌아와서 양변에 dR/dt를 곱하면

$$\frac{dR}{dt}\frac{d^2R}{dt^2} = -\frac{GM(R)}{R^2}\frac{dR}{dt} \qquad \text{[식 23-16]}$$

가 되고, 이 식을 t로 적분하면

$$\int_0^t \frac{dR}{dt}\frac{d^2R}{dt^2}dt + \int_0^t \frac{GM(R)}{R^2}\frac{dR}{dt}dt \equiv 0 \qquad \text{[식 23-17]}$$

이 되는데, $\frac{d}{dt}\left[\frac{1}{2}\left(\frac{dR}{dt}\right)^2\right] = \frac{dR}{dt}\frac{d^2R}{dt^2}$이므로, 이를 이용하면, [23-16]의 적분을 다음과 같이 할 수 있다. 즉

$$\frac{1}{2}\left(\frac{dR}{dt}\right)^2 - \frac{GM(R)}{R} = \epsilon = \text{상수} \qquad \text{[식 23-18]}$$

또, 우리는 앞서 $M(R) = \frac{4}{3}\pi\rho R^3$라고 하였으므로, [식 23-18]은 $\frac{1}{2}\left(\frac{dR}{dt}\right)^2 -$

$\frac{4}{3}\pi G\rho R^2 = \epsilon$이 되는데, 이 식에 $2/R^2$을 곱하면

$$\left(\frac{1}{R}\frac{dR}{dt}\right)^2 - \frac{8\pi}{3}G\rho = \frac{2\epsilon}{R^2} \qquad \text{[식 23-19]}$$

이 된다. 따라서

$$\frac{1}{R}\frac{dR}{dt} = \left(\frac{8\pi}{3}G\rho + \frac{2\epsilon}{R^2}\right)^{1/2} \qquad \text{[식 23-20]}$$

를 얻을 수 있다. [식 23-20]에서 $\frac{1}{R}\frac{dR}{dt}$은 속도를 R로 나눈 것이다. 허블법칙을 상기해 보자면, $\frac{V}{R} = H$이므로, v_0가 현재 값이고, R이 현재 값이라고 하면, H가 H_0인데, H라는 것이 $\left(\frac{8\pi}{3}G\rho + \frac{\epsilon}{R^2}\right)^{1/2}$라는 관계가 되어 있다. 즉, H값은 ρ와 ϵ에 의해 연결된다는 것이다. 여기서 ϵ은 단위 질량당 에너지를 나타내는 것인데, 만약에 에너지가 0보다 크다고 하면, 팽창이 즉 현재 R에 있는 순간보다도 dR/dt 자체가 더 많이 팽창한다는 것을 나타낸다. $\epsilon = 0$라고 하는 것은, 궤도 운동 중에 포물선 궤도와 비슷한, 그러한 운동을 나타낸다. $\epsilon < 0$ 이어야 바운드되는, 즉 우주 자체가 팽창하더라도 다시 수축하는, 즉 진동하게 되는 것이다. $\epsilon = 0$이 되면 이때 속도는 탈출 속도와 똑같다.

[식 23-19]는 고전적 방식으로 동역학적 우주를 나타내는 식을 얻은 것이다. 그런데 이것으로는 우리가 위에서 살펴본 것처럼 우주의 역학을 이해하기는 좋다. 이 식을 상대론적으로 유도를 하게 되면 우리가 앞에서 살펴본 [식 23-9]와 [식 23-10]으로 귀결된다. 앞서 우리는 이 방정식을 유도하기 위해 로버트슨-워커 계량을 사용하였는데, 현재는 이러한 연구를 하였던 훌륭한 과학자들의 이름을

덧붙여 프리드만-르메트르-로버트슨-워커 계량이라 부르기도 한다. 허블의 법칙도 허블의 법칙 대신 허블-르메트르의 법칙이라고 쓰자고 2018년 국제천문연맹(IAU)에서 발표하였는데, 이 역시도 허블의 법칙을 허블보다 먼저 이야기한 르메트르의 업적을 기리기 위한 것이라 할 수 있다.

[식 23-13]은 뉴턴적 우주론에서의 운동 방정식

$$\frac{d^2R}{dt^2}=-\frac{GM(R)}{R^2}\ (\text{구 대칭}) \qquad [\text{식 } 23-21]$$

과 같다. 즉, 뉴턴적 우주론과 아인슈타인의 일반상대론적 우주에서 같은 식이 유도된다. 다만 지금 유도한 식은 물질의 밀도는 존재하지만 서로 상호작용이 없는 상태($P=0$)에 대한 것이며, $\Lambda=0$이라는 것은 우주의 동역학에 관계되는 어떤 다른 에너지가 없음을 의미한다. 다시 말해 우주의 팽창과 관련된 다른 에너지가 없음을 가정한 것이다.

1 우주 모형

이제 우주 모형에 대해 이야기해보자. k값에 따라 열린 우주, 닫힌 우주, 평탄한 우주와 같은 여러 가지 우주 형태를 가진다. 특히 닫힌 우주의 모습을 가장 잘 이해할 수 있는 모형은 부풀고 있는 풍선이다. 부풀고 있는 풍선의 표면이 공간의 팽창 과정에 대한 비유가 되며, 우주에 중심이 없다는 사실 또한 비유적으로 적용된다.

관측적으로 우주의 형태를 결정하는 것은 쉽지 않은 일이지만, 우주배경복사의 관측을 통해 우주가 평탄(flat)하다는 것을 이야기할 수 있게 되었다.

물리적 특성과 관련해서는, 우주의 평균 밀도를 통해 우주 모형을 결정할 수 있다. [식 23-20]에서 $\epsilon = 0$, 즉 편평한 우주의 현재 밀도를 $\rho_0 = \rho_c$라 하면 임계밀도 ρ_c와 허블상수 H_0는 다음과 같은 관계를 갖는다.

$$H_0 = \frac{\dot{R}_0}{R_0} = \left(\frac{8\pi G}{3}\rho_c\right)^{1/2} \qquad \text{[식 23-22]}$$

감속 인자 q_0는

$$q_0 = -\frac{\ddot{R}_0}{R_0 H_0^2} = \frac{4\pi G \rho_0}{3H_0^2} = \frac{1}{2}\frac{\rho_0}{\rho_c} \qquad \text{[식 23-23]}$$

이기에 편평한 우주에서는 $q_0 = 0.5$가 된다. 즉 감속하는 우주이다. 그러나 표준빅뱅우주모형에서는

$$q = \frac{1}{2}\frac{\rho_m}{\rho_c} - \frac{\rho_\Lambda}{\rho_c} \qquad \text{[식 23-24]}$$

가 된다. 여기서 ρ_Λ는 암흑에너지 밀도이다. 현재 우리 우주는 관측에 의하여 $\left(\frac{\rho_m}{\rho_c}\right)_0 = 0.28$, $\left(\frac{\rho_\Lambda}{\rho_c}\right)_0 = 0.72$가 되기에 $q_0 = -0.58$이 된다. 즉 현재 우리 우주는 가속상태에 있다. 우주의 어떤 밀도와 임계밀도의 비를

$$\Omega = \frac{\rho}{\rho_c} \quad [식\ 23-25]$$

로 정의하면, [식 23-24]는

$$q = \frac{1}{2}\Omega_m - \Omega_\Lambda \quad [식\ 23-26]$$

가 된다.

우주의 H_0의 측정으로 ρ_c의 값이 결정되고 만약 q_0을 측정할 수 있다면 대략 우주의 평균 밀도(ρ_0)를 추정하게 된다. 이를 통해 우주의 모형을 결정할 수도 있다. 그런데 우리 눈으로 관측되는 물질에 대해서 Ω_0는 0.02~0.2밖에 되지 않는다. 이는 열린 우주의 모습을 의미한다. 하지만 우리는 $\Omega_0 = 1$을 믿어야 하는 이유가 있다. 우선 관측되지 않는 암흑물질이 우주의 평균 밀도에 얼마나 기여하고 있는지를 알 필요가 있다. 하지만 암흑물질을 고려하더라도 Ω_0은 기껏해야 0.27 정도이다. 그러나 우주는 편평한 우주처럼 보인다. 나중에 초신성 Ia형을 이용하여 과거에 우주가 어떻게 팽창해왔는가를 관측하게 되었다.

2 원시 화구(primordial fireball)

우주 초기의 굉장히 뜨거운 상태에서 우주가 단열팽창하면서 온도가 감소하기에 현재의 상태는 어떠할 것인가는 오랫동안 화두가 되었었다. 1964년 펜지어스(Arno Allan Penzias, 1933~)와 윌슨(Robert Woodrow Wilson, 1936~)은 하늘로부터 오는 전파 잡음을 검출하였으며 이것이 방향과 시간, 계절에 영향을 받지 않고 굉장히 등방적(isotropic)으로 나타남을 알게 되었다. 같은 시기에 프린스턴 대학의 한 그룹 역시 유사한 주제를 연구하고 있었는데 이들은 이 전파 잡음이 초기 뜨거웠던 우주가 단열 팽창하여 식으면서 현재는 약 3K의 온도의 흑체복사인 우주배경복사인 것으로 설명하게 되었다. 우주배경복사를 우연히 관측하게 되었던 펜지어스와 윌슨은 1978년 노벨상을 수상하였다.

흑체복사의 에너지 밀도는 $u = aT^4$이다. 그런데 $E = mc^2$에 의해 $m = \frac{E}{c^2}$이 된다. 따라서 복사에너지의 질량 밀도는

$$\rho_r = \frac{aT^4}{c^2} \qquad \text{[식 23-27]}$$

이 된다. 여기에서 에너지 밀도 상수 a는 $a = \frac{4\sigma}{c}$이며, σ는 스테판-볼츠만 상수 ($5.6697 \times 10^{-8} \mathrm{Wm^{-2}K^{-4}}$)로 $a = 7.564 \times 10^{-16}\, m^{-3} K^{-4}$의 값을 가진다. 2.7K의 흑체복사인 복사에너지 질량밀도를 [식 23-27]에 의해 계산하면

$$\rho_r \approx 4.5 \times 10^{-31}\, kg/m^3 \qquad \text{[식 23-28]}$$

이 된다. 이 복사에너지 질량밀도는 빛을 내는 물질 질량밀도($\rho_m \approx 4 \times 10^{-28} \mathrm{kg/m^3}$)보다 훨씬 작다. 즉, 물질 질량밀도가 복사에너지 질량밀도보다 우세하다. 그런데 물질 질량밀도는 부피에 반비례해서 작아지며

$$\rho_m \propto R^{-3} \qquad \text{[식 23-29]}$$

파장은 R에 비례해서 커지기 때문에 $\lambda \propto R$이고 $E = h\nu = h\frac{c}{\lambda} \propto R^{-1} \propto T$ 이기에 복사에너지 질량밀도는

$$\rho_r \propto R^{-4} \qquad [식\ 23-30]$$

가 된다. 즉, 물질 질량밀도는 $\rho_m \propto R^{-3}$, 복사에너지 질량밀도는 $\rho_r \propto R^{-4}$ 관계가 있기에 과거를 거슬러 올라가면서 어느 순간에서부터는 복사 질량밀도가 더 우세할 때가 있다. 복사 질량밀도가 물질 질량밀도보다 더 우세한 그 시기를 복사시대라고 한다. 우주 과거 어느 시점에 복사시대를 지나 물질 질량밀도가 복사 질량밀도보다 우세한 물질시대를 맞는다. 현재 우주에서 우주의 팽창이 가속되는 우주의 나이는 대략 2×10^{17}초(70억 년)이다. 이 시기는 우주의 에너지 밀도에서 암흑에너지가 우세해지면서 물질시대에서 람다(Λ)시대로 전이한다. 현재 우주의 나이는 약 138억 년으로 암흑에너지가 지배적인 시대이다.

| 그림 23-1 |은 이를 그래프로 표현한 것이다. 암흑에너지밀도는 우주의 전 기간을 통해 일정하기에 어느 순간부터는 암흑에너지가 지배적인 암흑에너지시대가 된다.

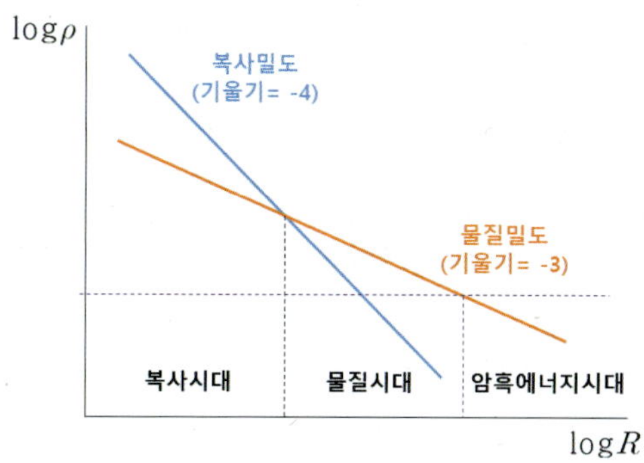

| 그림 23-1 | 복사시대, 물질시대, 암흑에너지시대의 구분

우주에서 복사와 물질을 비교하는 또 다른 방법은 광자의 개수와 바리온(양성자 또는 중성자)의 개수 비를 계산해 보는 것이다. 우선 광자의 개수를 대략 계산해보자. 흑체복사의 최대복사는 빈의 법칙에 의해, $\lambda_{max} = \frac{2.9 \times 10^{-3}}{T} m$에서 나타난다. 그런데 광자의 에너지는 $E_{ph} = hc/\lambda$이므로 $E_{ph} = \frac{hcT}{2.9 \times 10^{-3}}$이고, $h = 6.6 \times 10^{-34} \mathrm{J \cdot s}$, $c = 3 \times 10^8 \mathrm{ms^{-1}}$, $T = 2.7\mathrm{K}$를 대입하면, 광자 하나에 대한 에너지는

$$E_{ph} = 2 \times 10^{-22} \mathrm{J}/\text{광자} \quad \text{[식 23-31]}$$

이 된다. 우주배경복사 관측에 의하면 $1\mathrm{m}^3$당 2.7K의 우주복사는 $4 \times 10^{-14}\mathrm{J}$이므로, $1\mathrm{m}^3$당 광자의 개수는

$$1\, m^3 n_{ph} = \frac{4 \times 10^{-14}}{2 \times 10^{-22}} = 2 \times 10^8 \text{ 광자}/m^3 \quad \text{[식 23-32]}$$

이 된다. 이제 물질에 대해 생각해보자. 물질밀도가 $4 \times 10^{-28} kg/m^3$일 때 $1\mathrm{m}^3$당 물질의 질량은 $4 \times 10^{-28} kg$이고, 양성자나 중성자 1개의 질량은 대략 $1.7 \times 10^{-27} kg$이기에

$$n_{nu} = \frac{4 \times 10^{-28}}{1.7 \times 10^{-27}} = 2 \times 10^{-1} \text{바리온수}/m^3 \quad \text{[식 23-33]}$$

이 된다. 따라서 광자의 개수와 핵자의 개수를 비교해 보면 대략

$$\frac{n_{ph}}{n_{nu}} = \frac{2 \times 10^8}{2 \times 10^{-1}} = 10^9 \quad \text{[식 23-34]}$$

이 된다. 즉, 바리온의 개수에 비해 광자가 10억 배나 많다. 이는 우주 초기에 입자와 반입자의 개수비가 불균하게 생성되었음을 의미한다.

물질밀도와 복사밀도는 시간에 대해서 어떻게 변할까? 물질이 서로 상호작용하지 않는 상태($P=0$)를 가정할 때, 물질밀도와 시간은 다음의 관계를 갖는다.

$$t=\left(\frac{1}{6G\pi\rho_m}\right)^{1/2} \qquad \text{[식 23-35]}$$

복사밀도의 경우에는 $P_r=\frac{1}{3}\rho_r c^2$이기에

$$t=\left(\frac{3}{32\pi G\rho_r}\right)^{1/2} \qquad \text{[식 23-36]}$$

의 관계를 갖는다. 또한 $P_r=\frac{1}{3}\rho_r c^2=\frac{aT^4}{3}$ 이고 $\rho_r=\frac{aT^4}{c^2}$이기에 이를 [식 23-36]에 대입하면

$$T=\left(\frac{3c^2}{32\pi Ga}\right)t^{-1/2} \qquad \text{[식 23-37]}$$

의 관계를 가진다. 이를 통해 복사시대에서 시간에 따른 우주의 온도를 추정할 수 있다.

복사시대와 물질시대의 분리는 대략 언제 일어났을까? 우리 우주에서 복사시대에는 우주 내의 복사와 물질이 전자산란에 의하여 강하게 상호작용하기에 물질 성분의 온도는 복사의 온도와 거의 같았을 것이다. 이제 단열팽창에 의해 우주의

온도가 낮아져서 대략 3,000K가 되면, 전자는 원자핵과 결합하여 중성 원자가 되고 이때부터 복사는 물질과의 상호작용이 매우 낮아져 자유롭게 된다. 이 복사는 우주 팽창에 의하여 그 온도가 낮아져 현재 우주배경복사로 관측된다. $\frac{T_d}{T_0} \simeq \frac{3,000}{3} = 1,000$인데, $T \propto \frac{1}{R}$이기에 $R_d = \frac{1}{1000}$의 값을 얻는다. 복사와 물질이 분리되는 시기의 R값으로 이때의 우주 나이는 대략 40만 년 정도가 된다.

3 우주배경복사

┃그림 23-2┃는 COBE 위성으로 관측한 우주배경복사의 모습이다. 펜지어스와 윌슨은 우주배경복사를 균일(homogeneous)하다고 보았지만, 1989년 발사된 COBE 위성의 관측 결과 우주배경복사의 미세한 온도 차이를 발견하였다. **┃그림 23-2┃**의 첫 번째 그림은 태양계가 어느 일정한 방향으로 운동하면서 접근하는 쪽은 청색편이, 멀어지는 쪽은 적색편이가 나타나 마치 태극기 문양처럼 보인다. 태양계 운동 효과 부분을 제거한 것이 두 번째 그림이다. 가운데 길게 보이는 것은 우리은하에서 오는 전파 때문이다. 이를 제거한 것이 세 번째 그림이다. $\Delta T/T$(비등방도)는 3×10^{-5} 이하로 굉장히 작다. COBE 위성으로 관측된 우주배경복사의 스펙트럼은 약 2.726K의 흑체복사 이론값과 거의 일치한다(**┃그림 23-3┃**).

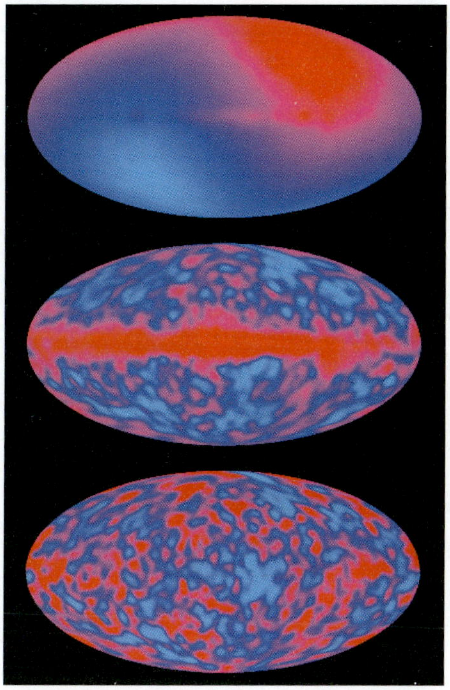

❙그림 23-2❙ COBE 위성의 우주배경복사 관측
출처: NASA

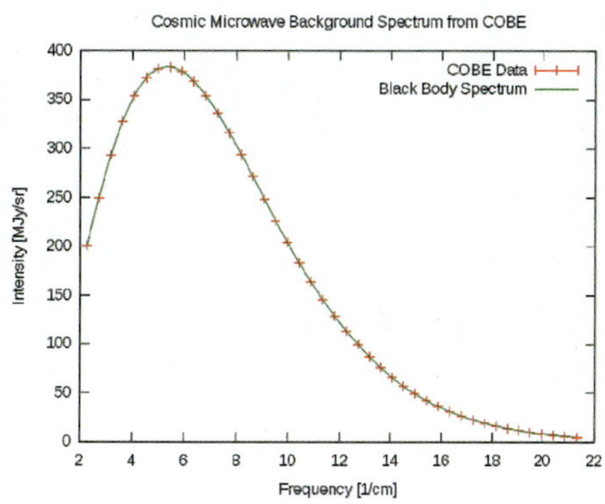

❙그림 23-3❙ COBE로 관측한 우주배경복사의 스펙트럼
출처: https://commons.wikimedia.org/wiki/File:Cmbr.svg

이와 같은 COBE 위성의 우주배경복사 관측을 통해 우주 초기의 뜨거운 대폭발이 입증되었고, 우주배경복사의 비등방성이 확인되었다. 이러한 COBE 위성의 공로로 우주배경복사와 관련하여 또 한 번의 노벨상이 수상된다. 이후 COBE 위성보다 더 좋은 분해능을 가진 WMAP 위성이 2001년에 발사되었고, 2009년에는 이보다 더 감도가 우수한 Planck 위성이 발사되어 우주배경복사의 비등방도 전천 지도가 더욱 정밀하게 만들어졌다(❙그림 23-4❙).

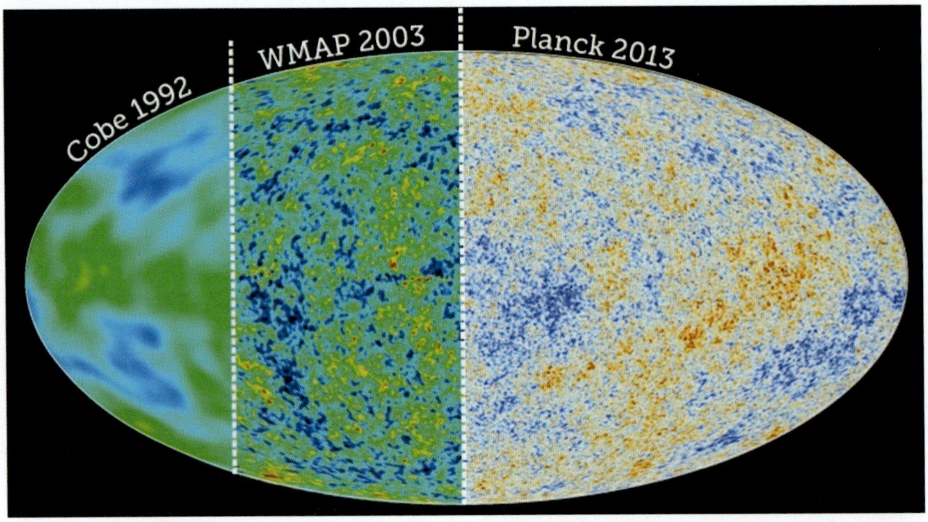

▎그림 23-4▎ COBE, WMAP, Plank 위성으로 관측한 우주배경복사

출처: https://briankoberlein.com/2015/06/15/science-in-the-raw

부 록

우주와 관련하여

1897년 폴 고갱의 유채화(**▌부록 그림 23-1▌**)의 왼쪽 위 구석에 우리는 어디로부터 왔나? 우리는 무엇인가? 우리는 어디로 가고 있나?(Where Do We Come From? What Are We? Where Are We Going?)를 불어로 써 놓았다. 아마도 이 그림은 우리 인간의 과거, 현재, 미래에 대한 상을 그려 놓은 듯하다.

▌부록 그림 23-1▌ 고갱의 유채화

같은 질문이 우주에 대해서도 일어난다. 현재에 대한 질문으로는 우주는 무엇으로 구성되어 있는가? 우주 공간은 한계가 있나 혹은 무한대인가? 등이며, 과거에 대한 질문으로는 과거의 어떤 때에 우주의 시작이 있었는가?와 같은 질문이며 미래에 대한 질문으로는 미래에 이 우주는 종말이 있을까?와 같은 것이다. 더구나 이 우주에서 생명은 어떻게 시작되었고, 생물은 어떻게 시작되어 진화되어 왔으며, 이 과정에 인간은 어떻게 진화되어 왔는가라는 질문을 하게 된다. 우주 속에서의 인간의 존재, 그러나 그 우주를 연구하는 인간을 생각해 볼 때에 우주는 과학의 대상이기도 하지만, 인간과 함께 인문학의 대상이기도 하다.

올버스(Olbers)의 역설

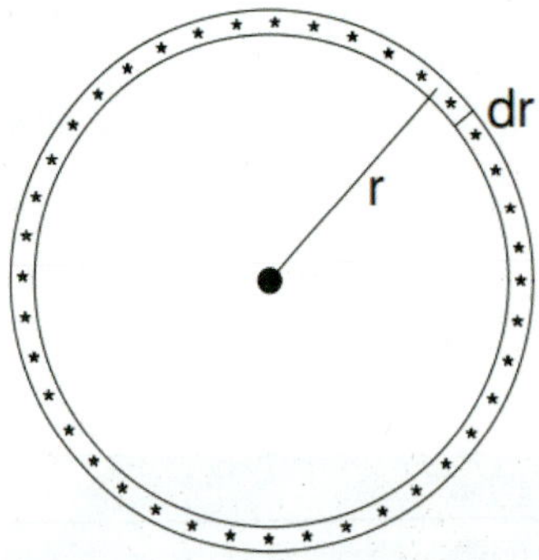

|부록 그림 23-2| 올버스의 역설을 설명하기 위한 모형

|부록 그림 23-3| 허블 망원경으로 관측된 먼 은하들

천체의 복사 플럭스 $f = \dfrac{L}{4\pi r^2}$ 로부터 평균 복사 세기는 $dJ = f\,n\,r^2\,dr = \dfrac{nL}{4\pi r^2}r^2 dr = \dfrac{nL}{4\pi}dr$ 이 된다. 복사를 내는 천체의 개수 밀도가 일정하다고 가정하고 무한대의 우주로부터 복사가 온다고 가정하면 $J = \dfrac{nL}{4\pi}\displaystyle\int_0^\infty dr = \infty$ 가 된다. 즉 밤하늘은 무한대로 밝아야 한다. 그러나 밤하늘은 어둡다. 이에 대한 답으로 제안된 것들은 다음과 같다.

1. 먼지가 많아 먼 천체를 보기는 어렵다.
2. 우주는 제한된 수의 천체를 가지고 있다.
3. 천체의 분포가 균일하지 않다. 무한 개수의 천체가 있더라도 어떤 제한된

입체각 사이를 보더라도 천체 뒤로 다른 천체가 숨어 있을 것이다.

4. 우주는 팽창하기에 먼 천체의 복사는 적색편이되어 어두워진다.
5. 우주는 젊어서 아직 먼 천체의 복사가 도달하지 않았다.

1925년 Vestor Slipher: Local Group에 위치한 은하를 제외하고, 모든 은하들이 적색편이

1929년 Edwin Hubble: $cz = H_o r \rightarrow H_o \simeq 500\, km/s/Mpc$ $(z < 0.04)$

$\rightarrow$ 현재는 $H_o \simeq 70\ km/s/Mpc$ $\rightarrow$ 우주는 팽창

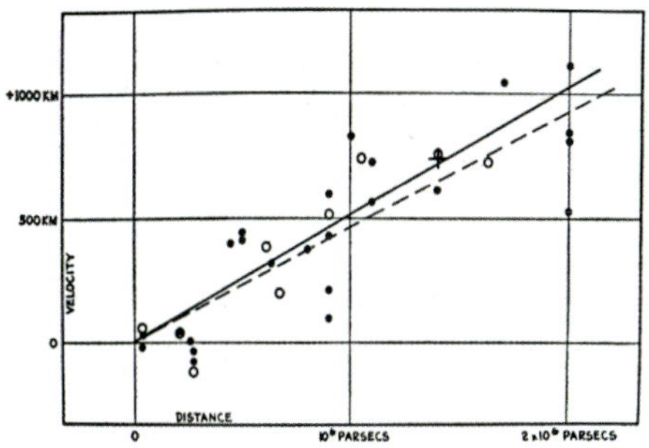

|부록 그림 23-4| Hubble 1929, Proc. Nat. Acad. Sci., 15, 168

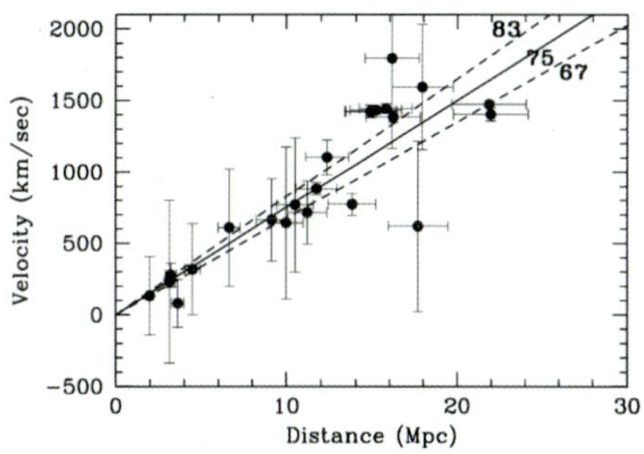

|부록 그림 23-5| Freedman, et al. 2001, ApJ, 553, 47

$\rightarrow \dfrac{c}{H_o} \approx 4{,}300\ Mpc \rightarrow \dfrac{1}{H_o} \approx 1.4 \times 10^{10}$ 년 $= 140$억 년

$\rightarrow$ isotropic, homogeneous 우주

- Galaxy survey $\rightarrow nL \approx 2 \times 10^8\ L_\odot / Mpc^3$

$\rightarrow F_{gal} = 4\pi J = nLr \simeq nL\left(\dfrac{c}{H_o}\right) \simeq 9 \times 10^{11}\ L_\odot / Mpc^2 = 2 \times 10^{-11}\ L_\odot / AU^2$

$F_{sun} = \dfrac{L_\odot}{4\pi} \simeq 0.08\ L_\odot / AU^2 \rightarrow \dfrac{F_{gal}}{F_{sun}} \simeq 2.5 \times 10^{-10}$ $\rightarrow$ 우주 전체가 지구의 낮같이 밝으려면 우주의 나이는 현재보다 10억 배는 더 나이 들어야 한다.

그때까지 천체가 복사를 내야만 가능하다. 따라서 올버의 역설에 대한 해결은 우주의 팽창을 지지한다.

허블의 법칙 → 우주 팽창 → 빅뱅모델의 경우 → 은하 사이의 거리 증가, 밀도 감소 그러나 정상우주 모델 → 일정한 n_o, H_o perfect cosmological principle → $v = \frac{dr}{dt} = H_o r \rightarrow r = r_o e^{H_o t}$ 이기에 $t \rightarrow -\infty$ 이면 $r \rightarrow 0$ 무한대 나이 → $\dot{M}_{ss} = \rho_o \dot{V} = 3H_o \rho_o V \rightarrow \rho_o \sim 3 \times 10^{-27}\, kg/m^3$ 이기에 $\frac{\dot{M}}{V} = 3H_o\rho_o \approx 6 \times 10^{-28}\, kg/m^3/Gyr$ $\sim 1\, H$ 원자$/km^3/$년 가 생성되어야 한다. 그러나 이는 에너지 보존에 위배되고 우주배경복사의 관측은 빅뱅 모델(과거 어느 순간에 우주 생성)을 지지한다.

가속되지 않은 계: 특수 상대론, 편평한 시공간, Minkowski 시공간

$$d\ell^2 = c^2dt^2 - (dr^2 + r^2 d\theta^2 + r^2 \sin^2\theta d\phi^2)$$

중력장, 가속되는 계: 일반상대론, 굽은 시공간, Robertson-Walker 시공간

$$d\ell^2 = c^2dt^2 - R(t)^2\left[\frac{dr^2}{1-\kappa r^2} + r^2(d\theta^2 + \sin^2\theta d\phi^2)\right]$$

- 뉴턴 역학으로는

$$\frac{d^2R}{dt^2} = -\frac{GM}{R^2},\ M(R) = \frac{4\pi}{3}\rho R^3 \rightarrow \frac{1}{2}\left(\frac{dR}{dt}\right)^2 - \frac{4\pi G\rho R^2}{3} = E$$

즉 $\left(\frac{1}{R}\frac{dR}{dt}\right)^2 - \frac{8\pi G\rho}{3} = \frac{2E}{R^2}$

- 일반 상대론으로는 Robertson-Walker 시공간 metric으로부터

$$\text{proper distance: } \ell = R(t)\int_0^r \frac{dr}{\sqrt{1-\kappa r^2}} = \begin{cases} R\sin^{-1} r, & \kappa = +1 \\ Rr, & \kappa = 0 \\ R\sinh^{-1} r, & \kappa = -1 \end{cases}$$

$$\text{null geodesic: } \int_0^r \frac{dr}{\sqrt{1-\kappa r^2}} = c\int_{t_e}^{t_o} \frac{dt}{R(t)} = \begin{cases} \sin^{-1} r, & \kappa = +1 \\ r, & \kappa = 0 \\ \sinh^{-1} r, & \kappa = -1 \end{cases}$$

그런데

$$\int_{t_e}^{t_o} \frac{dt}{R(t)} = \int_{t_e+\lambda_e/c}^{t_o+\lambda_o/c} \frac{dt}{R(t)} \rightarrow \text{양변에서 } \int_{t_e+\lambda_e/c}^{t_o} \frac{dt}{R(t)} \text{를 빼주면,}$$

$$\int_{t_e}^{t_e+\lambda_e/c} \frac{dt}{R(t)} = \int_{t_o}^{t_o+\lambda_o/c} \frac{dt}{R(t)} \rightarrow \frac{\lambda_e}{R(t_e)} = \frac{\lambda_o}{R(t_o)} \rightarrow$$

$$z = \frac{\lambda_o - \lambda_e}{\lambda_e} = \frac{\lambda_o}{\lambda_e} - 1 = \frac{R(t_o)}{R(t_e)} \rightarrow R(t_o) = 1\text{이면, } R = \frac{1}{1+z}$$

또한 $\ell = R(t)\int_0^r \frac{dr}{\sqrt{1-\kappa r^2}}$에서 $v = \dot{\ell} = \dot{R}(t)\int_0^r \frac{dr}{\sqrt{1-\kappa r^2}} = \frac{\dot{R}}{R}\ell = H\ell$

$$\rightarrow H = \frac{\dot{R}}{R}$$

Friedmann은 아인슈타인 Robertson-Walker 시공간 metric+중력장 방정식으로부터

$$\frac{8\pi GP}{c^2} = -\frac{\kappa c^2}{R^2} - 2\frac{\ddot{R}}{R} - \left(\frac{\dot{R}}{R}\right)^2 + \Lambda c^2$$

$$\frac{8\pi G(u/3)}{c^2} = \frac{\kappa c^2}{R^2} + \left(\frac{\dot{R}}{R}\right)^2 - \frac{\Lambda c^2}{3}$$

$$\rightarrow \frac{\ddot{R}}{R} = -\frac{4\pi G}{c^2}\left(P + \frac{u}{3}\right) + \frac{1}{3}\Lambda c^2,\ \left(\frac{\dot{R}}{R}\right)^2 = \frac{8\pi Gu}{3c^2} - \frac{\kappa c^2}{R^2} + \frac{1}{3}\Lambda c^2$$

|부록 표 23-1| 아인슈타인 우주

Einstein 우주

$$\frac{\ddot{R}}{R} = -\frac{4\pi G\rho}{3} + \frac{\Lambda c^2}{3},\ \frac{d^2r}{dt^2} = 0,\ \Lambda = \frac{4\pi G\rho}{c^2} \rightarrow$$

$$\left(\frac{\dot{R}}{R}\right)^2 = \frac{8\pi G\rho}{3} - \frac{\kappa c^2}{R^2} + \frac{\Lambda c^2}{3},\ v = 0,\ \frac{dR}{dt} = 0,\ \kappa = 1,$$

$$R_E = \Lambda^{-1/2} = \frac{c}{\sqrt{4\pi G\rho}} \rightarrow \text{ static, closed 우주}$$

여기서부터 Λ는 다르다. 그리고 $dQ = dU + PdV$ 에서부터 $dQ = 0$이기에

$$dU = -PdV \rightarrow \dot{U} = -P\dot{V}$$

$$V = \frac{4\pi}{3}R^3 \rightarrow \dot{V} = 4\pi R^2\dot{R} = V\left(\frac{3\dot{R}}{R}\right)$$

그리고 $U = uV$이기에

$$\dot{U} = \dot{u}\ V + u\dot{V} = V\left(\dot{u} + 3\frac{\dot{R}}{R}u\right) = -P\dot{V} = -P\left(\frac{3\dot{R}}{R}\right)$$

$$\dot{u} + \frac{3\dot{R}}{R}(u + P) = 0$$

이다. $P = 0$이면 $uR^3 =$ 일정, $u = \rho c^2$이기에 $\rho R^3 = \rho_o R_o^3$이다.

그런데 $P = wu$ 이면, $\dot{u} + \frac{3\dot{R}}{R}u(1+w) = 0$ 으로부터 $u \propto R^{-3(1+w)}$ 이다.

물질의 경우는 $w = 0$, $u = \rho_m c^2$, $P = 0$ 이기에

$$\left(\frac{\dot{R}}{R}\right)^2 = \frac{8\pi G u}{3c^2} - \frac{\kappa c^2}{R^2} = \frac{8\pi G \rho_m}{3} - \frac{\kappa c^2}{R^2} = \frac{8\pi G \rho_{m,o}}{3R^3} - \frac{\kappa c^2}{R^2}$$

복사의 경우는 $w = \frac{1}{3}$, $P_r = \frac{1}{3}u_r$ 이기에

$$\left(\frac{\dot{R}}{R}\right)^2 = \frac{8\pi G \rho_r}{3} - \frac{\kappa c^2}{R^2} = \frac{8\pi G \rho_{r,o}}{3R^4} - \frac{\kappa c^2}{R^2}$$

Λ 의 경우는 $w = -1$, $P_\Lambda = -u_\Lambda$ 이기에 $\rho_\Lambda = \frac{\Lambda}{8\pi G}$ 이면

$$\left(\frac{\dot{R}}{R}\right)^2 = \frac{8\pi G \rho_\Lambda}{3} - \frac{\kappa c^2}{R^2} = \frac{8\pi G \rho_{\Lambda,o}}{3} - \frac{\kappa c^2}{R^2} = \frac{1}{3}\Lambda - \frac{\kappa c^2}{R^2}$$

그런데 뉴턴식과 비교하면 $E = -\frac{\kappa}{2}c^2$ 이고

$$q_o = \left[-\frac{\ddot{R}}{RH^2}\right]_o = \frac{1}{2}\Omega_o - \Omega_\Lambda$$

이다.

$\kappa = 0$ 일 때, $\left(\frac{\dot{R}}{R}\right)^2 = \frac{8\pi G\rho}{3} = \frac{8\pi G\rho_o}{3R^3}$ 이기에 $H_o^2 = \frac{8\pi G\rho_c}{3}$ 가 된다. $\rho_c = \frac{3H_o^2}{8\pi G}$

이고 $H_o = 70\,km/s/Mpc$이기에 $\rho_{c,o} = 9.47 \times 10^{-27}\,kg/m^3 \simeq 10^{-26}\,kg/m^3$가 된다. 그런데 현재 우주의 바리온 물질 평균 밀도 $\rho_{b,o} = 4.17 \times 10^{-28}\,kg/m^3$, 즉 $\rho_{c,o}$의 4% 정도이다.

$\kappa \neq 0$인 경우, $\Omega = \dfrac{\rho}{\rho_c} = \dfrac{8\pi G\rho}{3H^2}$으로 정의하면

$$H^2(1-\Omega)R^2 = -\kappa c^2,\ H_o^2(1-\Omega_o) = -\kappa c^2$$

가 되고, $H^2(1-\Omega)R^2 = H_o^2(1-\Omega_o)$이기에 $H^2(1-\Omega) = H_o^2(1-\Omega_o)(1+z)^2$이다. 그런데 $\dfrac{\Omega}{\Omega_o} = \dfrac{\rho}{\rho_o}\dfrac{H_o^2}{H^2} = \dfrac{1}{R^3}\dfrac{H_o^2}{H^2} = (1+z)^3\dfrac{H_o^2}{H^2}$로부터 $\Omega H^2 = (1+z)^3\Omega_o H_o^2$가 되고, 이는

$$\frac{H}{H_o} = (1+z)(1+\Omega_o z)^{1/2}$$

$$\Omega = \frac{\Omega_o + \Omega_o z}{1+\Omega_o z} \text{ 혹은 } \Omega - 1 = \frac{\Omega_o - 1}{1+\Omega_o z}$$

가 된다. 즉 우주 초기 $z \to \infty$에는 $H \to \infty$, $\Omega \to 1$로서 초기우주는 본질적으로 편평하다(**▌부록 그림 23-6▐** 참조). 이제 R식은 시간 t에 대하여

$$\frac{dR}{d(tH_o)} = \sqrt{\frac{\Omega_o}{R} - \Omega_o + 1}$$

되기에 Ω_o값에 따라 열린 우주, 편평한 우주, 닫힌 우주가 된다.

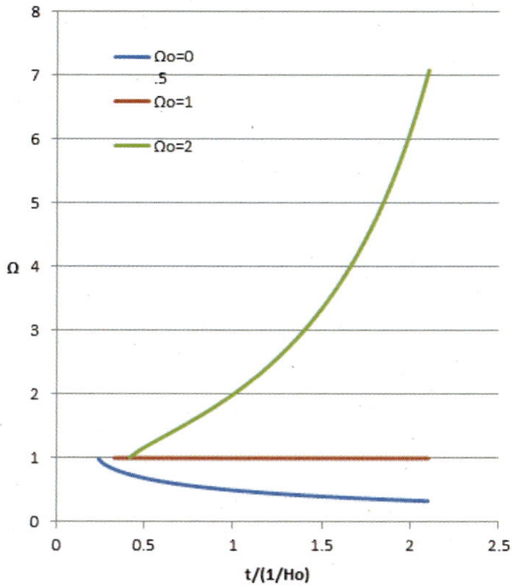

|부록 그림 23-6| 시간에 따른 Ω값의 변화

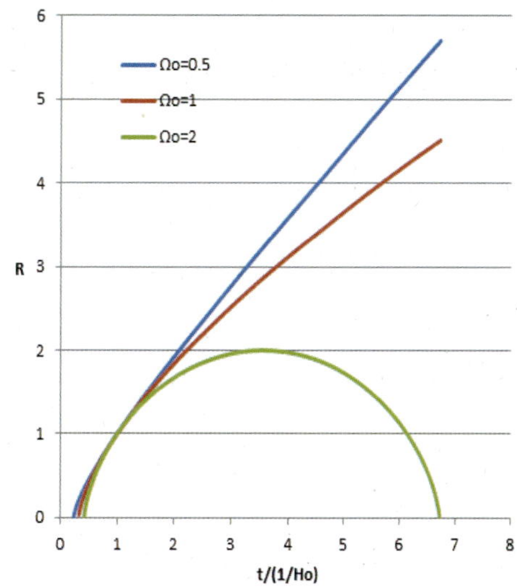

|부록 그림 23-7| 열린, 편평한, 닫힌 우주

압력이 있는 우주

열역학 제1법칙 $dU = dQ - dW$

전체 우주는 온도가 같아서 열흐름이 있을 수 없다. 따라서 $dQ = 0$

$$\frac{dU}{dt} = -\frac{dW}{dt} = -P\frac{dV}{dt},\ u = \frac{U}{V} = \frac{U}{4\pi r^3/3} \rightarrow \frac{d(r^3 u)}{dt} = -P\frac{d(r^3)}{dt}\ ,\ \rho = \frac{u}{c^2}$$

$$\rightarrow \frac{d(r^3\rho)}{dt} = -\frac{P}{c^2}\frac{d(r^3)}{dt},\ r = R\varpi \rightarrow \frac{d(R^3\rho)}{dt} = -\frac{P}{c^2}\frac{d(R^3)}{dt}$$

$P = 0$일 때, $R^3\rho =$ 일정: 압력이 없는 티끌 우주

$\dfrac{\ddot{R}}{R} = -\dfrac{4\pi G}{c^2}\left(P + \dfrac{u}{3}\right)$ 압력이 팽창을 억제. 입자의 무작위운동에 의한 에너지의 등가질량도 만유인력의 원천이다.

상태방정식 $P=\omega u=\omega\rho c^2$에서 티끌만이면 $\omega_m=0$, $P_{rad}=\frac{u_{rad}}{3}=\frac{\rho_{rad}c^2}{3}$이기에 $\omega_r=\frac{1}{3}$이다. $R^{3(1+\omega)}\rho=\rho_o$이라 쓰면 모두 만족한다. 감속상수($q$)는 $-\frac{R\ddot{R}}{\dot{R}^2}$이기에 압력이 없는 티끌 우주의 경우는 $q=\frac{1}{2}\Omega$이다.

우주의 냉각

$u=aT^4$, $R^{3(1+\omega_{rad})}u_{rad}=u_{rad,o}$ → 흑체복사의 냉각 $R^4aT^4=aT_o^4$, $T_o=RT$

수소핵 융합이 일어날 조건 $T\simeq 10^9\,K$, $\rho_b\simeq 10^{-2}\,kg/m^3 \rightarrow R=\left(\frac{\rho_{b,o}}{\rho_o}\right)^{1/3}=$

$3.47\times 10^{-9} \rightarrow T_o\simeq 3.47\,K$, $\lambda_{\max}=\frac{0.0029}{T_o}\simeq 8.36\times 10^{-4}m$ 우주배경복사 예측

가속 팽창 우주

이제 우주 상수 Λ를 고려하면

$$\left(\left(\frac{1}{R}\frac{dR}{dt}\right)^2-\frac{8\pi}{3}G\rho-\frac{1}{3}\Lambda\right)R^2=-\kappa c^2$$

이다. 이를 이해하기 위해 뉴턴식에 $U_\Lambda=-\frac{1}{6}\Lambda mc^2r^2$을 추가해 보면

$$\frac{1}{2}mv^2-\frac{GMm}{r}-\frac{1}{6}\Lambda mc^2r^2=-\frac{1}{2}\kappa mc^2\varpi^2$$

가 된다. 그런데

$$\overrightarrow{F_\Lambda} = -\frac{\partial U_\Lambda}{\partial r}\hat{r} = \frac{1}{3}\Lambda mc^2 r\hat{r} \quad \text{radially outward}$$

$$\overrightarrow{F_m} = -\frac{\partial U_m}{\partial r}\hat{r} = -\frac{GMm}{r^2}\hat{r} \quad \text{radially inward}$$

인 것을 알 수 있다. 즉 우주상수에 의한 에너지는 우주를 팽창시킨다.

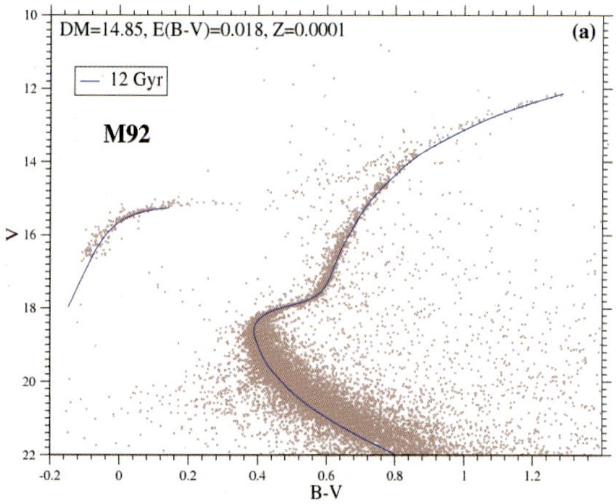

|부록 그림 23-8| 구상성단 M92의 나이

출처: http://inspirehep.net/record/1090226/plots

|부록 그림 23-8|과 같이 구상성단의 나이는 거의 120억 년이다. 그런데 편평한 우주의 나이는 $H_o \simeq 70\,km/s/Mpc$일 때, $\frac{2}{3H_o} \simeq 93$억 년 밖에 되지 않는다. 우주 모형에 따라 $t_{age} = F\frac{1}{H_o}$인 관계가 있다. 만약 $F \approx 1$이면 $t_{age} \approx 140$억 년이 되어 나이 문제는 해결이 된다. Ia형 초신성을 이용한 우리 우주의 과거 팽창을 관측해 보면 **|부록 그림 23-9|**와 같다. 이 결과는 $\Omega_{m,o} \simeq 0.28$, $\Omega_{\Lambda,o} \simeq 0.72$를 의미한다. 이에 따른 우주의 나이는 대략 138억 년이 된다. 또한 우주는 가속팽창하고 있다. 우리는 위에서 $\left(\frac{\dot{R}}{R}\right)^2 = \frac{8\pi G\rho}{3} - \frac{\kappa c^2}{R^2}$과 $\kappa c^2 = H_o^2(\Omega_o - 1)$으로부터 $\left(\frac{\dot{R}}{R}\right)^2 =$

$\frac{8\pi G\rho}{3} - \frac{H_o^2(1-\Omega_o)}{R^2}$ 인 것을 알았다. 복사 밀도, 물질 밀도, 암흑에너지 밀도를 나타내는 우주 상수를 고려하면,

$$\frac{H^2}{H_o^2} = \frac{\Omega_{m,o}}{R} + \frac{\Omega_{r,o}}{R^2} + \Omega_{\Lambda,o} R^2 + 1 - \Omega_o$$

$$\frac{dR}{d(tH_o)} = \sqrt{\frac{\Omega_{m,o}}{R} + \frac{\Omega_{r,o}}{R^2} + \Omega_{\Lambda,o} R^2 + 1 - \Omega_o}$$

가 된다. **| 부록 그림 23-11 |** 은 우주 시간에 따라 복사, 물질, 암흑에너지 시대를 보여준다. 그리고 **| 부록 그림 23-12 |** 는 Ω_m과 Ω_Λ에 따른 우주의 모습을 보여준다. 현대 우주는 가속 팽창 중이다.

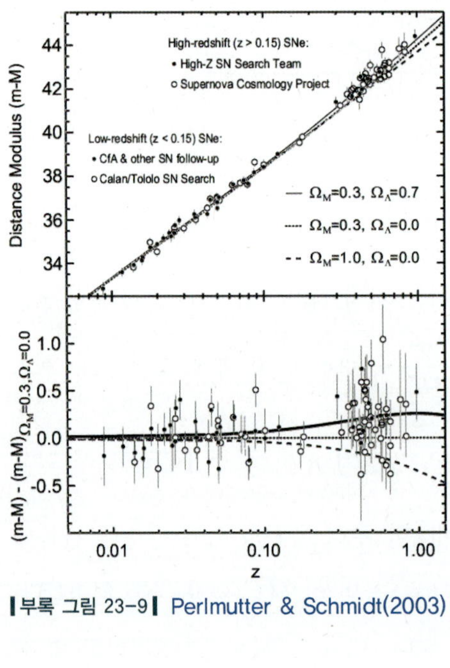

| 부록 그림 23-9 | Perlmutter & Schmidt(2003)

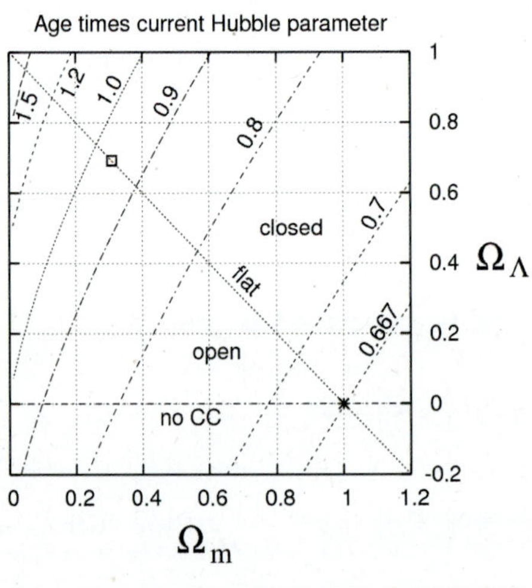

| 부록 그림 23-10 | Ω값에 따른 우주의 나이

출처: https://en.wikipedia.org/wiki/Age_of_the_universe

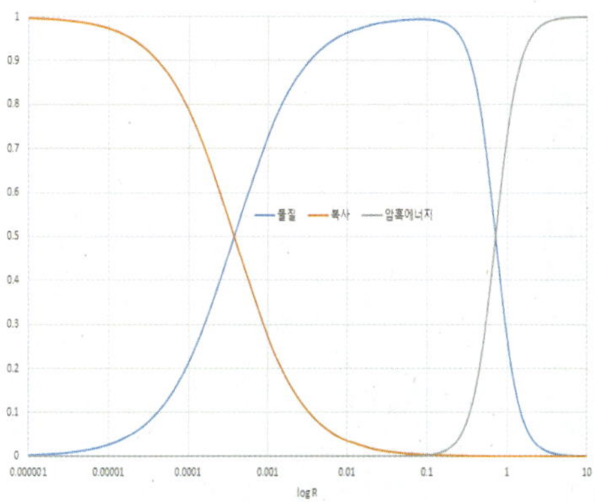

❙부록 그림 23-11❙ 복사, 물질, 암흑에너지 시대

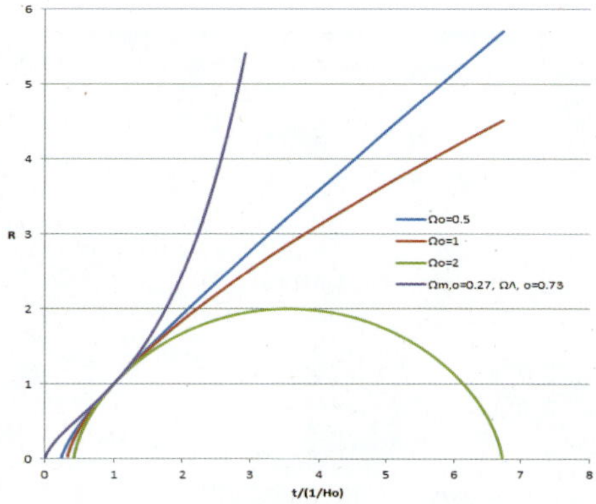

❙부록 그림 23-12❙ Ω값에 따른 우주

복사와 물질의 분리 시기는 $\dfrac{\rho_r}{\rho_m} = \dfrac{\rho_{r,o}/R^4}{\rho_{m,o}/R^3} \simeq 1$로부터 $R_{복사-물질} \simeq \dfrac{\rho_{r,o}}{\rho_{m,o}} \simeq \dfrac{\Omega_{r,o}}{\Omega_{m,o}} = \dfrac{8.4 \times 10^{-5}}{0.27}$이기에 $R_{복사-물질} \simeq 0.000311$이다.

암흑에너지와 물질의 밀도가 같아지는 시기는 $\dfrac{\rho_\Lambda}{\rho_m} = \dfrac{\rho_{\Lambda,o}}{\rho_{m,o}/R^3} \simeq 1$로부터 $R^3_{\Lambda-물질} \simeq \dfrac{\rho_{m,o}}{\rho_{\Lambda,o}} \simeq \dfrac{\Omega_{m,o}}{\Omega_{\Lambda,o}} = \dfrac{0.27}{0.73}$ 이기에 $R_{\Lambda-물질} \simeq 0.72$이다.

CMB 복사를 다시 살펴보면

$$\rho_r \propto \frac{1}{R^4} \rightarrow \rho_r = \frac{aT^4}{c^2} \rightarrow T \propto \frac{1}{R} \rightarrow T = \frac{T_o}{R} = T_o(1+z)$$

복사와 물질의 분리 때 $T = 3{,}000\ K$, 현재 CMB 온도 $T_o = 3\ K \rightarrow R \simeq 0.001$, $z \simeq 1{,}000$

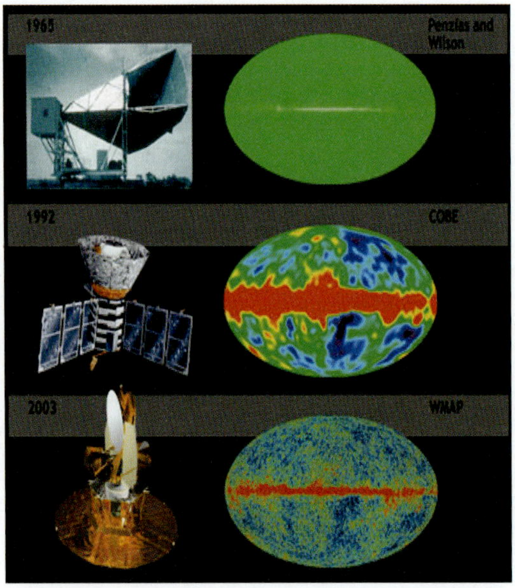

❙부록 그림 23-13❙ 우주배경복사의 관측

출처: http://creationwiki.org/Cosmic_background_radiation

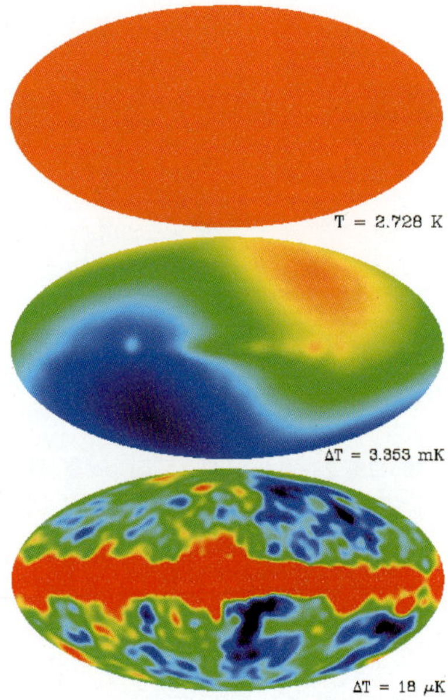

❙부록 그림 23-14❙ COBE 관측 결과

출처: https://pages.astronomy.ua.edu/keel/galaxies/cmbr.html

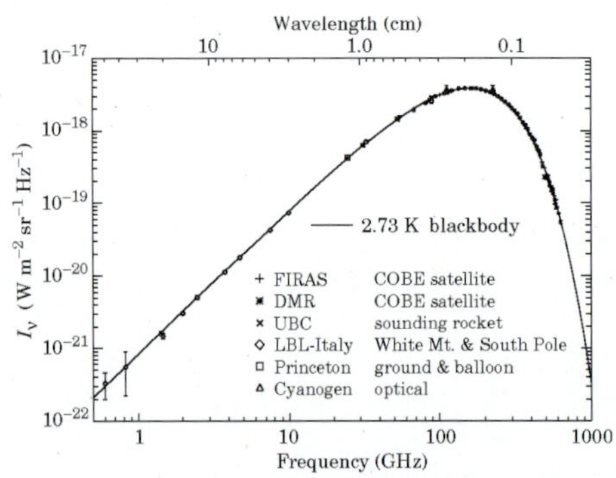

❙부록 그림 23-15❙ 우주배경복사 스펙트럼

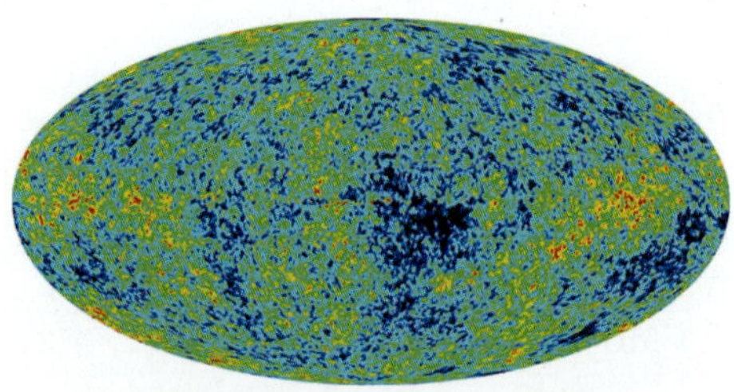

❙부록 그림 23-16❙ WMAP 관측

출처: https://www.nasa.gov/topics/universe/features/wmap-complete.html

물질시대

$$\dot{u}+\frac{3\dot{R}}{R}(u+P)=0 \rightarrow \dot{\rho_m}=-3H\rho_m \rightarrow \text{평탄한 우주의 경우, } H=\left(\frac{8\pi G\rho_m}{3}\right)^{1/2}$$

$$\rightarrow t=\left(\frac{1}{6\pi G\rho_m}\right)^{1/2},\ \rho_m=\frac{\rho_c}{R^3},\ R=\left[\frac{t}{\left(\frac{2}{3H_o}\right)}\right]^{2/3}\propto t^{2/3},\ \rho_c=\frac{3H_o^2}{8\pi G}$$

복사시대

$$P_r=\frac{1}{3}u_r=\frac{1}{3}\rho_r c^2 \rightarrow \dot{\rho_r}=-4H\rho_r=-4\left(\frac{8\pi G\rho_r}{3}\right)^{1/2}\rho_r \rightarrow t=\left(\frac{3}{32\pi G\rho_r}\right)^{1/2}\rightarrow$$

$$\rho_r=\frac{aT^4}{c^2}\rightarrow t=\left(\frac{3c^2}{32\pi GaT^4}\right)^{1/2}\rightarrow T=\left(\frac{3c^2}{32\pi Gat^2}\right)^{1/4}\simeq 1.519\times 10^{10}t^{-1/2}\,K\rightarrow$$

$$R=\left(\frac{32\pi G\rho_{r,o}}{3}\right)^{1/4}t^{1/2}$$

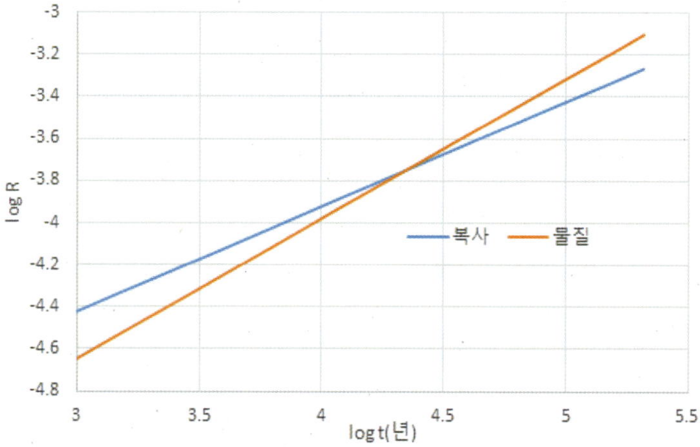

|부록 그림 23-17| 복사 및 물질 세대의 시간에 따른 R의 변화

복사밀도는

$$\rho_r = \frac{aT^4}{c^2} = \frac{7.564\times 10^{-16}\times(2.728)^4}{(2.998\times 10^8)^2} = 4.661\times 10^{-31}\ kg/m^3$$

$$\rho_m \simeq 4.17\times 10^{28}\ kg/m^3$$

우주배경복사에 의한 복사의 밀도는 $\lambda_{\max} = \dfrac{2.898\times 10^{-3}}{T}m$를 이용하면

$$\lambda_{\max} = 1.062\ mm \rightarrow \nu = \frac{c}{\lambda_{\max}} = 2.822\times 10^{11}\ Hz$$

$$E_{ph} = h\nu = 6.623\times 10^{-34}\times 2.822\times 10^{11} = 1.8691\times 10^{-22}\ J/\text{광자}$$

우주배경복사로부터 $u_r = aT^4 \simeq 4.189\times 10^{-14}\ J/m^3 \rightarrow n_{ph} \simeq \dfrac{u_r}{E_{ph}} \simeq 2.241\times 10^8$ 광자$/m^3$

그리고 $m_H = 1.67\times 10^{-27}\ kg$이기에 $n_b \simeq \dfrac{\rho_m}{m_H} \simeq 2.497\times 10^{-1}$ 핵자$/m^3 \rightarrow \dfrac{n_{ph}}{n_b} \simeq 10^9 \rightarrow$ 우주가 팽창해도 이 비는 일정하다.

우주배경복사의 비등방을 보여주는 **❙부록 그림 23-16❙**을 보면 비등방의 각 크기는 이론적으로 다음과 같이 계산한다. $d_A = \dfrac{\ell}{\delta\theta}$이고 $z_{ls} \simeq 1100$에서 $d_A \approx \dfrac{d_{hor}(t_o)}{z_{ls}}$이기에 $d_{hor}(t_o) \simeq 14{,}000\ Mpc$이므로 $d_A \simeq \dfrac{14{,}000}{1{,}100} \approx 12.72\ Mpc$가 된다.

그런데 $\ell \approx d_A\delta\theta \simeq 12.72\ Mpc\left(\dfrac{\delta\theta}{rad}\right) \simeq 0.22\left(\dfrac{\delta\theta}{1^\circ}\right)Mpc$이기에 $l \approx 200\ kpc$은 $\delta\theta \sim 1^\circ$가 된다. 이는 아래 계산으로 이해가 된다.

$$\frac{c}{H(z_{ls})} \approx \frac{3\times 10^8}{1.24\times 10^{-18}(1{,}101)^{3/2}} \simeq 6.6\times 10^{21}\ m \approx 0.2\ Mpc$$

$$\theta_H = \frac{c/H(z_{ls})}{d_A} \approx \frac{0.2\ Mpc}{13\ Mpc} \simeq 0.015\ rad \approx 1^\circ$$

가 된다. 이는 **❙부록 그림 23-18❙**이 보여주는 관측에서 비등방을 가장 많이 보여주는 각 크기와 거의 일치한다. 이는 우리 우주가 편평한 우주라는 의미이며, **❙부록 그림 23-19❙**와 함께 암흑에너지가 압도적인 가속 팽창 우주라는 의미이다.

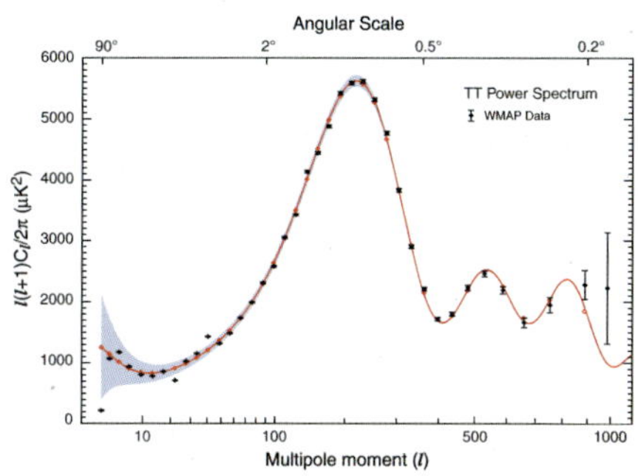

❙부록 그림 23-18-1❙

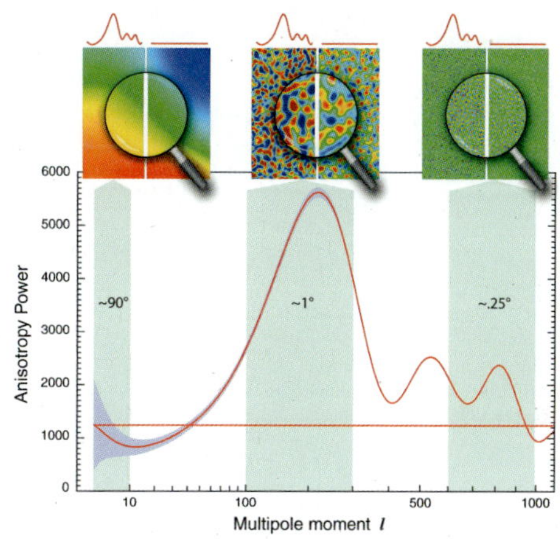

❙부록 그림 23-18-2❙

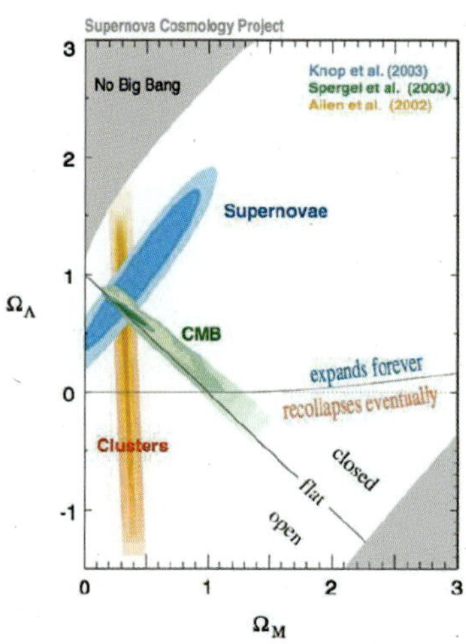

❙부록 그림 23-19❙

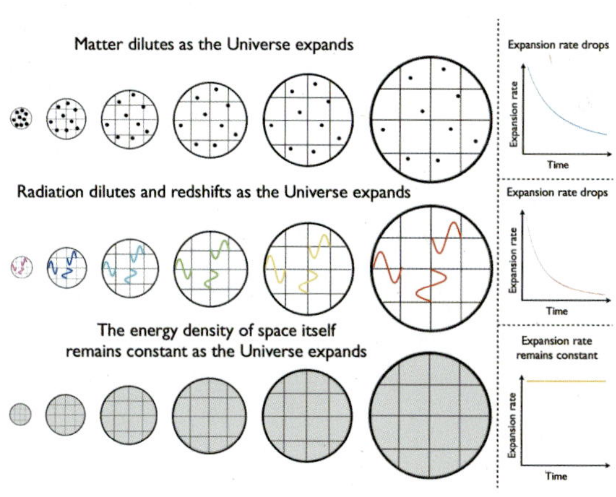

❙부록 그림 23-20❙

❙부록 그림 23-20❙은 복사, 물질, 암흑에너지 밀도가 우주가 팽창함에 따라 어떠한 모습을 보여주는지를 보인다. 또한 **❙부록 그림 23-21❙**은 R이 각 시대를 시간에

따라 어떻게 팽창하는지도 보여준다. 그러나 우주 초 $10^{-36} \sim 10^{34}$초 사이에는 우주가 급팽창한 시기가 있었다(**| 부록 그림 23-22 |** 참조).

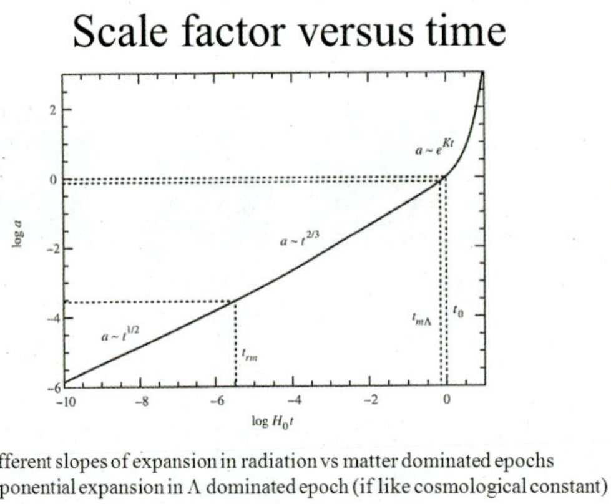

| 부록 그림 23-21 |

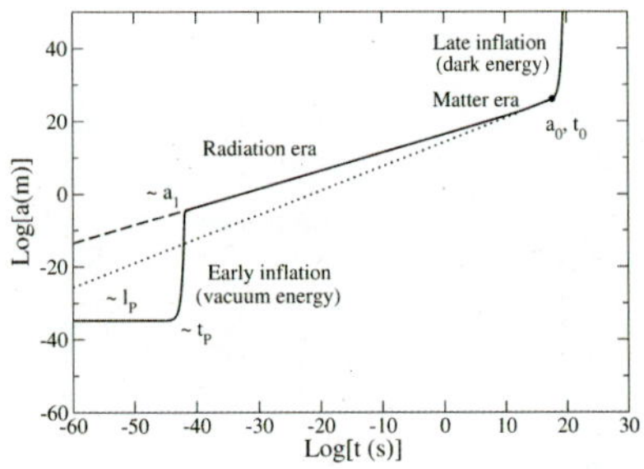

| 부록 그림 23-22 |

스물네 번째

새로운 우주론

1 종래 모형의 문제점

1990년경 이전까지의 빅뱅 우주론은 몇 가지를 설명하지 못하는 문제점을 가지고 있었다. 그 가운데 네 가지는 다음과 같다.

등방성과 균질성의 문제

허블의 법칙에 의하면 우주의 양 끝단은 광속(c)에 가까운 속도로 팽창하고 있다. 광속이 유한하기 때문에 우주의 나이를 t라고 했을 때, ct보다 멀리 떨어진 두 지역은 서로 정보를 교환(communication)할 수 없다. 거리가 ct 이내에 있는 지역들을 우주의 지평선 안에 있다고 말하는데, 종래의 우주 모형에서의 팽창을 재결합시기 이전까지 적용하면 배경복사의 마지막 산란면상에서 지평선에 해당하는 각지름은 1도 정도에 불과하다. 즉 배경복사가 마지막으로 산란되기 이전에 그것이 포함하고 있는 여러 영역들(domains) 사이의 초기 온도에 대한 정보를 서로 교환할 수 없었기 때문에, 각 영역은 서로 다른 온도를 가져야 하고 관측된 배경복사의 하늘 지도에는 온도 차이에 의한 비등방이 나타나야 한다. 하지만 실제 관측된 배경복사 지도에서 우주는 균질(homogeneous)하며 등방(isotropic)하였다. 왜 거시적인 비등방성이 나타나지 않으며, 우주 초기에는 물질과 복사가 결합되어 있기에 배경복사의 비등방성이 없으며 어떻게 우주 거대 구조가 가능할까?

평탄성의 문제

밀도계수 Ω는 0에서 무한대까지 무한한 범위를 가질 수 있다. 이 범위에서 불가능에 가까운 밀도계수의 값은 정확히 1이 되는 것이다. 1의 값을 가지는 우주는 임계밀도 상태에 있으며, 따라서 우주는 열린 경우와 닫힌 경우 사이에서 정확하게 균형을 잡고 있게 된다.

오늘날 빛을 내는 물질의 광학적 관측은 Ω_0가 0.02에서 0.2 사이에 있음을 말해 주고 있으며, 여기에 은하단의 높은 M/L(비리얼 정리)의 값을 통해 암흑물질을 포함시켜도 Ω_0는 약 0.25 정도가 된다. 그리고 우주에 대한 여러 관측의 결과를 모두 고려하면 우주의 밀도계수는 1, 즉 임계밀도 상태에 가까이 있는 것으로 보인다.

오늘날의 Ω가 1에 가깝다면 과거에도 그랬을 것이다. 그런데 계산에 따르면 우주의 나이가 10^{-35}초일 때, Ω가 1에서 $1/10^{55}$만큼이라도 어긋나 있었다면, 우주는 벌써 붕괴해 버렸거나 팽창이 너무 빨라 오늘날의 밀도가 관측 하한값의 1/10 정도로 낮아질 것이다.

그렇다면 오늘날의 우주는 어떻게 임계밀도에 가까이 있게 되었을까? 그 이유는 무엇일까?

바리온 수의 문제

앞서 살펴보았듯이 핵자와 광자의 개수 비율은 $\left(\frac{n_\nu}{nLSUBph}\right)=\frac{1}{10^9}$로 극히 작다. 우주 안의 광자는 대다수가 배경복사를 이루고 있는데, 이에 비해 바리온은 극히 희소하다. 또한 오늘날의 우주에서 입자와 반입자 사이에는 고도의 대칭성이 존재한다. 만약 에너지 밀도가 입자와 반입자를 생성할 만큼 크다면 입자와 반입자 쌍이 태어나고, 마찬가지로 1개의 입자를 완전히 소멸시키려면 반드시 1개의 반입자와 함께 소멸시켜야 한다. 이러한 대칭성이 우주 초기에 존재했다면, 오늘날 입자와 반입자는 서로 같은 수효만큼 있어야 한다. 그러나 우주 초기에 반입자의 개수가 입자의 개수와 같았다면 우주 안의 입자와 반입자 쌍이 연속적으로 소멸하면서 극히 높은 에너지의 광자를 내놓아 쉽게 관측되는 배경복사를 만들어 낼 것이다.

우주에는 왜 입자와 반입자 사이의 비대칭성이 존재할까? 또한 바리온은 왜 이처럼 희소할까?

종족 III의 별들

우리은하에는 두 가지 별의 종족이 존재한다. 종족 I의 별은 비교적 젊고, 중원소를 많이 포함하고 있다. 이보다 늙은 종족 II는 금속함량이 적지만 0은 아닌 별들이다. 우주의 핵합성에서는 He보다 무거운 원소를 그다지 생산하지 않기 때문에 1세대의 별인 종족 III의 별들은 금속 함량이 0이어야 한다.

그렇다면 우주에서 종족 III의 별들은 왜 관측되지 않을까?

사실 이에 대한 문제는 어느 정도 해결되어 있다. 우주 거대구조의 형성에 대한 컴퓨터 시뮬레이션에 의하면 우주의 나이가 수억 년에 이르렀을 때 첫 별들이 생성되었다고 한다. 이러한 1세대 별들은 H와 He만으로 구성되어 주로 수백 $M_{\odot}$의 무거운 별로 태어나는데, 그 수명이 짧아서 수백만 년 안에 초신성으로 폭발하여 사라졌다고 추정한다. 따라서 오늘날 금속함량이 0인 종족 III의 별이 남아있을 수 없다.

위에서 언급한 세 가지 문제점(종족 III의 별들에 대한 문제를 제외한)들에 대해서는 뒤에서 다루게 될 **초팽창**(inflation) 이론이 대부분 해결을 하고 있다.

2 우주의 핵합성

정확한 우주의 나이조차도 정확히 가늠하지 못하는 한낱 인간이 우주가 탄생한 지 1초가 지났을 때의 초기 우주를 이해한다는 것이 쉽지 않다. 천체물리학에서 이야기하는 핵반응은 주로 (1) 별 내부에서 별을 빛나게 하는 연속적 과정(항성의 핵합성)과 (2) 별이 태어나기 이전의 우주 초기의 핵융합 반응(우주의 핵합성)의 두 영역에 국한되어 있다.

핵융합이 일어나기 위해서는 핵자의 운동에너지가 쿨롱장벽(coulomb barrier)을 뚫을 만큼의 높은 온도와 밀도가 있어야 한다. 핵자들이 충분히 가까워져 1페르미(10^{-15}m) 정도가 되면 강한 핵력의 끌어들이는 힘이 전자기력의 척력을 이기게 된다. 초기 우주는 확실히 이 조건을 만족한다. 하지만 흥미로운 점은 우주의 아주 초기에는 온도와 압력이 너무 높아서 핵반응이 일어날 수 없었던 시기가 있었다는 사실이다. 예를 들면 양성자를 융합해서 α 입자를 만드는 과정에서 중양자(deuteron)는 안정성을 유지해야 하지만, 중수소는 고에너지의 γ입자에 의해 쉽게 광분해(photodissociation)가 되어버리고 만다. 그래서 우주의 나이가 약 1초가 되기 이전에는 양성자 2개가 융합하여 중수소, 양전자, 광자를 각각 1개씩 만들지만, 보다 더 안정한 ^{4}He 원자핵이 만들어지기 이전에 중수소가 분해되어 버리고 만다. 따라서 융합 반응은 우주가 10^{10}K보다 훨씬 더 낮은 온도로 '냉각'될 때까지는 일어날 수 없다.

우주의 나이가 10^2초가 되었을 때, 온도는 약 10^9K로 떨어져서 중수소를 광분해할 만큼 에너지가 높은 광자가 극히 드물게 된다. 드디어 우주의 핵합성이 본격적으로 시작된다. 수소와 질량수 4 이하인 헬륨의 모든 동위원소가 생산되지만, 질량수 5와 8인 안정한 원자핵이 없는 데에서 유래하는 '병목(bottleneck)' 현상으로 인해 이보다 무거운 원소는 많이 만들어지지 않고, ^{7}Li과 ^{7}Be이 미소량만 생산된다.

이러한 내용은 **┃그림 24-1┃**에서 확인해볼 수 있는데, 우주 탄생 후 10^2초 정도가 되면 중수소(^{2}H)의 함량비가 조금씩 증가하고 헬륨이 만들어지는 반응을 한다. 10^2초와 10^3초 사이에서 중성자의 함량비는 급격히 감소하여 버리고, 그 대신 헬륨의 함량비가 증가하는 것을 볼 수 있다. 이 시기에 ^{2}H, ^{3}He, ^{3}H, 그리고 미량의 ^{7}Be, ^{7}Li이 생성되는 것을 확인할 수 있다. 대부분의 핵합성은 이때 활발히 진행하여 우주의 나이가 10^3초 정도 될 무렵에 핵융합을 멈춘다.

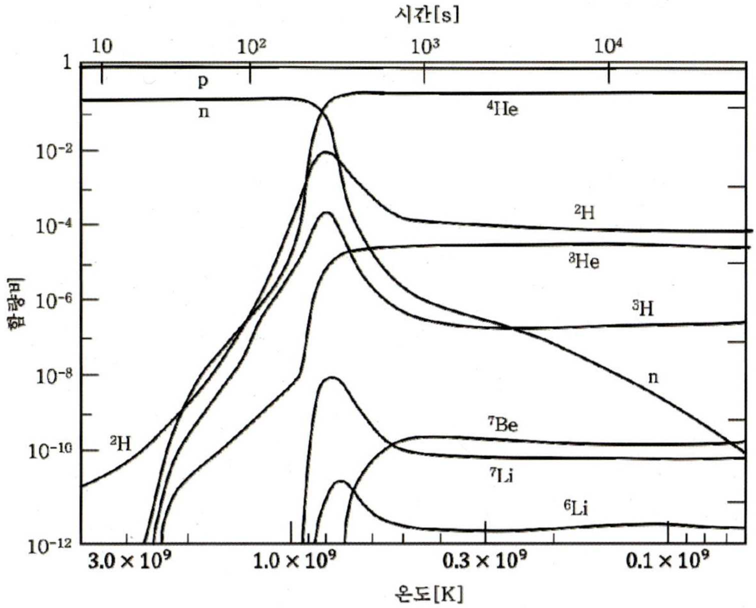

|그림 24-1| 대폭발 우주에서의 핵합성

이론적 계산 결과 ^{4}He는 질량 비율이 약 25%이고, ^{2}H와 ^{3}He은 수소의 약 10^{-4}, Li과 Be은 모두 수소의 10^{-9}~10^{-10} 정도의 질량비율을 가지며, 실제 관측되는 결과도 이와 거의 비슷하다. 다만 이들 원자핵이 존재하는 비율에 대한 관측을 복잡하게 만드는 요인은 항성핵합성이 더해지기 때문일 수 있다.

3 우주의 He 함량비

우주의 핵합성을 통해 만들어지는 ^{4}He의 함량비를 계산해보자. 앞서 우주의 핵합성은 온도가 10^{10}K보다 훨씬 아래로 내려가기 전까지는 시작하지 않는다고 했다. 중성자와 양성자의 개수 비는 볼츠만의 식을 통해

$$\frac{n_n}{n_p} = \exp\left[-\frac{(m_p - m_n)c^2}{kT}\right] = \exp\left(-\frac{1.5\times10^{10}}{T}\right)$$
$$= 0.22 \qquad \text{[식 24-1]}$$

가 된다. 온도가 10^{10}K일 즈음에는 100개의 양성자마다 22개의 중성자가 존재한다. 우주의 온도가 10^9K로 내려갈 때까지는 광분해로 인해 중성자가 양성자와 결합하지 않으나, 속박되지 않은 자유로운 중성자는 약 636초의 반감기로 붕괴한다. 우주의 온도는 시간에 따라

$$T(K) \approx 1.5\times10^{10}K\left(\frac{t}{s}\right)^{-1/2} \qquad \text{[식 24-2]}$$

감소하는데 온도가 10^9K로 낮아질 때까지 우주의 나이는 $t=225$초가 된다. 우리는 중성자의 반감기(τ)와 우주의 온도가 10^9K 정도가 되는 시간(t)을 알고 있으므로, 반감기에 의한 모원소(n_0)와 자원소(n)의 개수 비는

$$\frac{n}{n_0} = \exp\left(\frac{-0.693t}{\tau}\right) \qquad \text{[식 24-3]}$$

이며, 약 22%의 자유 중성자가 붕괴하여 양성자가 될 것으로 추정할 수 있다. 결국 105개의 양성자마다 17개의 자유 중성자가 남게 된다. 만약 여기에서 모든 중성자가 양성자와 결합하여 중수소가 되고 ^{4}He을 생성한다고 가정하면, 88개의 ^{1}H에 대해서 8.5개(8~9개)의 ^{4}He이 생기게 된다. ^{4}He는 ^{1}H 질량의 4배가 되므로, 헬륨의 질량비를 계산해보면

$$\frac{8.5\times4}{88\times1+8.5\times4} \approx 28\% \qquad \text{[식 24-4]}$$

로, 약 28%가 되는 것을 확인할 수 있다. 이런 간단한 계산의 결과는 우주에서 헬륨과 수소의 질량비가 대략 25%가 되는 값과 매우 근접하다.

4 입자 물리학

입자들은 오늘날 우주의 조건에서 자연의 4개 힘, 즉 강한 핵력, 약한 핵력, 전자기력, 중력의 영향을 받고 있다. 이 중 핵력은 원자핵 안에서의 힘으로 매우 강하고 원자핵 크기 정도인 극히 제한된 범위에서만 작용한다. 전자기력은 분자 크기 정도까지 아주 강하게 작용하지만 양과 음의 전기를 띤 입자들이 결합하여 중성이 되면 더 이상 힘을 발휘하지 못한다. 이에 반해 중력은 이들 중 가장 약한 힘이지만 그것이 작용하는 범위가 무한히 크고 음(−)의 질량이 없으므로 우주의 구조나 역학에서 지배적으로 작용한다. 우주의 초기로 가면, 우주의 크기는 매우 작으므로 이들 네 개의 힘이 서로 합쳐져 있었을 것이라고 여겨진다. 우주 탄생 이후 시간이 흘러 여기에서 중력이 가장 먼저 분리되고 남은 강핵력과 전자기력, 약력을 통일하였는데, 이를 대통일이론(Grand Unified Theory, GUT)이라고 한다. GUT 이론들의 대다수는 우주론에 관한 극히 중요한 예측을 한다.

첫째 예측은 양성자가 약 10^{32}년의 반감기로 붕괴한다는 것이다. 하지만 우주의 나이는 약 10^{10}년에 불과하기 때문에 양성자 붕괴를 아직 실험으로 검출하지는 못했다.

둘째 예측은 대다수의 GUT 이론들이 중성미자가 질량을 가졌다는 것이다. 추정되는 중성미자의 정지질량은 30eV 이하인데, 우주에는 엄청나게 많은 수의 중성미자가 있다고 생각되기 때문에, 그 질량이 암흑물질의 문제를 쉽게 해결할 수 있다.

마지막으로 흥미로운 예측은 GUT가 막대한 수의 자기 홀극(magnetic monopole)을 요구한다는 것이다. 이 입자들은 상당히 무거우므로 역시 암흑물질에 크게 기여하게 된다. 하지만 GUT의 예측과는 달리 예언된 엄청난 수의 자기 홀극은 아직 관측되지 않았다. 이것은 앞서 언급했던 종래의 우주론 모형이 가진 문제점 네 가지에 다음과 같이 추가되어야 할 문제이다.

우리는 자기홀극을 왜 지금까지 발견하지 못했는가?

여기에서 언급되는 또 하나의 입자는 힉스보존(Higgs boson)이다. 힉스보존은 자발적 대칭성 파괴를 일으키는데, 이는 급팽창(inflation)의 원인이 되며, 다른 모든 입자와의 상호작용으로 입자들에게 질량이라는 가장 근본적인 특성을 부여한다.

입자물리학에서는 입자의 생성과 힘을 설명하기 위해 표준모형(standard model)이라 부르는 이론 모델을 사용한다.

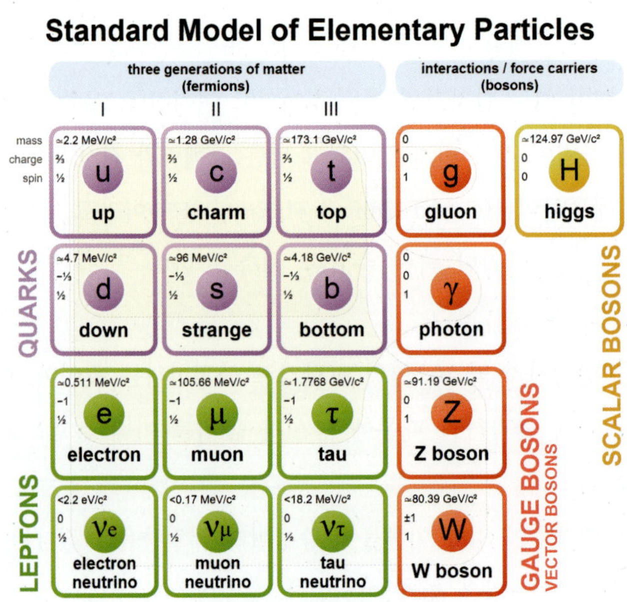

|그림 24-2| **표준모형**

출처: https://en.wikipedia.org/wiki/Standard_Model

5 급팽창이론

구스(Alan Guth, 1947~)에 의해 처음 제안된 급팽창 이론(inflation theory)은 다행스럽게도 고전 빅뱅 우주론에서 해결하기 어려웠던 문제점들을 대부분 해결해 주었다. 급팽창 이론은 아직 완성되지는 않았고, 다양한 종류의 모형들이 있다. 그중에서 널리 인용되는 모형에서는 초팽창 시간이 $\tau_{inf} \approx 10^{-36}$초이고 급팽창의 지속시간이 10^{-34}초라면 척도인자가

$$\exp\left(\frac{t}{\tau_{inf}}\right) = \exp\left(\frac{10^{-34}}{10^{-36}}\right) = e^{100} \approx 10^{43}\text{배} \qquad [\text{식 } 24-5]$$

증가한다고 한다. 이때 우주는 우주의 나이 10^{-36}초에서 10^{-34}초 무렵에 급팽창이 끝날 때까지 우주의 지평선 거리는 6×10^{-28}m에서 10^{16}m로 증가하게 된다. 지금 우리가 관측할 수 있는 우주의 지평선 거리(14.5Gpc)에 해당하는 거리는 당시 1m에 불과하다. 공간 자체가 광속도보다 훨씬 빠르게 늘어나, 하나의 작은 구역의 열적 특성이 수많은 구역들에 고루 퍼지게 된다. 따라서 이를 통해 우주배경복사가 거시적으로 균질한 이유를 설명할 수 있다. 이로써 등방성 문제를 해결한다.

급팽창 이론은 GUT를 써서 자기홀극 문제를 해결한다. GUT에 의하면 자기홀극은 구역들 사이의 벽면에서만 생긴다. 따라서 우리가 관측할 수 있는 우주 전체에 오직 1개 정도의 자기홀극만이 존재할 수 있다. 그러기에 발견하기 쉽지 않다.

급팽창 모형은 또한 우주의 평탄성 문제도 해결할 수 있다. 즉, 왜 Ω_0가 1에 가까운지를 우주의 급속한 팽창으로 자연스럽게 설명한다. 바람을 불어넣어 부풀고 있는 풍선을 생각해보자. 처음에는 풍선이 아주 작아서 표면의 특정 넓이는 상당히 큰 곡률을 보인다. 하지만 풍선이 팽창함에 따라 그 영역의 곡률은 차차 줄어든다. 이와 마찬가지로 우주도 급팽창에 의해 엄청나게 팽창하였기 때문에

우리가 볼 때에는 평탄해질 수밖에 없는 것이다.

이제 마지막으로 바리온 수의 문제를 생각해보자. 급팽창 이전에는 아주 짧은 시간 동안 우주는 아주 높은 온도(약 10^{27}K)를 가졌을 것이 분명한데, 온도가 내려감에 따라 현재의 우주로 발전하게 될 새로운 상의 작은 구역은 과냉각 상태가 된다. 그런데 급팽창이 끝날 때 잠열이 방출되면서 엄청난 양의 뜨거운 물질과 복사가 만들어진다. 급팽창에 의해 엄청나게 늘어난 부피 때문에 이전에 존재했던 입자와 복사의 밀도는 급팽창 이후 무시할 정도로 작아진다. 급팽창의 과정에서 방출된 잠열에 의해 입자와 반입자가 생성되는데 하전(charge) − 패리티(parity) 보존법칙에 어긋나는 과정으로 일어나 입자와 반입자 사이에 $10^9 + 1 : 10^9$의 불균형이 발생한다. 나중에 쌍소멸을 통해 단지 $1/10^9$의 입자만 남아서 오늘날 물질로 관측되고 나머지는 광자로 관측된다.

6 은하의 형성

은하, 은하단, 초은하단과 같은 물질의 덩어리의 형성에 대해 이야기해 보자. 우주의 뜨거운 대폭발 모형에서 이들의 기원이 될 물질은 H와 He을 성분으로 하는 팽창하는 기체뿐이었다. 분리 시기 이전에는 물질이 복사에 꽉 붙잡혀 있는데, 이는 배경복사의 광자가 자유전자에 의해 톰슨(Thomson) 산란되기 때문이다. 우주의 온도가 약 3,000K 아래로 내려가면, 전자는 양성자, α입자와 결합해서 중성의 수소원자와 헬륨원자가 된다. 그러면 배경복사의 광자와 상호작용할 단면적이 훨씬 줄어들어 상호작용이 없어져 물질은 복사와 분리되어 자유로워진다.

요동

은하의 형성 과정을 추적하는 것은 요동(perturbation)이라고 불리는 기체 속의 작은 덩어리가 태어나 그 후 밀도가 자라나는 과정을 이해하는 데에 있다. 요동은 매질 속을 전파하는 파동처럼 행동한다. 어느 특정한 조건 아래서는 평균보다 조금 밀도가 높은 구역에서 중력효과 때문에 평균보다 느리게 팽창하여 밀도 요동비는 시간과 함께 늘어난다. 평균보다 낮은 밀도의 구역에서는 팽창이 평균보다 더 빠르고 밀도는 평균보다 더 빨리 감소한다. 따라서 팽창우주에서 중력효과는 원시적 밀도 요동비를 증폭시킨다.

요동의 성장 조건에 대해서는 진스(James Jeans, 1877~1946)에 의해 설명되었는데, 문제는 기체 구름 속의 압력 기울기가 중력에 의해 지배될 시기가 언제인가에 있다. 진스 길이 l_J로 불리는 길이 척도는 두 힘의 지배가 바뀌는 임계가 되는 길이인데, l_J보다 긴 파장의 요동에서는 중력이 지배하여 요동이 자라고, 그 반대의 경우에는 압력 기울기가 우세하여 요동은 자라지 않고 음파처럼 진동한다.

요동에는 두 가지 종류가 있는데, 그 하나는 단열요동(adiabatic perturbation)이고, 다른 하나는 등온요동(isothermal perturbation)이다.

만약 등온요동이 지배할 경우인 복사시대에는 요동이 감쇠되거나 증폭되기가 매우 어렵다. 분리시기에 이르러서야 진스길이가 10^5~$10^6 M_\odot$ 정도 크기가 된다. 이때 l_J는 구상성단의 질량을 포함할 정도의 크기에 해당한다. 가장 단순한 시나리오는 구상성단들이 중력으로 뭉쳐서 은하가 되고, 은하가 모여서 은하단이 된다는 상향적(bottom-up) 이론으로 작은 구조가 모여서 보다 큰 구조가 생성된다는 것이다.

한편 단열요동이 지배할 경우에는 은하 형성의 역사는 좀 더 복잡하다. $l > l_J$인 훨씬 긴 파장의 요동은 복사시대와 물질시대에서 모두 성장하지만, 중간 크기의 요동은 처음에 성장하다가 진동하는 기간을 거쳐서 다시 성장한다. 그 이유는 l_J가 복사시대에 증가하지만 분리시기에 이르러 갑자기 줄어들기 때문이다. 훨씬 긴 파장의 단열 요동은 우주의 역사를 통해 항상 성장하므로 작은 기체구름들이 중력 붕괴하여 은하를 형성하기 이전에 큰 기체구름들은 큰 집단을 이루게 된다. 이를 하향적(top-down) 모형이라고 한다.

1992년까지는 우주의 구조가 될 요동을 관측할 수 없었다. 하지만 COBE 위성이 2년에 걸쳐 관측한 자료에서 약 10°의 각 분해능을 가지고 $\Delta T/T \approx 10^{-5}$ 수준의 통계적 요동을 확인했다. 더 최근에는 지상관측을 통해 처음으로 배경복사 내의 개별적 요동을 엿볼 수 있었다. 또한 WMAP 위성은 각분해능 0.3° 이내와 온도 감도 $\Delta T \approx 20\mu K(\Delta T/T \approx 10^{-5})$으로 음파와 같은 요동이 진동하면서 만들어 낸 우주배경복사의 비등방성을 측정하였다. 이러한 비등방성의 천구상의 분포와 우주 거대구조의 은하분포와의 상관관계로부터 현재 관측되는 우주 거대구조를 만들었던 요동의 씨앗들과 마지막 산란면에 남아 있는 우주 배경복사의 흔적이 관련되어 있다는 것을 추정할 수 있다.

우주 거대 구조에 대해서

거대구조의 이론적 모형들의 일부는 해석학적으로 다룰 수 있지만, 이에 대한 문제가 복잡하기 때문에 많은 입자나 구역들을 다루는 컴퓨터 모형을 쓰는 것이 필수적이다.

수치실험은 암흑물질에 관해서 근본적인 가정을 세워야 하는데, 그 한 가지 방법은 뜨거운 암흑물질(hot dark matter, HDM)과 차가운 암흑물질(cold dark matter, CDM)로 나누어 수치 실험하는 것이다.[12)]

HDM은 우주의 지평선 안으로 들어올 때 상대론적 속도로 빠르게 움직이고 있는 입자들인데, 이에 대한 유일한 후보는 중성미자이다. HDM 대신에 CDM을 쓰는 대안은 더 많은 가능성을 가지고 있는데, 미발견의 가상 입자들이 여기에 포함되며, 질량은 있으나 보통물질과의 상호작용이 없기 때문에 이들을 통틀어 WIMP (Weakly Interacting Massive Particle, 약하게 작용하는 질량 있는 입자)라고 한다.

12) 오늘날에는 암흑에너지까지 고려한 ΛCDM 모형으로 수치실험을 수행하고 있다.

HDM 모형에서는 입자들이 먼 거리까지 운동하기 때문에, 긴 줄기나 실오라기 모양의 초은하단 같은 거대구조와 커다란 빈터를 비교적 쉽게 만들 수 있다. 하지만 은하들을 만들어내기가 어렵기 때문에, 대부분의 학자들은 CDM 모형을 더 선호한다.

암흑물질이 바리온(baryon)인지의 여부도 우리의 관심사 중 하나이다. 중성미자는 렙톤이므로 HDM은 바리온이 아니다. 바리온이라면 '약하게 작용'하지 않을 것이므로 가설로 존재하는 입자인 WIMP들도 역시나 바리온이 아니다. 암흑물질이 바리온이 아닌 특성을 가지고 있다는 근거 중 하나는 우주배경복사 요동의 진폭이 극히 작다는 것이다. 관측된 우주배경복사 요동의 진폭은 오늘날의 거대구조를 만들기에 너무 작고, 또한 질량을 지배하는 암흑물질의 요동보다도 작다. 배경복사의 광자는 바리온 물질과 상호작용하여 계속 휘적거려지기 때문에, 만약 암흑물질이 모두 바리온이라면 우주배경복사의 요동이 관측 값과 비교하여 너무 커지게 될 것이다.

그렇다면 암흑물질의 정체는 무엇일까? 바리온이 아닌 암흑물질 성분은 간접적으로 관측할 수밖에 없다. 바리온 성분의 암흑물질을 찾는 것은 가설상의 물질인 WIMP보다는 쉽겠지만 그 대신 큰 행성들이나 백색왜성, 중성자별, 블랙홀과 같은 엄청난 수의 천체들을 찾아야 한다. 이들은 MACHO(MAssive Compact Halo Object)로 총칭하여 부른다.

관측이 이론에 주는 제약은 빈터를 만드는 방법에서도 엿볼 수 있다. 첫 번째 가능성은 중력이 밀도의 요동비를 증폭하여 시간이 길수록 빈터를 보다 엷고 크게 만들 수 있다. 또 다른 가능성은 은하 형성 이전에 초중량급 종족 III의 천체가 폭발을 일으켜 공 모양의 구역을 비워서 부풀게 하는 것이다. 하지만 대개의 폭발 모형은 약 10Mpc 이상의 지름을 가진 빈터를 만들기 어렵기 때문에, 가장 큰 빈터의 크기를 알아낸다면 여러 이론을 판가름하는 데 유용할 것이다.

7 우주의 역사

- 10^{-43}초 우리는 이 시기 이전에 우주를 채웠던 높은 에너지 속에서의 물리학을 실제로 이해하지 못한다. 후세에 은하들로 성장한 요동들은 중력이 양자화되었던 초기에 생겼던 양자적 요동에서 유래하여 우주배경복사의 비등방성을 만들고, 물질을 생성하여 거대구조를 만들었을지도 모른다.

- 10^{-36}초 강핵력이 전자기－약력과 분리되어 GUT 시기가 끝난다. 그리고 급팽창이 시작되며, 급팽창이 진행되는 동안 우주의 지평선은 6×10^{-28}m에서 10^{16}m로 증가한다.

- 10^{-34}초 급팽창이 끝난다. 우주의 주성분은 광자, 쿼크, 반쿼크, 색을 가진 글루온 등이다. 여기에서 유의할 점은 이 시기에 양성자가 안정하지 않으므로 원소가 전혀 없다는 것이다.

- 10^{-12}초 약핵력과 전자기력이 분리된다. 급팽창 이후 우주의 나이는 10^{22}배나 많아졌는데, 그 사이에 일어난 사건이 거의 없어서 그 사이를 흔히 '사막'이라고 부른다.

- 10^{-6}초 핵자의 형성 시기.

- 1초 중성미자가 물질과 분리되고, 렙톤의 쌍소멸에 의해 양전자가 사라진다.

- 10^{2}~10^{3}초 우주의 핵합성 시기. 핵자가 융합하여 약 25%의 바리온 물질이 He의 형태로 우주에 생긴다. 나머지 바리온은 거의 모두가 수소원자핵이다.

중수소, 3헬륨, 리튬 등의 가벼운 원소가 극소량 생성된다.

- 10^{12}초(5.5만 년) 복사시대에서 물질시대로 전이하는 시기이다.

- 10^{13}초(40만 년) 재결합 시기. 분리 시기. 자유전자가 원자와 결합하여 중성원자를 형성하므로 광자와 핵자 사이의 작용이 단절된다. 이때 우주배경복사의 온도가 3,000K로 내려갔다. 이후에는 우주에 빛이 없으므로, 이 시기를 우주의 암흑시대(cosmic dark age)라고 한다.

- 10^{16}초 별, 은하, 행성이 생기기 시작한다. 1세대 별이 생성되기 시작하면서 빛이 생겨나 암흑시대가 끝나고 부흥기(cosmic renaissance)가 시작된다. 1세대 별들은 수소를 이온화시킬 수 있는 자외선을 풍부하게 내놓아 은하 간 물질들을 광전리시켰는데, 이를 재이온화(reionization)라 한다.

- 2×10^{17}초(70억 년) 물질시대에서 람다(Λ) 시대로 전이하는 시기이다. 우주의 에너지 밀도에서 암흑에너지가 우세해지면서 감속하던 우주의 팽창이 가속되기 시작하는 시기이다.

- 4×10^{17}초(138억 년) 현재. 앞으로 시간이 더 지나면 은하들은 서로 계속 멀어지고 허블상수는 증가한다. 우주의 온도는 계속 낮아져 절대 0도로 무한히 가까워진다.

- 10^{40}초 아마도 양성자가 붕괴하며, 원자의 존재는 종말을 맞이할 것이다.

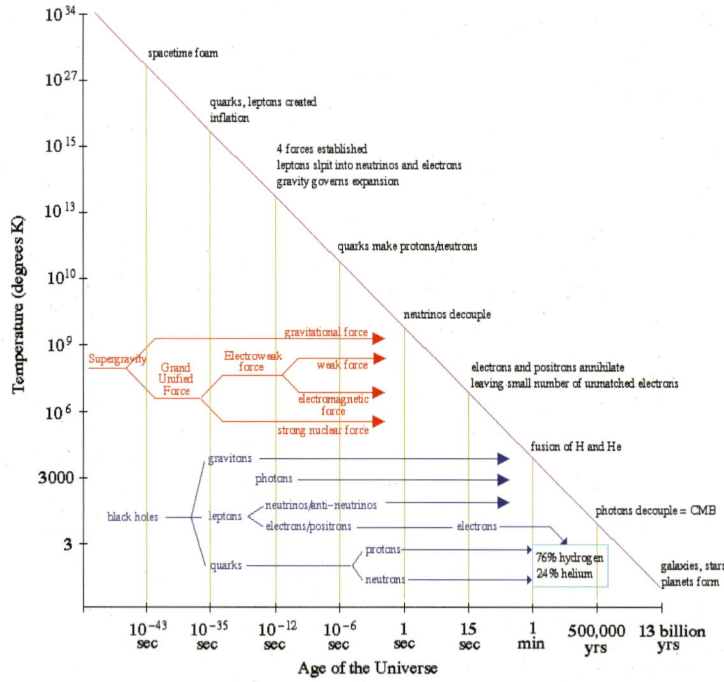

❙그림 24-3❙ 우주의 역사

출처: http://abyss.uoregon.edu/~js/ast123/lectures/lec20.html

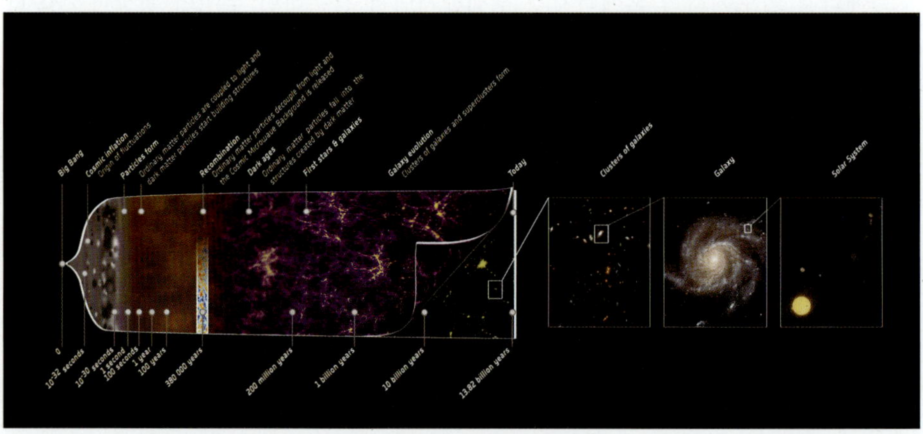

❙그림 24-4❙ 우주의 역사

출처: https://www.nasa.gov/mission_pages/planck/multimedia/pia16876b.html

|표 24-1| 우주의 역사

빅뱅 이후의 시간	온도 (K)	시대	주요 사건
0	∞	복사	빅뱅, 우주 생성, 우리가 가지고 있는 물리는 플랑크 시간 10^{-43}s 전을 자세히 기술할 수 없다.
10^{-43}초	10^{32}		중력 분리(대통일장 힘) 미시블랙홀 생성 및 소멸
10^{-35}초	10^{27}		강한 핵력 분리. 쿼크, 렙톤 그리고 그에 해당하는 반입자 생성 인플레이션, 우주는 10^{25}배 급팽창 중력자가 생성되고 분리된다.
10^{-12}초	10^{15}		4개의 힘이 모두 분리 렙톤은 전자와 뉴트리노 그리고 그에 해당하는 반입자로 분리 중력이 팽창을 지배한다.
10^{-6}초	10^{13}		쿼크와 반쿼크는 양성자, 중성자 그리고 그에 해당하는 반입자를 형성한다. 양성자와 반양성자, 중성자와 반중성자는 쌍소멸하면서 광자를 남기지만 양성자와 중성자를 매우 조금 남긴다.
1초	10^{10}		뉴트리노와 반뉴트리노가 분리
15초	3×10^{9}		전자와 양전자 쌍소멸하면서 많은 수의 광자를 남기고 양성자와 같은 수의 전자를 조금 남김, 우주 전체의 전하량은 0이다.
3분	10^{9}		양성자와 중성자는 핵융합하여 헬륨을 생성
370,000년	3,000	물질	물질이 복사로부터 분리. 중성 원자 형성. 우주는 복사에 대해 투명해짐. 이러한 분리가 현재 2.7K 우주배경복사로 관측
10억 년			최초의 별과 은하가 형성. 초신성폭발에 의하여 중원소 형성
88억 년			태양계 형성
95억 년		암흑 에너지	우주 가속 팽창 시작
138억 년(현재)	2.728		현재의 인류가 지구에서 살고 있음

부 록

급팽창(inflation)

기존의 고전빅뱅이론에서는 편평도(flatness) 문제, 우주지평선(horizon) 문제, 자기홀극(monopole) 문제를 안고 있었다. 이를 해결하기에 우주 초기 $\sim 10^{-35}\,s$에 GUT상태에서 강한 핵력의 분리와 대칭성이 파괴되면서, 우주는 거짓진공에서 실제 진공으로 천이되면서 어마어마한 진공에너지가 방출되어 시공간이 급팽창하였다.

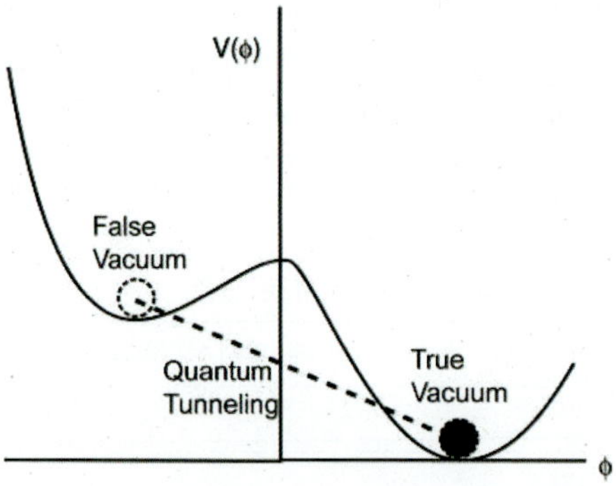

┃부록 그림 24-1┃ 진공 퍼텐셜

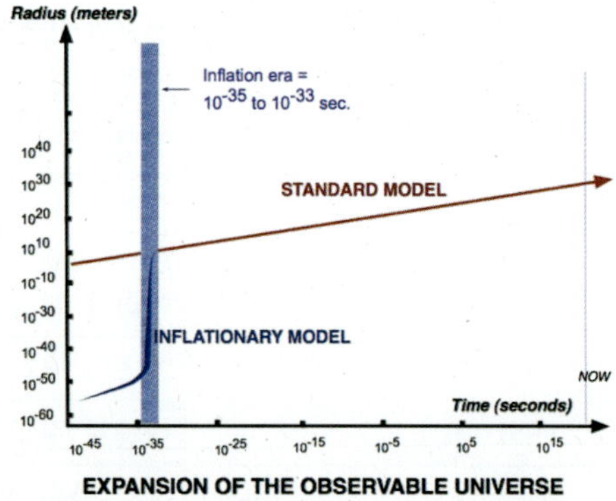

┃부록 그림 24-2┃ 우주 초기의 급팽창

우주 초기의 가속 방정식은 $P=-\epsilon$으로부터

$$\frac{\ddot{R}}{R}=-\frac{4\pi G}{3c^2}(\epsilon+3P)=\frac{8\pi G\epsilon}{3c^2}=\frac{\Lambda_i}{3}$$

가 된다. 프리드만 방정식(Friedmann equations)도 $\left(\frac{\dot{R}}{R}\right)^2 = \frac{\Lambda_i}{3}$ 가 된다. $H_i = \left(\frac{\Lambda_i}{3}\right)^{1/2}$ 가 되고, 이 방정식의 해는 $R \propto e^{H_i t}$ 가 된다. 따라서

$$R = R_i\left(\frac{t}{t_i}\right)^{1/2} \qquad t < t_i$$

$$R = R_i e^{H_i(t - t_i)} \qquad t_i < t < t_f$$

$$R = R_i e^{H_i(t_f - t_i)}\left(\frac{t}{t_f}\right)^{1/2} \qquad t_i < t < t_f$$

이 된다. 이에 따라 $\frac{R(t_f)}{R(t_i)} = e^N$ 이라면 $N = H_i(t_f - t_i)$ 이 된다. $H_i \approx t_{GUT}^{-1} \simeq 10^{36}$sec이기에 $t_f \approx 10^{34}$sec이기에 $N \approx 100$ 이다. 따라서 $\frac{R(t_f)}{R(t_i)} = e^{100} = 2.7 \times 10^{43}$ 가 된다. 현재 암흑에너지의 에너지 밀도는 $\epsilon_{\Lambda, o} \simeq 0.7\epsilon_{c, o} \approx 0.004\, TeV/m^3$ 인 데 반하여 급팽창과 관련된 에너지밀도는 $\epsilon_{\Lambda_i} = \frac{c^2}{8\pi G}\Lambda_i == \frac{3c^2}{8\pi G}H_i^2 \approx 10^{105}\, TeV/m^3$ 가 된다. 급팽창을 야기한 거짓진공의 퍼텐셜 V_o가 $V_o \approx \epsilon_{\Lambda_i} = aT_i^4$ 이기에 $T_i = 2 \times 10^{28}\left(\frac{V_o}{10^{105}\, TeV/m^3}\right)^{1/4} K$가 된다.

찾아보기

❙ 내용 ❙

┃인명┃

저자 약력

최 승 언

서울대학교 지구과학교육과 교수

미네소타대 천체물리학 박사

서울대학교 자연대학 대학원 천문학과 석사

서울대학교 자연대학 천문학과 졸업

신 윤 주

서울대학교 사범대학 대학원 과학교육과 지구과학전공 박사

서울대학교 사범대학 대학원 과학교육과 지구과학전공 석사

서울대학교 사범대학 지구과학교육과 졸업

박 우 용

경기 풍무고등학교 교사

서울대학교 사범대학 대학원 과학교육과 지구과학전공 석사 재학

한국교원대학교 지구과학교육과 졸업

박 나 은

경인고등학교 교사

서울대학교 사범대학 대학원 과학교육과 지구과학전공 석사 재학

서울대학교 사범대학 지구과학교육과 졸업

김 지 호

서울대학교 사범대학 대학원 과학교육과 지구과학전공 석사 재학

서울대학교 사범대학 지구과학교육과 졸업

최승언 교수의
천체지구과학 강의 Ⅱ

2019년 8월 25일 1판 1쇄 인쇄
2019년 8월 30일 1판 1쇄 발행

공저자 : 최승언 · 신윤주 · 박우용
박나은 · 김지호
발행자 : 한 정 주
발행처 : 교 육 과 학 사

공저자와 협의하에 인지생략

경기도 파주시 광인사길 71
전화 (031)955-6956~8 / 팩스 (031)955-6037
Home-page : www.kyoyookbook.co.kr
E-mail : kyoyook@chol.com
등록 : 1970년 5월 18일 제2-73호

낙장 · 파본은 교환해 드립니다.
정가 22,000원
Printed in Korea.
ISBN 978-89-254-1387-7
978-89-254-1385-3(세트)